高职高专"十二五"规划教材

转炉炼钢实训

（第2版）

张海臣　冯　捷　主　编
宋永清　孟建荣　副主编

北　京

冶金工业出版社

2012

内 容 提 要

本书注重高等职业教育的应用特色，突出以能力为本位，强调人才应用能力和综合创新素质的培养，贯彻工学结合的高职教学特色，将转炉炼钢的基本原理和知识融合到转炉炼钢生产与操作过程中，系统介绍了转炉炼钢生产过程的主要操作技能，内容包括转炉炼钢过程简介、转炉系统设备及辅助设备操作、原材料准备及操作、转炉冶炼工艺操作和转炉炉衬维护操作。

本书可作为高职高专院校冶金技术专业的教学用书，也可作为钢铁冶金企业相关岗位人员职业资格和岗位技能培训教材，还可供从事炼钢生产行业的工程技术人员参考。

图书在版编目(CIP)数据

转炉炼钢实训/张海臣，冯捷主编. —2 版. —北京：冶金工业出版社，2012.10

高职高专"十二五"规划教材

ISBN 978-7-5024-6024-2

Ⅰ.①转… Ⅱ.①张… ②冯… Ⅲ.①转炉炼钢—高等职业教育—教材 Ⅳ.①TF71

中国版本图书馆 CIP 数据核字 (2012) 第 202514 号

出 版 人 曹胜利
地 址 北京北河沿大街嵩祝院北巷 39 号，邮编 100009
电 话 (010)64027926 电子信箱 yjcbs@ cnmip. com. cn
责任编辑 张耀辉 王 优 美术编辑 李 新 版式设计 葛新霞
责任校对 王贺兰 责任印制 张祺鑫
ISBN 978-7-5024-6024-2
北京百善印刷厂印刷；冶金工业出版社出版发行；各地新华书店经销
2004 年 8 月第 1 版，2012 年 10 月第 2 版，2012 年 10 月第 1 次印刷
787mm×1092mm 1/16；14.5 印张；352 千字；221 页
30.00 元

冶金工业出版社投稿电话：(010)64027932 投稿信箱：tougao@cnmip. com. cn
冶金工业出版社发行部 电话：(010)64044283 传真：(010)64027893
冶金书店 地址：北京东四西大街 46 号(100010) 电话：(010)65289081(兼传真)
(本书如有印装质量问题，本社发行部负责退换)

第二版前言

本书是根据新时期高等职业教育的发展要求，在认真总结和充分吸收当前高职院校基于工作过程的课程改革经验的基础上，采取任务驱动的教育理念，针对高职高专冶金技术专业而编写的。

本书具有以下特色：

1. 以企业实际工作任务和职业能力要求的技能为基础，设置学习性工作任务。

2. 打破传统的理论与实践教学分割的体系，使理论知识贯穿于实操技能的学习过程中，实现"理实一体化"。

3. 从高等职业教育的性质、特点、任务出发，以职业能力培养为重点，依据国家制定的转炉炼钢工"职业技能鉴定标准"的职业能力特征、工作要求以及鉴定考评项目等，以工作内容和工作过程为导向组织内容结构。

4. 根据课程建设要求，书中内容引进企业实际案例并选用实际生产项目，充分体现职业岗位和职业能力培养的要求，且便于教学中实施理论与实践交互式教学，利用校内外实训基地，将钢铁生产企业的真实工作项目引入教学环节，把课堂逐渐推向企业的工作现场，以充分体现课程的职业性、实践性和开放性。

本书由邢台职业技术学院张海臣、河北科技大学冯捷担任主编，江西冶金职业技术学院宋永清、唐山科技职业技术学院孟建荣担任副主编，山西工程职业技术学院史学红担任主审。具体编写分工为：任务1~任务3由张海臣编写，任务4由冯捷和宋永清编写，任务5由邢台职业技术学院果晶晶和张磊编写，任务6由孟建荣和邢台钢铁有限责任公司李富伟编写。全书由冯捷、张海臣统稿、定稿。

在编写过程中，参阅了大量连铸、炼钢方面的文献，特此向有关作者和出版社致谢。本书的出版得到了冶金工业出版社的大力支持，在此一并表示衷心感谢！

由于编者水平所限，书中不足之处，敬请专家和读者指正。

编　者
2012 年 5 月

第一版前言

本书是职业技术院校钢铁冶炼专业的教学用书，是根据教育部面向 21 世纪职业教育课程改革和教材建设规划以及职业院校钢铁冶炼专业教学改革方案、指导性教学计划和课程教学大纲的要求，并参照冶金行业的职业技能鉴定规范及中、高级技术工人等级考核标准编写的，除供职业技术院校有关专业选用外，也可供钢铁企业的工程技术人员参考，或作为技术工人的培训教材。

书中内容是根据转炉炼钢实训课程教学大纲编写，借鉴加拿大 CBE 理论和 DACUM 方法，根据转炉炼钢生产实际情况和各岗位群技能要求确定的，注重职业教育的特点，既包括转炉炼钢的理论知识（即知识点），又包括操作技能。作为实训用书，在具体内容的组织安排上，力求少而精，通俗易懂，理论联系实际，着重应用，便于学生掌握转炉炼钢生产的一些基本知识。

全书共分 3 部分：第 1 部分为转炉物料的识别与选用；第 2 部分为转炉工艺及操作；第 3 部分为检查使用冶炼设备及事故处理。

本书主编为河北工业职业技术学院的冯捷、贾艳，副主编为河北工业职业技术学院的郑轶荣、宝钢集团五公司技校李善觉；参编为承德民族职业技术学院刘晓燕，河北工业职业技术学院李建婷、时彦林、陈敏、李永刚，邯钢集团李阳、乔继刚、李志芳、崔丽芬；责任主审为北京科技大学曲英教授。全书由冯捷统稿。在编写过程中，参阅了有关连铸、炼钢方面的文献资料；特别是曲英教授和葛志祺教授在百忙中审阅了本书初稿，提出了许多宝贵意见，在此表示衷心感谢。

由于编者水平有限，加之完稿时间仓促，书中不足之处在所难免，敬请广大读者批评和指正。

编 者
2004 年 4 月

目　录

任务 1　转炉炼钢生产认知

1.1　任务描述

氧气转炉炼钢是目前世界上最主要的炼钢方法，它的主要任务就是采用超声速氧射流将铁水中的碳氧化，去除有害杂质，添加一些有益合金，使铁水转化成性能更加优良的钢。

转炉炼钢车间生产主要由以下步骤组成：

（1）将造渣剂、合金通过上料设备运至高位料仓；

（2）氧气通过管道送到转炉氧枪，其他辅料通过天车运至操作平台；

（3）将高炉铁水通过铁水罐车或鱼雷混铁车运入转炉车间，铁水罐车中的铁水需兑入混铁炉。将混铁炉（车）中的铁水放出到铁水包，运至炉前兑入转炉；

（4）将运入转炉车间的废钢按废钢配料单装槽运至炉前装入转炉；

（5）摇正炉体降枪吹炼，适时加入造渣剂造渣，并进行烟气净化和煤气回收。到达终点提枪停吹，测温取样。成分、温度合格后摇炉出钢，同时完成合金化任务。

（6）出钢结束，视炉衬侵蚀情况维护炉衬，然后摇炉倒渣。之后将炉子摇到装料位置，准备下一炉装料。

1.2　相关知识

1.2.1　转炉炼钢法的分类

转炉炼钢是以铁水为主要原料的现代炼钢方法。转炉由圆台形炉帽、圆柱形炉身和球缺形炉底组成，炉身与托圈连接，托圈与耳轴连接，耳轴带动转炉旋转，以满足装料、出钢、倒渣操作，故而得名。

$$\text{转炉} \begin{cases} \text{空气转炉} \begin{cases} \text{酸性空气底吹转炉——贝塞麦炉（英国，1856 年）} \\ \text{碱性空气底吹转炉——托马斯炉（德国，1879 年）} \\ \text{碱性空气侧吹转炉（中国，1952 年）} \end{cases} \\ \text{氧气转炉} \begin{cases} \text{氧气顶吹转炉——LD（奥地利，1952 年）} \\ \text{氧气底吹转炉——OBM（德国，1967 年）} \\ \text{顶底复吹转炉（法国，1975 年）} \end{cases} \end{cases}$$

1.2.2　氧气转炉炼钢法的发展

1856 年，英国人贝塞麦发明了底吹酸性空气转炉炼钢法。将空气吹入铁水，使铁水中硅、锰、碳高速氧化，依靠这些元素氧化放出的热量将液体金属加热到能顺利地进行浇注所需的温度，从此开创了大规模炼钢的新时代。由于采用酸性炉衬和酸性渣操作，吹炼过程中不能去除磷、硫，同时为了保证有足够的热量来源要求铁水硅含量较高。

1879 年英国人托马斯又发明了碱性底吹空气转炉炼钢法，改用碱性耐火材料作炉衬，在吹炼过程中加入石灰造碱性渣，并通过将液体金属中的碳氧化到含量小于 0.06% 的"后吹"操作，集中化渣脱磷。在托马斯法中，磷取代硅成为主要的发热元素，因而此法适合处理高磷铁水，并可得到优质磷肥。西欧各国一直使用此法直到 20 世纪 60 年代。

早在 1856 年贝塞麦就提出利用纯氧炼钢的设想，由于当时工业制氧技术水平较低，成本太高，氧气炼钢未能实现。直到 1924 ~ 1925 年，德国在空气转炉上开始进行富氧鼓风炼钢的试验，试验证明，随着鼓入空气中 O_2 含量的增加，钢的质量有明显的改善。当鼓入空气中富氧的浓度超过 40% 时，炉底的风眼砖损坏严重，因此又开展了用 $CO_2 + O_2$ 或 $CO_2 + O_2 + H_2O_{(g)}$ 等混合气体的吹炼试验，但效果都不够理想，没能投入工业生产。

20 世纪 40 年代初，制氧技术得到了迅速发展，给氧气炼钢提供了物质条件。1948 年德国人杜雷尔在瑞士采用水冷氧枪垂直插入炉内吹炼铁水获得成功。1952 年在林茨（Linz），1953 年在多纳维茨（Donawltz）先后建成了 30t 氧气顶吹转炉车间并投入生产，称为 LD 法。氧气顶吹转炉反应速度快，生产率及热效率很高，可使用约 20% ~ 30% 的废钢以及便于自动化控制，又克服了空气吹炼时钢质量差、品种少的缺点，使它成为冶金史上发展最迅速的新技术。

氧气顶吹转炉炼钢法出现以后，在世界各国得到了迅速发展，各国不仅新建转炉停建平炉，而且还纷纷拆除平炉改建氧气转炉，如日本到 1997 年底平炉已全部拆除。进入 20世纪 70 年代，转炉炼钢技术日趋完善，公称吨位 400t 的大型氧气顶吹转炉先后在苏联、联邦德国等国投入生产，单炉生产能力达 400 ~ 500 万吨/年，大型转炉的平均吹炼时间为 11 ~ 12min，月平均冶炼周期已缩短到 26 ~ 28min，氧气转炉不仅能冶炼全部平炉钢种，而且还可以冶炼部分电炉钢种。随着炉衬耐火材料的不断改进，溅渣护炉技术的应用，炉衬寿命也不断提高，我国武钢氧气转炉炉衬寿命已高达 25000 次以上。

回顾氧气转炉炼钢技术的发展，它可分为三个时期：

（1）转炉大型化时期（1950 ~ 1970 年）。以转炉大型化技术为核心，逐步完善了转炉炼钢工艺与设备，先后开发出大型化转炉设计制造技术、OG 法除尘与煤气回收技术、计算机静态与副枪动态控制技术、镁碳砖综合砌炉与喷补挂渣等护炉工艺技术。

（2）转炉复合吹炼时期（1970 ~ 1990 年）。这一时期，由于连铸技术的迅速发展，出现了全连铸的炼钢车间，对转炉炼钢的稳定性和终点控制的准确性提出了更高的要求。为了改善转炉吹炼后期钢 – 渣反应远离平衡，实现平稳吹炼的目标，综合顶吹、底吹转炉的优点，研究开发出各种顶底复合吹炼工艺技术，在世界上迅速推广。

（3）转炉综合优化时期（1990 年以后）。这一时期，社会对纯净钢的生产需求日益增加，迫切需要建立起一种全新的、能大规模廉价生产纯净钢的生产体制。围绕纯净钢生产，研究开发出铁水"三脱"预处理、高效转炉生产、全自动吹炼控制与溅渣护炉等重大新工艺技术，降低了生产成本、大幅度提高了生产效率。

现代转炉炼钢采用的重大技术有：转炉大型化技术，转炉复合吹炼技术，煤气回收与负能炼钢技术，全自动转炉吹炼控制技术，溅渣护炉与转炉长寿技术。

1.2.3　我国氧气转炉的发展概况

1951 年，碱性空气侧吹转炉炼钢法首先在我国唐山钢厂试验成功，并于 1952 年投入工业生产。1954 年开始了小型氧气顶吹转炉炼钢的试验研究工作，1962 年将首钢试验厂空气侧吹转炉改建成3t氧气顶吹转炉,开始了工业性试验。在试验取得成功的基础上,我国第1个氧气顶吹转炉炼钢车间(2×30t)在首钢建成,于1964年12月26日投入生产。随后,又在唐山、上海、杭州等地改建了一批3.5~5t的小型氧气顶吹转炉。1966年,上钢一厂将原有的一个空气侧吹转炉炼钢车间,改建成3座30t的氧气顶吹转炉炼钢车间,并首次采用了先进的烟气净化回收系统,于当年8月投入生产,还建设了弧形连铸机与之配套,试验和扩大了氧气顶吹转炉炼钢的品种,这些都为我国日后氧气顶吹转炉炼钢技术的发展提供了宝贵经验。此后,我国原有的一些空气侧吹转炉车间逐渐改建成中小型氧气顶吹转炉炼钢车间,并新建了一批中、大型氧气顶吹转炉车间。小型顶吹转炉有天津钢厂20t转炉、济南钢厂13t转炉、邯郸钢厂15t转炉、太原钢铁公司引进的50t转炉、包头钢铁公司50t转炉、武钢50t转炉、马鞍山钢厂50t转炉等;中型顶吹转炉有鞍钢150t和180t转炉、攀枝花钢铁公司120t转炉、本溪钢铁公司120t转炉等;20世纪80年代,宝钢从日本引进建成3座具有70年代末技术水平的300t大型转炉、首钢购入二手设备建成210t转炉车间;20世纪90年代,宝钢又建成250t转炉车间,武钢引进250t转炉,唐钢建成150t转炉车间,重钢和首钢建成80t转炉炼钢车间;同时还有许多平炉车间改建成氧气顶吹转炉车间。到2008年底,我国氧气顶吹转炉共有616座,其中100t以下的转炉有431座,100~200t的转炉有151座,200t以上的转炉有34座,最大公称吨位为300t。顶吹转炉钢占年钢总产量的84.85%。

1.2.4 氧气转炉炼钢法的特点

高炉氧气转炉钢具有与平炉钢相同的或更高的质量。氧气转炉钢具有以下特点:

(1) 钢中气体含量少。

(2) 由于炼钢主要原材料为铁水,废钢用量所占比例不大,因此Ni、Cr、Mo、Cu、Sn等残余元素含量低。由于钢中气体和夹杂少,具有良好的抗时效性能、冷加工变形性能和焊接性能,钢材内部缺陷少。不足之处是强度偏低,淬火性能稍次于平炉钢和电炉钢。此外,氧气转炉钢的力学性能及其他方面性能也是良好的。

(3) 原材料消耗少,热效率高,成本低。氧气转炉金属料消耗一般为1100~1140kg/t,比平炉稍多些。耐火材料消耗仅为平炉的15%~30%,一般为2~5kg/t。由于氧气转炉炼钢是利用炉料本身的化学热和物理热,热效率高,不需外加热源,因此燃料和动力消耗比平炉、电炉均低。氧气转炉的高效率和低消耗,使钢的成本较低。

(4) 原料适应性强。氧气转炉对原料的适应性强,不仅能吹炼平炉生铁,而且能吹炼中磷(0.5%~1.5%)和高磷(大于1.5%)生铁,还可吹炼含钒、钛等特殊成分的生铁。

(5) 基建投资少,建设速度快。氧气转炉设备简单,质量小,转炉车间的厂房面积和所需要的重型设备的数量比平炉车间少,因此投资比相同产量的平炉车间低30%~40%,而且生产规模越大,基建投资越省。氧气转炉车间的建设速度比平炉车间快得多。

此外,氧气转炉炼钢生产比较均衡,有利于与连铸配合,还有利于开展综合利用,如煤气回收及实现生产过程的自动化。

1.2.5 转炉炼钢技术的发展趋势

展望21世纪,转炉炼钢生产技术的发展趋势为:

（1）合理优化工艺流程，形成紧凑式连续化的专业生产线。目标为：以产品为核心，将铁水预处理、炼钢、精炼、连铸和轧钢有机地结合起来，形成紧凑式连续化生产的专业生产线。从铁水到成品钢材的生产周期将缩短到 2.5 ~ 3.0h。

（2）转炉高速吹炼工艺技术。目标为：建立一座转炉吹炼制，使一座转炉的产量达到传统两座转炉的生产能力。冶炼周期为 20 ~ 25min，年产炉数不小于 15000 炉，转炉炉龄不小于 15000 炉。

（3）建立大规模、廉价生产洁净钢的生产体系。目标为：大规模生产洁净度高的钢材，某些钢种（如 IF 钢、石油管线钢等）应达到钢中杂质总量 $\sum w[S] + w[P] + w[T.O] + w[N_2] + w[H_2]$ 不大于 100×10^{-6}；成分控制精度为 C ± 0.01%，Si、Mn ± 0.02%，Ti、V、Nb 小于 ± 0.01%；夹杂物 $d_S \leqslant 10\mu m$，无脆性夹杂物。

（4）节能与环境保护。目标为：转炉炼钢工序实现"负能"炼钢，炼钢渣量减少50%，全部粉尘回收利用。

1.2.6　氧气转炉炼钢主要技术经济指标

（1）转炉日历利用系数。转炉日历利用系数是指转炉在日历工作时间内每公称容量（公称吨位）平均每昼夜所生产的合格钢产量。它反映了技术操作水平的高低和管理水平的好坏。其计算公式如下：

$$转炉日历利用系数 = \frac{合格钢产量}{转炉公称吨位 \times 日历昼夜}$$

转炉日历利用系数应按已建成投产的全部转炉座数的总公称吨位计算。

（2）转炉日历作业率。转炉日历作业率是指各转炉作业时间总和与全部投产的转炉座数和日历时间的乘积的百分比。它反映转炉设备利用的状况。

（3）转炉冶炼周期。转炉冶炼周期是指转炉平均每炼一炉钢所需的时间。冶炼周期是决定转炉生产率的最主要因素。冶炼周期的长短，随炉容量的大小、原料条件、吹炼工艺操作和设备装备水平而变化，其中吹氧和耽误时间所占比重最大。因此减少耽误时间是缩短冶炼周期，提高炉子生产率的一个重要方面。

（4）转炉每炉产钢量。转炉每炉产钢量是指转炉平均每炼一炉钢的产量。

（5）转炉吹损率。转炉吹损率反映转炉在吹炼过程中金属损失的程度。吹损有两个方面：一是化学损失，即吹炼过程中各元素被氧化的损失。由于要求进入炉内的金属料成分稳定，所以这种损失一般也稳定。二是非化学损失，它主要是从炉口喷出的金属液滴造成的损失和由于操作不当而造成的损失。这方面的损失随操作技术的好坏而波动较大。

（6）转炉金属料消耗。转炉金属料消耗是指每炼 1t 合格钢所消耗金属料的千克数，它反映出对金属料的利用程度。

（7）转炉炉龄（转炉炉衬寿命）。转炉炉龄是指从转炉炉衬投入使用起到更换新炉衬止整个炉役期间炼钢的总炉数。它反映出耐火材料的质量、修砌炉衬的质量以及操作水平的好坏。

（8）氧枪寿命。氧枪寿命是指氧气转炉每更换一次氧枪所能炼钢的总炉数。

复习思考题

1-1　简述转炉炼钢生产过程。

1-2　简述转炉炼钢技术发展历程。

1-3　氧气转炉炼钢法的特点有哪些?

1-4　21世纪转炉炼钢技术发展的趋势是什么?

1-5　转炉炼钢生产的技术经济指标有哪些?

任务 2　转炉设备操作

转炉炼钢车间主要工艺设备包括转炉本体设备，混铁炉、混铁车设备，散状料供应系统设备，供氧系统设备，烟气净化与除尘系统设备等，各部分设备分别属于不同的工作岗位，但是各岗位应相互联系配合，进行正确合理的操作，才能保证转炉炼钢生产的顺利进行。因此，本任务分为六个子任务来完成。工作时各司其职，并注意对设备的合理维护与检修。

子任务 2.1　转炉本体设备操作

2.1.1　任务描述

（1）转炉装料时，炉前工在炉前摇炉室控制转炉到装料位置，配合天车装料。装料完成后，切断联锁装置，由主控室控制摇正炉体吹炼。

（2）冶炼结束后，主控室切断联锁，改由炉前摇炉室控制转炉到取样位置，取样测温结束后，如化验成分合格、温度合格，摇起炉体，改由炉后摇炉室控制，摇炉出钢。

（3）出钢结束后，再次切断联锁，改由炉前摇炉室控制倒渣，然后将炉子摇到装料位置，准备下一炉装料。

2.1.2　相关知识　转炉系统设备

转炉系统设备（见图 2-1）是由转炉炉体（包括炉壳和炉衬）、炉体支承系统（包括托圈、耳轴、耳轴轴承及支座）、倾动机构组成的。

2.1.2.1　顶吹转炉炉型及计算

转炉炉型是指用耐火材料砌成的炉衬内型。转炉的炉型是否合理直接影响工艺操作、炉衬寿命、钢的产量与质量以及转炉的生产率。

合理的炉型应满足以下要求：

（1）要满足炼钢的物理化学反应和流体力学的要求，使熔池有强烈而均匀的搅拌；

（2）符合炉衬被侵蚀的形状以利于提高炉龄；

（3）减轻喷溅和炉口结渣，改善劳

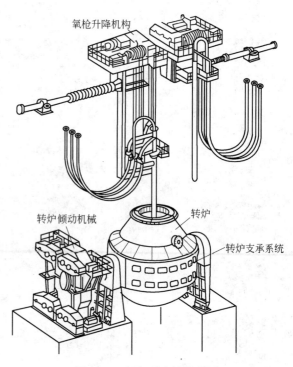

图 2-1　氧气顶吹转炉总图

动条件；

（4）炉壳易于制造，炉衬的砌筑和维修方便。

A　炉型的类型

最早的氧气顶吹转炉炉型，基本上是从底吹转炉发展而来。炉子容量小，炉型高瘦，炉口为偏口。随着炉容量的增大，炉型向矮胖发展而趋近球形。

按金属熔池形状的不同，转炉炉型可分为筒球形、锥球形和截锥形三种，如图2-2所示。

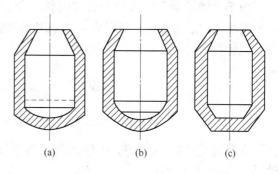

图2-2　顶吹转炉常用炉型示意图
(a) 筒球形；(b) 锥球形；(c) 截锥形

a　筒球形炉型

这种熔池形状由一个球缺体和一个圆筒体组成。它的优点是炉型形状简单，砌筑方便，炉壳制造容易。熔池内型比较接近金属液循环流动的轨迹，熔池直径足够大时，能保证在较大的供氧强度下吹炼而喷溅最小，也能保证有足够的熔池深度，使炉衬有较高的寿命。大型转炉多采用这种炉型。

b　锥球形炉型

锥球形熔池由一个锥台体和一个球缺体组成。这种炉型与同容量的筒球形转炉相比，若熔池深度相同，则熔池面积比筒球形转炉大，有利于冶金反应的进行，同时，随着炉衬的侵蚀，熔池变化较小，对炼钢操作有利。欧洲生铁磷含量相对偏高的国家，采用此种炉型的较多。我国20~80t的转炉多采用锥球形。

对筒球形炉型与锥球形炉型的适用性，看法尚不一致。有人认为锥球形炉型适用于大转炉（奥地利），有人却认为适用于小转炉（苏联）。但世界上已有的大型转炉多采用筒球形。

c　截锥形炉型

截锥形熔池为上大下小的圆锥台。其特点是构造简单，且熔池平底，便于修砌。这种炉型基本上能满足炼钢反应的要求，适用于小型转炉。我国30t以下的转炉多用这种炉型。国外转炉容量普遍较大，故极少采用此种形式。

此外，有些国家（如法国、比利时、卢森堡等）的转炉，为了吹炼高磷铁水，在吹炼过程中用氧气向炉内喷入石灰粉。为此他们采用了所谓大炉膛炉型（这种转炉称为OLP型转炉），这种炉型的特点是：炉膛内壁倾斜，上大下小，炉帽的倾角较小（约50°）。因为炉膛上部的反应空间增大，故吹炼高磷铁水时渣量大，泡沫化严重。这种炉型的砌砖工艺比较复杂，炉衬寿命也比其他炉型短，故一般很少采用。

B　炉型主要尺寸的确定

a　转炉的公称容量

转炉的公称容量又称公称吨位，是炉型设计、计算的重要依据，但其含义目前尚未统一，有以下三种表示方法：

（1）用转炉的平均铁水装入量表示公称容量；

（2）用转炉的平均出钢量表示公称容量；

（3）用转炉年平均炉产良坯（锭）量表示公称容量。

由于出钢量介于装入量和良坯（锭）量之间，其数量不受装料中铁水比例的限制，也不受浇铸方法的影响，所以大多数采用炉役平均出钢量作为转炉的公称容量。根据出钢量可以计算出装入量和良坯（锭）量。

$$出钢量 = \frac{装入量}{金属消耗系数}$$

$$装入量 = 出钢量 \times 金属消耗系数 \qquad (2-1)$$

金属消耗系数是指吹炼 1t 钢所消耗的金属料数量。视铁水硅含量、磷含量的高低，波动于 1.1~1.2 之间。

b　炉型的主要参数

（1）炉容比。转炉的炉容比是转炉的有效容积与公称容量之比，其单位是 m^3/t。炉容比的大小决定了转炉吹炼容积的大小，它对转炉的吹炼操作、喷溅、炉衬寿命、金属收得率等都有比较大的影响。如果炉容比过小，即炉膛反应容积小，转炉就容易发生喷溅和溢渣，造成吹炼困难，降低金属收得率，并且会加剧炉渣对炉衬的冲刷侵蚀，降低炉衬寿命；同时也限制了供氧量或供氧强度的增加，不利于转炉生产能力的提高。反之，如果炉容比过大，就会使设备质量、倾动功率、耐火材料的消耗和厂房高度增加，使整个车间的投资增大。选择炉容比时应考虑以下因素：

1）铁水比、铁水成分。随着铁水比和铁水中硅、磷、硫含量的增加，炉容比应相应增大。若采用铁水预处理工艺时，炉容比可以小些。

2）供氧强度。供氧强度增大时，吹炼速度较快，为了不引起喷溅就要保证有足够的反应空间，炉容比相应增大些。

3）冷却剂的种类。采用铁矿石或氧化铁皮为主的冷却剂，成渣量大，炉容比也需相应增大；若采用以废钢为主的冷却剂，成渣量小，炉容比可适当选择小些。

目前使用的转炉，炉容比波动在 $0.85~0.95m^3/t$ 之间（大容量转炉取下限）。近些年来，为了在提高金属收得率的基础上提高供氧强度，新设计转炉的炉容比趋于增大，一般为 $0.9~1.05m^3/t$。

（2）高宽比（$H_总/D_壳$）。高宽比是指转炉总高（$H_总$）与炉壳外径（$D_壳$）之比，是决定转炉形状的另一主要参数。它直接影响转炉的操作和建设费用，因此高宽比的确定既要满足工艺要求，又要考虑节省建设费用。在最初设计转炉时，高宽比选的较大。生产实践证明，增加转炉高度是防止喷溅，提高钢水收得率的有效措施。但过大的高宽比不仅增加了转炉的倾动力矩，而且厂房高度增高使建筑造价也上升，所以，过大的高宽比没有必要。在转炉大型化的过程中，$H_总$ 和 $D_壳$ 随着炉容量的增大而增加，但其比值是下降的。这说明直径的增加比高度的增加更快，炉子向矮胖型发展。但过于矮胖的炉型，易产生喷溅，会使热量和金属损失增大。目前，新设计转炉的高宽比一般在 1.35~1.65 的范围内选取，小转炉取上限，大转炉取下限。

c　炉型主要尺寸的确定

以筒球形炉型为例，转炉主要尺寸如图 2-3 所示。

（1）熔池部分尺寸。

1）熔池直径（D）。熔池直径是指转炉熔池在平静状态时金属液面的直径。目前熔池直径的确定可用一些经验公式进行计算，计算结果还应与容量相近、生产条件相似、技术经济指标较好的炉子进行对比并适当调整。我国设计部门推荐的计算熔池直径的经验公式为：

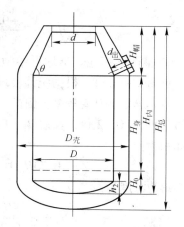

图 2-3　筒球形氧气顶吹
转炉主要尺寸

h_2—球缺高度；H_0—熔池深度；$H_身$—炉身高度；$H_帽$—炉帽高度；$H_内$—转炉有效高度；$H_总$—转炉总高；D—熔池直径；$D_壳$—炉壳外径；d—炉口直径；$d_出$—出钢口直径；θ—炉帽倾角

$$D = K\sqrt{\frac{G}{t}} \qquad (2-2)$$

式中　D——熔池直径，m；

　　　G——新炉金属装入量，t；

　　　t——吹氧时间，可参考表 2-1 来确定，min；

　　　K——比例系数，50t 以下的转炉 $K = 1.85 \sim 2.10$，$50 \sim 120$t 的转炉 $K = 1.75 \sim 1.85$，200t 的转炉 $K = 1.55 \sim 1.60$，250t 以上的转炉 $K = 1.50 \sim 1.55$。

实践表明，式（2-2）对中、小型转炉较为适用，对大型转炉有偏差，应用时需注意。

另外，也有人利用统计方法，找出现有炉子直径和容量之间的关系，作为计算熔池直径的依据。武汉钢铁设计院推荐如下公式：

$$D = 0.392\sqrt{20 + T} \qquad (2-3)$$

式中　T——炉子容量，t。

表 2-1　转炉冶炼周期和吹氧时间推荐值

转炉公称容量/t	<30	30~100	>100	备　注
冶炼周期/min	28~32	32~38	38~45	结合供氧强度、铁水成分和所炼钢种等具体条件确定
吹氧时间/min	12~16	14~18	16~20	

由国外一些 $30 \sim 300$t 转炉实际尺寸统计的结果，得出下面计算公式：

$$D = (0.66 \pm 0.05)T^{0.4} \qquad (2-4)$$

式中　T——炉子容量，t。

2）熔池深度 H_0。熔池深度是指转炉熔池在平静状态时，从金属液面到炉底的深度。从吹氧动力学的角度出发，合适的熔池深度应既能保证转炉熔池有良好的搅拌效果，又不致使氧气射流穿透炉底，以达到保护炉底，提高炉龄和安全生产的目的。对于一定容量的转炉，炉型和熔池直径确定之后，便可利用几何公式计算熔池深度 H_0。

① 筒球形熔池。筒球形熔池由圆柱体和球缺体两部分组成。考虑炉底的稳定性和熔池有适当的深度，一般球缺体的半径 R 为熔池直径的 $1.1 \sim 1.25$ 倍。国外炉容大于 200t 的转炉为 $0.8 \sim 1.0$ 倍。当 $R = 1.1D$ 时，金属熔池的体积 $V_熔$ 为：

$$V_熔 = 0.79H_0D^2 - 0.046D^3$$

因而

$$H_0 = \frac{V_{熔} + 0.046D^3}{0.79D^2} \qquad (2-5)$$

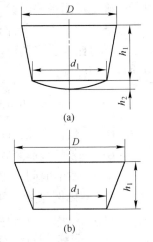

② 锥球形熔池。锥球形熔池由倒锥台和球缺体两部分组成，见图 2-4(a)。根据统计，球缺体曲率半径 $R = 1.1D$，球缺体高 $h_2 = 0.09D$ 者较多。倒锥台底面直径 d_1 一般为熔池直径 D 的 0.895~0.92 倍，如取 $d_1 = 0.895D$，则在上述条件下，熔池体积为：

$$V_{熔} = 0.70H_0D^2 - 0.0363D^3$$

因而熔池深度为：

$$H_0 = \frac{V_{熔} + 0.0363D^3}{0.70D^2} \qquad (2-6)$$

③ 截锥形熔池。截锥形熔池如图 10-4(b) 所示，其体积为：

$$V_{熔} = \frac{\pi h_1}{12}(D^2 + Dd_1 + d_1^2)$$

图 2-4　锥球形和截锥形
熔池各部位尺寸
(a) 锥球形熔池尺寸；
(b) 截锥形熔池尺寸
D—熔池直径；
d_1—倒锥台底面直径；
h_1—锥台高度；
h_2—球缺体高度

当锥体底面直径 d_1 为 0.7D 时，熔池深度为：

$$H_0 = \frac{V_{熔}}{0.574D^2} \qquad (2-7)$$

(2) 炉帽部分尺寸。氧气转炉一般都采用正口炉帽，其主要尺寸有炉帽倾角、炉口直径和炉帽高度。

1) 炉帽倾角 θ。一般取 60°~68°，大炉子取下限，以减小炉帽高度。如果 $\theta < 53°$，则炉帽砌砖有倒塌的危险；但倾角过大，将导致锥体部分过高，出钢时容易从炉口下渣。

2) 炉口直径 d。在满足兑铁水、加废钢、出渣、修炉等操作要求的前提下，应尽量缩小炉口直径，以减少喷溅、热量损失和冷空气的吸入量。一般炉口直径为：

$$d = (0.43 \sim 0.53)D \qquad (2-8)$$

大转炉取下限，小转炉取上限。

3) 炉帽高度 $H_{帽}$。炉帽的总高度是截锥体高度 $H_{锥}$ 与炉口直线段高度 $H_{直}$ 之和。设置直线段的目的是为了保持炉口形状和保护水冷炉口，其高度 $H_{直}$ 一般为 300~400mm。炉帽高度的计算公式如下：

$$H_{帽} = H_{锥} + H_{直} = \frac{1}{2}(D-d)\tan\theta + (300 \sim 400) \qquad (2-9)$$

炉帽容积为：

$$V_{帽} = V_{锥} + V_{直} = \frac{\pi}{12}H_{锥}(D^2 + Dd + d^2) + \frac{\pi}{4}d^2 H_{直} \qquad (2-10)$$

(3) 炉身部分尺寸。转炉在熔池面以上、炉帽以下的圆柱体部分称为炉身。一般炉身直径就是熔池直径。炉身高度 $H_{身}$ 可按下式计算：

$$V_{身} = V_{总} - V_{帽} - V_{熔}$$

$$V_{身} = \frac{\pi}{4}D^2 H_{身}$$

$$H_身 = \frac{4V_身}{\pi D^2} \qquad (2-11)$$

式中 $V_总$——转炉的有效容积，可根据转炉吨位和选定的炉容比确定；

$V_帽$，$V_身$，$V_熔$——分别为炉帽、炉身和金属熔池的容积，m^3；

$H_身$——炉身高度，m。

（4）出钢口尺寸。转炉设置出钢口的目的是为了便于渣钢分离，使炉内钢水以正常的速度和角度流入钢包中，以利于在钢包内进行脱氧合金化作业和提高钢的质量。出钢口主要参数包括出钢口位置、出钢口角度及出钢口直径。

1）出钢口位置。出钢口的内口应设在炉帽与炉身的连接处。此处在倒炉出钢时位置最低，钢水容易出净，又不易下渣。

2）出钢口角度。出钢口角度是指出钢口中心线与水平线的夹角。出钢口角度越小，出钢口长度就越短，钢流长度也越短，可以减少钢流的二次氧化和散热损失，并且易对准炉下钢包车；修砌和开启出钢口方便。出钢口角度一般在 15°～25°，国外不少转炉采用 0°。

3）出钢口直径。出钢口直径可按下列经验公式计算：

$$d_出 = \sqrt{63 + 1.75T} \qquad (2-12)$$

式中 $d_出$——出钢口直径，cm；

T——转炉的炉容量，t。

国内外一些转炉炉型主要工艺参数见表 2-2。

表 2-2 国内外一些转炉炉型主要工艺参数

序号	参数名称	符号	单位	公 称 吨 位										
				中 国								日 本		美国
				15t	20t	25t	30t	50t	120t	150t	300t	100t	250t	230t
1	炉壳全高	$H_总$	mm	5920	5880	6270	7000	7470	9750	9250	11500	8500	11000	11732
2	炉壳外径	$D_壳$	mm	3630		3840	4420	5110	6670	7000	8670	5400	8200	7720
3	炉膛有效高度	$H_内$	mm	5171	4900	5530	6220	6491	8150	8480	10458	7672		10600
4	炉膛直径	$D_膛$	mm	2250	2380	2400	2480	3500	4860	5260	6832	4000	5670	6250
5	炉内有效容积	V	mm	18.14	18.16	20.40	24.30	52.72	121	129.1	315	80	193	209.3
6	炉口直径	d	mm	1070	1000	1100	1100	1850	2200	2500	3600	2200	3000	2360
7	熔池直径	D	mm	2250	2400	2480		3500	4860	5260	6740	4000		6250
8	熔池深度	H_0	mm	800	820	1000	1000	1085	1350	1447	1954			1725
9	熔池面积	S	m^2	3.97	4.4	4.52	4.53	9.62	18.85	21.73	33.9	12.57		30.70
10	熔池容积	$V_熔$	m^3						19.4		33.9			
11	炉帽倾角	θ	(°)	60	62	62	65.36		62.1	60				
12	出钢口直径	$d_出$	mm	100	100	100	120		170	180	200			
13	出钢口倾角		(°)	30		15	45		20	20	15			

序号	参数名称	符号	单位	公称吨位										
				中　国								日　本		美国
				15t	20t	25t	30t	50t	120t	150t	300t	100t	250t	230t
14	$H_总/D_壳$			1.63	1.59	1.61	1.66	1.46	1.46	1.32	1.32	1.57	1.45	1.52
15	$H_内/D$			2.24	2.01	2.20		1.855	1.66	1.61	1.53	1.92		1.72
16	炉容比			1.21	0.908	0.816	0.81	0.95	1.01	0.86	1.05	0.83	0.774	0.91
17	熔池面积		m^2	0.26	0.22	0.181	0.161	0.192	0.155	0.145	0.122	0.126	0.107	0.133
18	d/D		%	47.6	42	48.5	44	52.9	45.3	47.5	52.7	55		53.7

（5）炉衬。氧气转炉的炉衬一般由工作层、填充层和永久层构成。

工作层是指直接与液体金属、熔渣和炉气接触的内层炉衬，它要经受钢、渣的冲刷，熔渣的化学侵蚀，高温和温度急变以及物料冲击等一系列作用。同时工作层不断被侵蚀，也将影响炉内化学反应的进行。因此，要求工作层在高温下，有足够的强度，一定的化学稳定性和耐急冷急热等性能。

填充层介于工作层和永久层之间，一般用散状材料捣打而成，其主要作用是减轻内衬膨胀时对金属炉壳产生的挤压作用，拆炉时便于迅速拆除工作层，并避免永久层的损坏。也有一些转炉不设置填充层。永久层紧贴炉壳钢板，修炉时一般不拆除，其主要作用是保护炉壳钢板。该层用镁砖砌成。

2.1.2.2　炉壳

转炉炉壳的作用是承受耐火材料、钢液、渣液的全部质量，保持炉子有固定的形状，倾动时承受扭转力矩。

大型转炉炉壳如图 2 - 5 所示。由图可知，炉壳本身主要由三部分组成：锥形炉帽、圆柱形炉身和炉底。各部分用普通锅炉钢板或低合金钢板成型后，再焊成整体。三部分连接的转折处必须以不同曲率的圆滑曲线来连接，以减少应力集中。为了适应转炉高温作业频繁的特点，要求转炉炉壳必须具有足够的强度和刚度，在高温下不变形，在热应力作用下不破裂。考虑到炉壳各部位受力不均匀，炉帽、炉身、炉底应选用不同厚度钢板，特别是对大转炉来说更应如此。炉壳各部位钢板的厚度可根据经验选定（见表 2 - 3）。

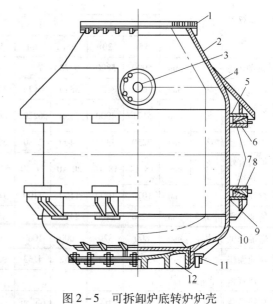

图 2 - 5　可拆卸炉底转炉炉壳

1—水冷炉口；2—锥形炉帽；3—出钢口；4—护板；5，9—上、下卡板；6，8—上、下卡板槽；7—斜块；10—圆柱形炉身；11—销钉和斜楔；12—可拆卸活动炉底

表 2 – 3　转炉炉壳各部位钢板厚度　（mm）

部 位	转 炉 吨 位							
	15(20)t	30t	50t	100(120)t	150t	200t	250t	300t
炉帽	25	30	45	55	60	60	65	70
炉身	30	35	45	70	70	75	80	85
炉底	25	30	45	60	60	60	65	70

转炉炉壳各部分的具体结构如下。

A　炉帽

炉帽部分的形状有截头圆锥体形和半球形两种。半球形的刚度好，但制造时需要做胎模，加工困难；而截头圆锥体形制造简单，但刚度稍差，一般用于 30t 以下的转炉。

炉帽上设有出钢口。因出钢口最易烧坏，为了便于修理更换，最好设计成可拆卸式的，但小转炉的出钢口还是直接焊接在炉帽上为好。

在炉帽的顶部，现在普遍装有水冷炉口。它的作用是：防止炉口钢板在高温下变形，提高炉帽的寿命；另外还可以减少炉口结渣，而且即使结渣也较易清理。

水冷炉口有水箱式和埋管式两种结构。

水箱式水冷炉口用钢板焊成，如图 2 – 6 所示。在水箱内焊有若干块隔水板，使进入的冷却水在水箱中形成一个回路。同时隔水板也起撑筋作用，以加强炉口水箱的强度。这种水冷炉口在高温下，钢板易产生热变形而使焊缝开裂漏水。炉口内环用厚壁无缝钢管，使焊缝减少，对防止漏水有效。

埋管式水冷炉口是把通冷却水用的蛇形钢管埋铸于灰口铸铁、球墨铸铁或耐热铸铁的炉口中，如图 2 – 7 所示。这种结构不易烧穿漏水，使用寿命长；但存在漏水后不易修补，且制作过程复杂的缺点。

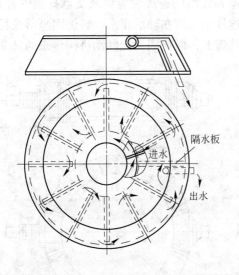

图 2 – 6　水箱式水冷炉口结构

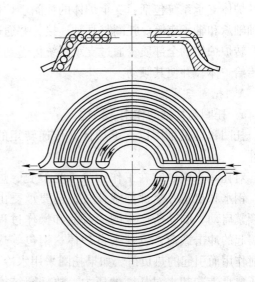

图 2 – 7　埋管式水冷炉口结构

埋管式水冷炉口可用销钉－斜楔与炉帽连接，由于喷溅物的黏结，拆卸时不得不用火焰切割。因此，我国中、小型转炉采用卡板连接方式将炉口固定在炉帽上。

在锥形炉帽的下半段还焊有环形伞状挡渣护板（裙板），以防止喷溅出的渣、铁烧损炉帽、托圈及支承装置等。

B　炉身

炉身一般为圆筒形，它是整个转炉炉壳受力最大的部分。转炉的全部质量（包括钢水、炉渣、炉衬、炉壳及附件的质量）通过炉身和托圈的连接装置传递到支承系统上，而且炉身还要承受倾动力矩，因此用于炉身的钢板要比炉帽和炉底的厚些。

炉身被托圈包围部分的热量不易散发，在该处易造成局部热变形和破裂。因此，应在炉壳与托圈内表面之间留有适当的间隙，以加强炉身与托圈之间的自然冷却，防止或减少炉壳中部产生变形（椭圆和胀大）。

炉帽与炉身也可以通水冷却，以防止炉壳受热变形，延长其使用寿命。例如有的厂家在 100t 转炉的炉帽外壳上焊有盘旋的角钢，内通水冷却；炉身焊有盘旋的槽钢，内通水冷却。这套炉壳自 1976 年投产至今，炉壳基本上没有较大的变形，仍在服役。

C　炉底

炉底部分有截锥形和球缺形两种。截锥形炉底制作和砌砖都较为简便，但其强度不如球缺形好，适用于小型转炉。

炉底部分与炉身的连接分为固定式与可拆式两种。相应地，炉底结构也有死炉底和活炉底两类。死炉底的炉壳，结构简单，质量轻，造价低，使用可靠。但修炉时，必须采用上修。修炉劳动条件差、时间长，多用于小型转炉。活炉底采用下修炉方式，拆除炉底后，炉衬冷却快，拆衬容易，因此，修炉方便，劳动条件较好，可以缩短修炉时间，提高劳动生产率，适用于大型转炉。但活炉底装、卸都需专用机械或车辆（如炉底车）。

2.1.2.3　炉体支承系统

炉体支承系统包括：支承炉体的托圈、炉体和托圈的连接装置以及支承托圈的耳轴、耳轴轴承和轴承座等。托圈与耳轴连接，并通过耳轴坐落在轴承座上，转炉则坐落在托圈上。转炉炉体的全部质量通过支承系统传递到基础上，而托圈又把倾动机构传来的倾动力矩传给炉体，并使其倾动。

A　托圈与耳轴

a　托圈与耳轴的作用、结构

托圈和耳轴是用以支承炉体并传递转矩的构件。

对托圈来说，它在工作中除承受炉壳、炉衬、钢水和自重等全部静载荷外，还要承受由于频繁启动、制动所产生的动载荷和操作过程所引起的冲击载荷，以及来自炉体、钢包等热辐射作用而引起的热负荷。如果托圈采用水冷，则还要承受冷却水对托圈的压力，故托圈结构必须具有足够的强度、刚度和韧性才能满足转炉生产的要求。

托圈的结构如图 2-8 所示。它是断面为箱

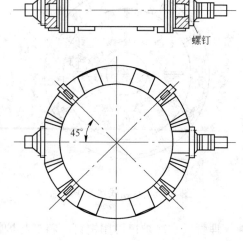

图 2-8　剖分式托圈

形或开式的环形结构，两侧有耳轴座，耳轴装在耳轴座内。大、中型转炉的托圈多采用箱形的钢板焊接结构，为了增大刚度，中间加焊一定数量的直立筋板。这种结构的托圈受力状况好，抗扭刚度大，加工制造方便，还可通水冷却，使水冷托圈的热应力降低到非水冷托圈的 1/3 左右。

考虑到机械加工和运输的方便，大、中型转炉的托圈通常做成两段或四段的剖分式结构（图 2-8 所示为剖分式四段加工制造的托圈），然后，在转炉现场再用螺栓连接成整体。而小型转炉的托圈一般是做成整体的（钢板焊接或铸件）。

转炉的耳轴支承着炉体和托圈的全部质量，并通过轴承座传给地基，同时倾动机构低转速的大扭矩又通过耳轴传给托圈和转炉。耳轴要承受静、动载荷产生的转矩、弯曲和剪切的综合负荷，因此，耳轴应有足够的强度和刚度。

转炉两侧的耳轴都是阶梯形圆柱体金属部件。由于转炉有时要转动 ±360°，而水冷炉口、炉帽和托圈等需要的冷却水必须连续地通过耳轴，同时耳轴本身也需要水冷，这样，耳轴需做成空心的。

b　托圈与耳轴的连接

托圈与耳轴的连接有法兰螺栓连接、静配合连接、直接焊接等三种方式，如图 2-9 所示。

法兰螺栓连接如图 2-9(a) 所示。耳轴用过渡配合装入托圈的耳轴座中，再用螺栓和圆销连接、固定，以防止耳轴与孔发生相对转动和轴向移动。这种连接方式连接件较多，而且耳轴需要一个法兰，从而增加了耳轴的制造难度。

静配合连接如图 2-9(b) 所示。耳轴有过盈尺寸，装配时用液体氮将耳轴冷缩后插入耳轴座中，或把耳轴孔加热膨胀，将耳轴在常温下装入耳轴孔中。为了防止耳轴与耳轴孔产生转动和轴向移动，传动侧耳轴的配合面应拧入精制螺钉，游动侧采用带小台肩的耳轴。

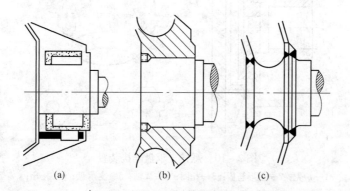

图 2-9　托圈与耳轴的连接方式
(a) 法兰螺栓连接；(b) 静配合连接；(c) 直接焊接

耳轴与托圈直接焊接如图 2-9(c) 所示。这种结构没有耳轴座和连接件，结构简单，质量轻，加工量少。制造时先将耳轴与耳轴板用双面环形焊缝焊接，然后将耳轴板与托圈腹板用单面焊缝焊接。制造时要特别注意保证两耳轴的平行度和同心度。

c　炉体与托圈的连接装置

炉体与托圈之间的连接装置应能满足下述要求：

（1）保证转炉在所有的位置时，都能安全地支承全部工作负荷；

（2）为转炉炉体传递足够的转矩；

（3）能够调节由于温度变化而产生的轴向和径向的位移，使其对炉壳产生的限制力最小；

（4）能使载荷在支承系统中均匀分布；

（5）能吸收或消除冲击载荷，并能防止炉壳过度变形；

（6）结构简单，工作安全可靠，易于安装、调整和维护，而且经济。

目前已在转炉上应用的支承系统大致有以下几类：

（1）悬挂支承盘连接装置。悬挂支承盘连接装置，如图 2-10 所示，属三支点连接结构，位于两个耳轴位置的支点是基本承重支点，而在出钢口对侧，位于托圈下部与炉壳相连接的支点是一个倾动支承点。两个承重支点主要由支承盘和托环构成，托环通过星形筋板焊接在炉壳上，支承盘装在托环内，它们不同心，有约 10mm 的间隙。在倾动支承点装有倾动支承器，与倾动支承器同一水平轴线的炉体另一侧装有导向装置，它与倾动支承器构成了防止炉体沿耳轴方向窜动的定位装置。悬挂支承盘连接装置的主要特征是炉体处于任何倾动位置，都始终保持托环与支承盘顶部线接触支承。同时，在倾动过程中炉壳上的托环始终沿托圈上的支承盘滚动，所以，这种连接装置倾动过程平稳、没有冲击。此外，结构也比较简单，便于快速拆换炉体。

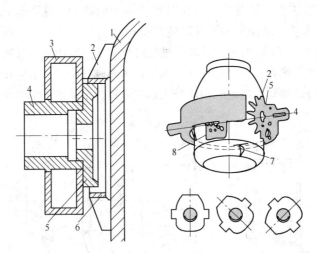

图 2-10　悬挂支承盘连接装置

1—炉壳；2—星形筋板；3—托圈；4—耳轴；5—支承盘；6—托环；
7—导向装置；8—倾动支承器

（2）夹持器连接装置。夹持器连接装置的基本结构是沿炉壳圆周装有若干组上、下托架，并用它们夹住托圈的顶面和底部，通过接触面把炉体的负荷传给托圈。当炉壳和托圈因温差而出现热变形时，可自由地沿其接触面相对位移。图 2-11 所示为双面斜垫板托架夹持器的典型结构。它由四组夹持器组成。两耳轴部位的两组夹持器 R_1、R_2 为支承夹持器，用于支承炉体和炉内液体等的全部质量。位于装料侧托圈中部的夹持器 R_3 为倾动夹持器，转炉倾动时主要通过它来传递倾动力矩。靠近出钢口的一组夹持器 R_4 为导向夹

持器，它不传递力，只起导向作用。每组夹
持器均有上、下托架，托架与托圈之间有一
组支承斜垫板。炉体通过上、下托架和斜垫
板夹住托圈，借以支承其质量。这种双面斜
垫板托架夹持器的连接装置基本满足了转炉
的工作要求，但其结构复杂，加工量大，安
装调整比较困难。

图 2-12 所示为平面卡板夹持器连接结
构。它一般由 4~10 组夹持器将炉壳固定在
托圈上，其中有一对布置在耳轴轴线上，以
便炉体倾转到水平位置时承受载荷。每组夹
持器的上、下卡板用螺栓成对地固定在炉壳
上，利用焊在托圈上的卡座将上、下卡板伸
出的底板卡在托圈的上、下盖板上。底板和
卡座的两平面间和侧面均有垫板 3，垫板磨
损可以更换。托圈下盖板与下卡板的底板之
间留有一定的间隙，这样夹持器本体可以在
两卡座间滑动，使炉壳在径向和轴向的胀缩
均不受限制。

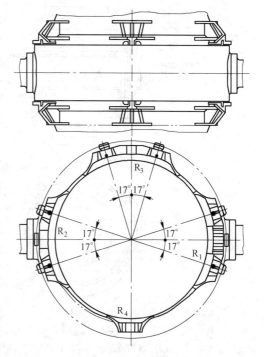

图 2-11 双面斜垫板托架
夹持器的典型结构

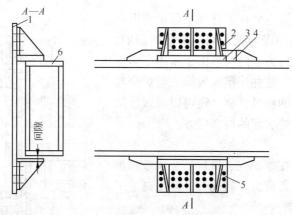

图 2-12 平面卡板夹持器连接结构
1—炉壳；2—上卡板；3—垫板；4—卡座；5—下卡板；6—托圈

（3）薄带连接装置。薄带连接装置（见图 2-13）是采用多层挠性薄钢带作为炉体
与托圈的连接件。

由图 2-13 可以看出，在两侧耳轴的下方沿炉壳圆周各装有五组多层薄钢带，钢带的
下端借螺钉固定在炉壳的下部，钢带的上端固定在托圈的下部。在托圈上部耳轴处还装有
一个辅助支承装置。当炉体直立时，炉体是被托在多层薄钢带组成的"托笼"中；炉体
的倾动，主要靠距耳轴轴线最远位置的钢带组来传递扭矩；当炉体倒置时，炉体质量由钢
带压缩变形和托圈上部的辅助支承装置来平衡。托圈上部在两耳轴位置的辅助支承除了在
倾动和炉体倒置时，承受一定力外，主要是用于炉体对托圈的定位。这种连接装置的特点

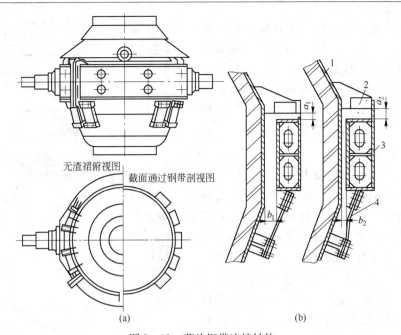

图2-13　薄片钢带连接结构

（a）薄钢带连接图；（b）薄钢带与炉体和托圈连接结构适应炉体膨胀的情况

$a_2 - a_1$—炉壳与托圈沿轴向膨胀差；$b_2 - b_1$—炉壳与托圈沿径向膨胀差

1—炉壳；2—周向支承装置；3—托圈；4—钢带

是将炉壳上的主要承重点放在了托圈下部炉壳温度较低的部位，以消除炉壳与托圈间热膨胀的影响，减少炉壳连接处的热应力。同时，由于采用了多层挠性薄钢带作连接件，这种连接装置能适应炉壳与托圈受热变形所产生的相对位移，还可以减缓连接件在炉壳、托圈连接处引起的局部应力。

B　耳轴轴承座

转炉耳轴轴承是支撑炉壳、炉衬、金属液和炉渣全部质量的部件，负荷大、转速慢、温度高、工作条件十分恶劣。

用于转炉耳轴的轴承大体分为滑动轴承、球面调心滑动轴承、滚动轴承三种类型。滑动轴承便于制造、安装，所以小型转炉上用得较多，但这种轴承无自动调心作用，托圈变形后磨损很快。球面调心滑动轴承是滑动轴承改进后的结构，磨损有所减少。为了有效地克服滑动轴承磨损快、摩擦损失大的缺点，在大、中型转炉上普遍采用了滚动轴承。采用自动调心双列圆柱滚动轴承，能补偿耳轴由于托圈翘曲和制造安装不准确而引起的不同心度和不平行度。该轴承结构如图2-14所示。

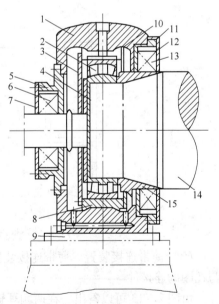

图2-14　自动调心滚动轴承座

1—轴承座；2—自动调心双列圆柱滚动轴承；3，10—挡油板；4—轴承压板；5，11—轴承端盖；6，13—毡圈；7，12—压盖；8—轴承套；9—轴承底座；14—耳轴；15—甩油推环为了适应托圈的膨胀,驱动端的耳轴轴承设计为固定的,而另一端则设计成可沿轴向移动的自由端。

为了防止脏物进入轴承内部,轴承外壳采取双层或多层密封装置,这对于滚动轴承尤其重要。

2.1.2.4 转炉倾动机构

A 倾动机构的工作特点

在转炉设备中,倾动机构是实现转炉炼钢生产的关键设备之一。转炉倾动机构的工作特点是:

(1)减速比大。转炉的工作对象是高温的液体金属,在兑铁水、出钢等项操作时,要求炉体能平稳地倾动和准确地停位。因此,炉子采取很低的倾动速度,一般为 0.1 ~ 1.5r/min。为此,倾动机构必须具有很大的减速比,通常为 700 ~ 1000,甚至数千。

(2)倾动力矩大。转炉炉体的自重很大,再加上装料质量等,整个被倾转部分的质量达到上百吨或上千吨。如炉容量为 350t 的转炉,其总重达 1450 多吨。要使这样大质量的转炉倾转,就需要很大的倾动力矩。

(3)启、制动频繁,承受的动载荷较大。转炉的冶炼周期最长为 40min 左右,在整个冶炼周期中,要完成加废钢、兑铁水、取样、测温、出钢、出渣、补炉等一系列操作,这些都涉及转炉的启、制动。如原料中硅、磷含量高,吹炼过程中倒渣次数增加,则启、制动操作就更加频繁。另外,倾动机构除承受基本静载荷的作用外,还要承受由于启动、制动等引起的动载荷。这种动载荷在炉口刮渣操作时,其数值甚至达到静载荷的两倍以上。

(4)倾动机构工作在高温、多渣尘的环境中,工作条件十分恶劣。

B 对倾动机构的要求

根据转炉倾动机构的工作特点和操作工艺的需要,倾动机构应满足以下要求:

(1)在整个生产过程中,必须满足工艺的需要。应能使炉体正反转动 360°,能平稳而准确地停在任一倾角位置上,以满足兑铁水、加废钢、取样、测温、出钢、倒渣、补炉等各项工艺操作的要求,并且要与氧枪、副枪、炉下钢包车、烟罩等设备联锁。

(2)根据吹炼工艺的要求,转炉应具有两种以上的倾动速度。转炉在出钢、倒渣、人工测温取样时,要平稳缓慢地倾动,以避免钢、渣猛烈晃动,甚至溅出炉口;当转炉空炉或从水平位置摇直,或刚从垂直位置摇下时,均可用较高的倾动速度,以减少辅助时间。在接近预定位置时,采用低速倾动,以便停位准确,并使炉液平稳。一般小于 30t 的转炉可以不调速,倾动转速为 0.7r/min;50 ~ 100t 转炉可采用两级转速,低速为 0.2r/min,高速为 0.8r/min;大于 150t 的转炉可无级调速,转速在 0.15 ~ 1.5r/min。

(3)在生产过程中,倾动机构必须能安全可靠地运转。不应发生电动机、齿轮及轴、制动器等设备事故,即使部分设备发生故障,也应有备用能力继续工作,直到本炉钢冶炼结束。

(4)倾动机构对载荷的变化和结构的变形应有较好的适应性。当托圈产生挠曲变形而引起耳轴轴线出现一定程度的偏斜时,仍能保持各传动齿轮的正常啮合,同时,还应具有减缓动载荷和冲击载荷的性能。

（5）结构紧凑，质量轻，机械效率高，安装、维修方便。

转炉倾动机构随着氧气转炉炼钢生产的发展也在不断地发展和完善，出现了各种形式的倾动机构。

C　转炉倾动机构的类型

倾动机构一般由电动机、制动器、一级减速器和末级减速器组成。就其传动设备安装位置可分为落地式、半悬挂式和全悬挂式等。

a　落地式倾动机构

落地式倾动机构，是指转炉耳轴上装有大齿轮，而所有其他传动件都装在另外的基础上，或所有的传动件（包括大齿轮在内）都安装在另外的基础上。这种倾动机械结构简单，便于加工制造和装配维修。

图 2 - 15 所示是我国小型转炉采用的落地式倾动机构。当耳轴轴承磨损后，大齿轮下沉或托圈变形耳轴向上翘曲时，这种传动形式都会影响大、小齿轮的正常啮合传动。此外，大齿轮系开式齿轮，易落入灰砂，磨损严重，寿命短。

小型转炉的倾动机构多采用蜗轮蜗杆传动，其优点是速比大、体积小、设备轻、有反向自锁作用，可以避免在倾动过程中因电动机失灵而发生转炉自动翻

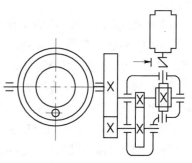

图 2 - 15　某厂 30t 转炉
落地式倾动机构

转的危险。同时可以使用比较便宜的高速电动机。缺点是功率损失大，效率低。大型转炉采用全齿轮减速机，以减少功率损失。图 2 - 16 为我国某厂 150t 转炉采用全齿轮传动的落地式倾动机构。为了克服低速级开式齿轮磨损较快的缺点，将开式齿轮放入箱体中，成为主减速器。该减速器安装在基础上。大齿轮轴与耳轴之间用齿形联轴器连接，因为齿形联轴器允许两轴之间有一定的角度偏差和位移偏差，因此可以部分克服因耳轴下沉和翘曲而引起的齿轮啮合不良。

为了使转炉获得多级转速，采用了直流电动机，此外考虑倾动力矩较大，采用了两台分减速器和两台电动机。

图 2 - 17 为多级行星齿轮落地式倾动机构示意图，它具有传动速比大，结构尺寸小，传动效率较高的特点。

b　半悬挂式倾动机构

半悬挂式倾动机构是在转炉耳轴上装有一个悬挂减速器，而其余的电动机、减速器等都安装在另外的基础上。悬挂减速

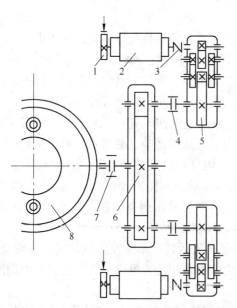

图 2 - 16　我国某厂 150t 顶吹转炉落地式倾动机构
1—制动器；2—电动机；3—弹性联轴器；4，7—齿形
联轴器；5—分减速器；6—主减速器；8—转炉炉体

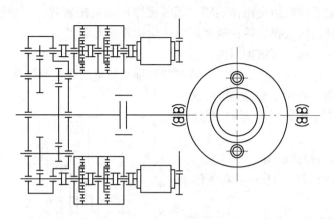

图 2-17 多级行星齿轮落地式倾动机构示意图

器的小齿轮通过万向联轴器或齿形联轴器与落地减速器相连接。

图 2-18 所示为某厂 30t 转炉半悬挂式倾动机构。当托圈和耳轴受热、受载而变形翘曲时，这种结构的悬挂减速器随之位移，其中的大小人字齿轮仍能正常啮合传动，消除了落地式倾动机构的弱点。

半悬挂式倾动机构，设备仍然很重，占地面积也较大，因此出现了全悬挂式倾动机构。

c 全悬挂式倾动机构

全悬挂式倾动机构，如图 2-19 所示，是把转炉传动的二次减速器的大齿轮悬挂在转炉耳轴上，而电动机、制动器、一级减速器都装在悬挂大齿轮的箱体上。这种机构一般都采用多电动机、多初级减速器的多点啮合传动，消除了以往倾动设备中齿轮位移啮合不良

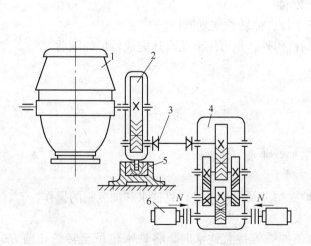

图 2-18 某厂 30t 转炉半悬挂式倾动机构
1—转炉；2—悬挂减速器；3—万向联轴器；
4—减速器；5—制动装置；
6—电动机

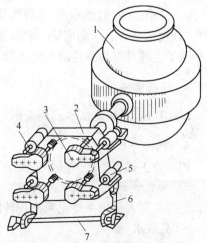

图 2-19 全悬挂式倾动机构
1—转炉；2—齿轮箱；3—三级减
速器；4—联轴器；5—电动机；
6—连杆；7—缓震抗扭轴

的现象。此外，它还装有防止箱体旋转并起缓震作用的抗扭装置，可使转炉平稳地启动、制动和变速，这种抗扭装置能够快速装卸以适应检修的需要。

全悬挂式倾动机构具有结构紧凑、质量轻、占地面积小、运转安全可靠、工作性能好的特点，但由于增加了啮合点，加工、调整和对轴承质量的要求都较高。这种倾动机构多为大型转炉所采用。我国上海宝钢的 300t、首钢的 210t 转炉均采用了全悬挂式倾动机构。

d 液压传动的倾动机构

目前一些先进的转炉已采用液压传动的倾动机构。

液压传动的突出特点是：适于低速、重载的场合，不怕过载和阻塞；可以无级调速，结构简单、质量轻、体积小，因此液压传动对转炉的倾动机构有很强的适用性。但液压传动也存在加工精度要求高，加工不精确时容易引起漏油的缺陷。

图 2-20 是一种液压倾动转炉的工作原理图。变量油泵经滤油器将油液从油箱中泵出，经单向阀、电液换向阀、油管 6 送入工作油缸，使活塞杆 9 上升，推动齿条、耳轴上的齿轮，使转炉炉体倾动。工作油缸与回程油缸固定在横梁上，当换向阀换向后，油液经油管 7 进入回程油箱（此时，工作缸中的油液经换向阀流回油箱），通过活塞杆、活动横梁，将齿条下拉，使转炉恢复原位。

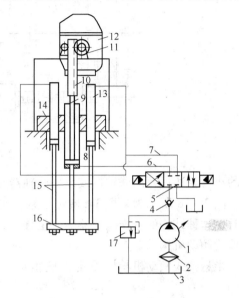

图 2-20 液压倾动转炉的工作原理示意图
1—变量油泵；2—滤油器；3—油箱；4—单向阀；
5—电液换向阀；6，7—油管；8—工作油缸；
9，15—活塞杆；10—齿条；11—齿轮；
12—转炉；13—回程油缸；14—横梁；
16—活动横梁；17—溢流阀

除了上述具有齿条传动的液压倾动机构外，也可用液压马达完成转炉的倾动。

2.1.3 任务实施

2.1.3.1 转炉兑铁水、加废钢

A 目的与目标

用手势正确指挥转炉摇炉工及吊车工兑铁水、加废钢。

B 操作步骤及技能实施

炉前指挥人员用手势正确指挥转炉摇炉工及吊车工进行兑铁水和加废钢的操作。

a 兑铁水

（1）准备工作。转炉具备兑铁水条件或等待兑铁水时，将铁水包吊至转炉正前方，吊车放下副钩，炉前指挥人员将两只铁水包底环分别挂好钩。

（2）兑铁水操作。炉前指挥人员站在转炉和转炉操作室中间靠近转炉的侧旁，如图 2-21 所示。指挥人员的站位必须能同时被摇炉工和吊车驾驶员看到，又不会被烫伤。

1）指挥摇炉工将炉子倾动向前至兑铁水开始位置。

2）指挥吊车驾驶员开动大车和主、副钩将铁水包运至炉口正中和高度恰当的位置。

3）指挥吊车驾驶员开小车将铁水包移近炉口位置，必要时指挥吊车对铁水包位置进行微调。

4）指挥吊车上升副钩，开始兑铁水。

5）随着铁水不断兑入炉内，要同时指挥炉口不断下降和吊车副钩不断上升，使铁水流逐步加大，并使铁水流全部进入炉内，而铁水包和炉口互不相碰，铁水不溅在炉外。

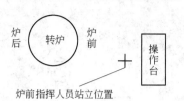

图 2-21 炉前指挥人员站立位置

6）兑完铁水指挥吊车离开，至此兑铁水完毕。

b 加废钢

（1）准备工作。废钢在废钢跨装入废钢斗，由吊车吊起，送至炉前平台，由炉前进料工将废钢斗尾部钢丝绳从吊车主钩上松下，换钩在吊车副钩上待用。如逢雨天废钢斗中有积水，可在炉前平台起吊废钢斗时将废钢斗后部稍稍抬高或在兑铁水前进废钢。

（2）加废钢操作。炉前指挥人员站立于转炉和转炉操作室中间靠近转炉的侧旁（同兑铁水位置）。待兑铁水吊车开走后即指挥进废钢。

1）指挥摇炉工将炉子倾动向前（正方向）至进废钢位置。

2）指挥吊废钢的吊车工开吊车至炉口正中位置。

3）指挥吊车移动大、小车将废钢斗口伸进转炉炉口。

4）指挥吊车提升副钩，将废钢倒入炉内。如有废钢搭桥、轧死等，可指挥吊车将副钩稍稍下降，再提起，让废钢松动一下，再倒入炉内。

5）加完废钢即指挥吊车离开，指挥转炉摇正，至此加废钢完毕。

某厂金属料装入制度为分阶段定量装入，铁水和废钢装入误差均不大于 1t。

C 注意事项

（1）指挥人员必须注意站立的位置，以确保安全，决不能站在正对炉口的前方。

（2）站位附近要有安全退路，无杂物，若铁水溅出，或进炉大喷时可以撤到安全地区。

（3）站位应能让摇炉工、吊车工都能清楚地看清指挥人员的指挥手势。

（4）指挥人员指挥进炉料时要眼观物料进炉口的情况和炉口喷出的火焰情况，如有异常现象发生，要及时采取有效措施，防止出现意外事故。

D 知识点

（1）进炉时指挥手势要清楚，明确。

（2）进炉时指挥者眼观炉口。

（3）指挥者右手在上指挥吊车工，左手臂弯至右边，在右手下面指挥摇炉工。

（4）右手大拇指指挥主钩，手势如图 2-22(a) 所示。大拇指向上，要求主钩上升；大拇指向下，要求主钩下降。

（5）右手小拇指指挥副钩，手势如图 2-22(b) 所示。小拇指向上，要求副钩上升；小拇指向下，要求副钩下降。

（6）右手五指并拢，用手掌指挥整个吊车移动，或指挥吊车的小车向炉口靠近或离开。此时掌心表示要求运动的方向。如图 2-23 所示。

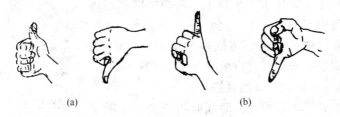

图 2 - 22　右手大、小拇指指挥示意图
（a）右手大拇指指挥示意图；（b）右手小拇指指挥示意图

（7）左手五指并拢，用手掌的摆动来指挥炉子摇动，用掌心的方向表示要求炉口转动的方向。如图 2 - 23 所示。

（8）一般情况先兑铁水，后进废钢以保护炉衬。

（9）兑铁水时铁水流要求稳定，先小注流，后逐渐加大，以防未完全对准炉口，铁水溅出。兑铁水时应防止铁渣进入转炉。

图 2 - 23　左、右手五指并拢
指挥示意图

2.1.3.2　摇炉进料

A　目的与目标

摇炉操作正确，兑好铁水，加好废钢，保证不损失物料，不损坏炉衬，使冶炼正常进行。

B　操作步骤或技能实施

（1）熟悉炉倾各按钮及开关位置。摇炉操作的开关及按键一般安排在摇炉房（即操作室）操作台中间操作方便的位置上。图 2 - 24 为某厂该部分设备的布置位置图。

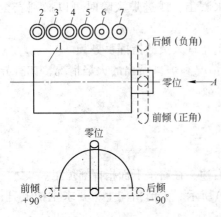

图 2 - 24　炉前控制按钮示意图
1—炉倾开关；2—解除炉子零位按钮；
3—要求出钢按钮；4—视线警铃按钮；
5—炉前要铁水按钮；6—同意出渣信号灯；
7—"允许炉倾炉前操作"信号灯

（2）熟悉"炉倾地点选择开关"，并将开关选择到"炉前位置"。

（3）兑铁水操作。如图 2 - 25 所示，兑铁水位置大约在炉子前倾 +60° 的位置上。将炉倾（摇炉）开关的手柄推向前倾位置，待炉口倾动至接近 +60° 时，将摇炉手柄推回"零位"，炉子则固定在该倾角上等待兑铁水。兑铁水时，必须听从炉前指挥人员指挥，按其指挥手势，在前倾、零位处多次按住摇炉手柄不断重复。随着铁水兑入将炉子不断前倾，直至兑完铁水。

（4）加废钢操作。如图 2 - 25 所示，加废钢位置大约在炉子前倾 +45° 的位置上。将摇炉开关手柄推向后倾，使炉子由兑铁水的 +60° 位置倾至接近 +45° 的加废钢位置，此时应立即将摇炉手柄放置"零位"，使炉子定位，等待加废钢。加废钢过程中，摇炉工必须按炉前指挥人员的指挥增大或减小炉倾角度，使炉口处于要求位置（角度）后立即将摇炉手柄放置于"零位"，直至加废钢结束。然后将摇炉手柄推至后倾方向，将炉子回复到垂直位置（0°±3°）时，立即将手柄回复"零位"，使炉子止动。

（5）降枪吹炼。根据吹炼的不同时期确定合适的枪位。

C 注意事项

（1）摇炉进料时必须集中精神，向前或向后摇炉到位时必须立即将摇炉手柄回复到零位，使转炉止动定位。

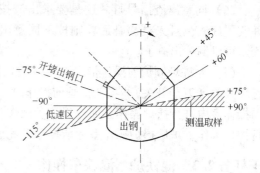

图 2-25 工艺操作各时期对炉子
倾动角度的要求

（2）兑铁水基本转倾角度为 +60°，进废钢基本转倾角度为 +45°，但兑铁水、进废钢的实际操作均需作必要调整。倾动角度的调整必须严格听从炉前指挥人员的指挥。

（3）进料前要进行检查，一般不采用留渣作业。

（4）为确保安全，炉料进炉前要先按警铃，示意炉口正前方平台上人员避让，特别是新开炉及补炉后第一炉。

（5）倒渣前必须要先按"倒渣警铃"，要求清渣组准备好渣包并通知炉下人员远离，以防人员烫伤。

D 知识点

炉倾开关和按钮介绍：

（1）炉倾开关。炉倾开关一般由主令控制器控制。当摇炉手柄放置中间位置（垂直地面）为零位时，此时炉子倾动机构处于刹车状态，炉子保持原来角度不变。摇炉手柄放置后倾位置，则转炉倾动刹车松开，电动机通电旋转，炉子向负角度方向（即出钢方向）倾动。摇炉手柄放置前倾位置，同样使转炉倾动刹车松开，电动机通电旋转，但旋转方向相反，炉子向正角度（即进料方向）倾动。当炉子前倾或后倾角度到位时，手柄应回复到零位，使炉子保持该角度状态。

（2）解除炉子零位按钮。炉子零位是指炉子处于垂直位置，也是炉口进入烟罩正中的工作位置。当炉子从正角度（或负角度）回复到零位时，倾动机构自动刹车，以确保炉子处于零位位置，不至于倾动过度。此时将摇炉手柄再放至零位。若操作工艺需要将原处于正角度（或负角度）的炉子直接转到负角度（或正角度），在操作时必须用右手将摇炉手柄直接由前倾推向后倾（或后倾推向前倾），同时用左手按下"解除炉子零位"按钮，才能使炉子在零位不被刹车止动而直接转到负角度（或正角度）位置。

（3）要求出渣按钮。按此按钮即与炉下红渣小组联系，要求出渣，即要求已有渣包备用，并通知下面操作人员离开，即将出渣。当听到清渣小组同意出渣的回铃时才可倒炉出渣。

（4）视线警铃按钮。当炉前操作平台上站立的人员挡住摇炉工视线时则按下此按钮。警铃骤响，示意站立人员让开。

（5）炉前要铁水按钮。与送铁水工段联系，表示炉前需要铁水。

（6）同意出渣信号灯。这是要求出渣按钮的回音。当清渣小组接到要求出渣信号，并安置好渣包且人员离开后，则按下同意出渣按钮，此时炉前"同意出渣信号"灯亮，表示可以倒炉出渣了。

（7）允许炉倾炉前操作信号灯。一般在操作台右上竖立面板的左下角有一摇炉地点选择开关（万能开关）。当选择炉前操作时，允许炉倾炉前操作信号灯亮，表示可以在炉前操作室内进行摇炉操作。如选择炉后操作时，此信号灯则暗，表示炉前操作室内不能进行摇炉操作，炉后摇炉操作室才能操作。此设施保证了出钢摇炉的安全。

子任务 2.2　混铁炉、混铁车操作

2.2.1　任务描述

钢铁企业高炉铁水运至转炉车间有两种工作方式：

（1）高炉铁水出至高炉下的铁水罐车内，铁水罐车由机车牵引到转炉车间。在转炉车间用天车吊起铁水罐，将铁水兑入混铁炉内。混铁炉在炉子两侧设有煤气烧嘴，依靠高温火焰实现铁水保温，并按要求取铁样、测温，进行记录。接到出铁通知时，将铁水包吊至混铁炉出铁口下方，倾动炉体，按要求的数量出铁，并通知铁水成分、温度。

（2）高炉铁水出至高炉下的鱼雷混铁车内，混铁车由机车牵引到转炉车间出铁坑上方，取样、测温并记录。接到出铁通知时，将铁水包吊至混铁车出铁口下方，倾动炉体，按要求的数量出铁，并通知铁水成分、温度。

2.2.2　相关知识　铁水的供应

铁水是转炉炼钢的主要原料。按所供铁水来源的不同可分为：化铁炉铁水和高炉铁水两种。由于化铁炉需二次化铁，能耗与熔损较大，已被国家明令淘汰。

高炉向转炉供应铁水的方式有混铁炉、混铁车、铁水罐直接热装等。

（1）铁水罐车供应铁水。高炉铁水流入铁水罐后，运进转炉车间。转炉需要铁水时，将铁水倒入转炉车间的铁水包，经称量后用铁水吊车兑入转炉。其工艺流程为：高炉→铁水罐车→前翻支柱→铁水包→称量→转炉。铁水罐车供应铁水的特点是设备简单，投资少。但是铁水在运输及待装过程中热损失严重，用同一罐铁水炼几炉钢时，前后炉次的铁水温度波动较大，不利于操作，而且粘罐现象也较严重；另外，对于不同高炉的铁水或同一座高炉不同出铁炉次的铁水，或同一出铁炉次中先后流出的铁水来说，铁水成分都存在差异，使兑入转炉的铁水成分波动较大。我国采用这种供铁方式的主要是小型转炉炼钢车间。

（2）混铁炉供应铁水。采用混铁炉供应铁水时，高炉铁水罐车由铁路运入转炉车间加料跨，用铁水吊车将铁水兑入混铁炉。当转炉需要铁水时，从混铁炉将铁水倒入转炉车间的铁水包内，经称量后用铁水吊车兑入转炉。其工艺流程为：高炉→铁水罐车→混铁炉→铁水包→称量→兑入转炉。由于混铁炉具有储存铁水、混匀铁水成分和温度的作用，因此这种供铁方式，铁水成分和温度都比较均匀，特别是对调节高炉与转炉之间均衡地供应铁水有利。

（3）混铁车供应铁水。混铁车又称混铁炉型铁水罐车或鱼雷罐车，由铁路机车牵引，兼有运送和储存铁水两种作用。采用混铁车供应铁水时，高炉铁水出到混铁车内，由铁路

将混铁车运到转炉车间倒罐站旁。当转炉需要铁水时，将铁水倒入铁水包，经称量后，用铁水吊车兑入转炉。其工艺流程为：高炉→混铁车→铁水包→称量→转炉。采用混铁车供应铁水的主要特点是：设备和厂房的基建投资以及生产费用比混铁炉低，铁水在运输过程中的热损失少，并能较好地适应大容量转炉的要求，还有利于进行铁水预处理（预脱磷、硫和硅）。但是，混铁车的容量受铁路轨距和弯道曲率半径的限制，因此，储存和混匀铁水的作用不如混铁炉。这个问题随着高炉铁水成分的稳定和温度波动的减小而逐渐获得解决。近年来世界上新建大型转炉车间采用混铁车供应铁水日益增多。

2.2.2.1　混铁炉

混铁炉是高炉和转炉之间的桥梁，具有储存铁水、稳定铁水成分和温度的作用，对调节高炉与转炉之间的供求平衡和组织转炉生产极为有利。

A　混铁炉构造

混铁炉由炉体、炉盖开闭机构和炉体倾动机构三部分组成，如图 2-26 所示。

（1）炉体。混铁炉的炉体一般采用短圆柱炉型，其中段为圆柱形，两端端盖近于球面形，炉体长度与圆柱部分外径之比近于 1。炉体包括炉壳、托圈、倒入口、倒出口和炉内砖衬等。炉壳用 20~40mm 厚的钢板焊接或铆接而成。两个端盖通过螺钉与中间圆柱形主体连接，以便于拆装修炉。炉内耐火砖衬由外向内依次为硅藻土砖、黏土砖和镁砖。在炉体中间的垂直平面内配置铁水倒入口、倒出口和齿条推杆的凸耳。倒入口中心与垂直轴线呈 5°倾角，以便于铁水倒入和混匀。倒出口中心与垂直轴线呈约 60°倾角。在工作中，炉壳温度高达 300~400℃，为了避免变形，在圆柱形部分装有两个托圈。同时，炉体的全部质量也通过托圈支承在辊子和轨座上。为了铁水保温和防止倒出口结瘤，炉体端部与倒出口上部配有煤气、空气管，用火焰加热。

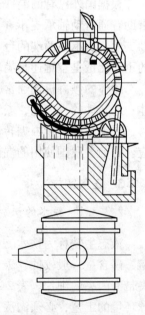

图 2-26　混铁炉构造图

（2）炉盖开闭机构。倒入口和倒出口皆有炉盖。通过地面绞车放出的钢绳绕过炉体上的导向滑轮独立地驱动炉盖的开闭。因为钢绳引上炉体时，钢绳引入点处的导向滑轮正好布置在炉体倾动的中心线上，所以当炉体倾动时，炉盖状态不受影响。

（3）炉体倾动机构。目前混铁炉普遍采用的一种倾动机构是齿条传动倾动机构。齿条与炉壳凸耳铰接，由小齿轮传动，小齿轮由电动机通过四对圆柱齿轮减速后驱动。

B　混铁炉容量和座数的配置

目前，国内混铁炉容量有 300t、600t、1300t。混铁炉容量应与转炉容量相配合。要使铁水保持成分的均匀和温度的稳定，要求铁水在混铁炉中的储存时间为 8~10h，即混铁炉容量相当于转炉容量的 15~20 倍。

由于转炉冶炼周期短，混铁炉受铁和出铁作业频繁，混铁炉检修又不能影响转炉的正常生产，因此，一座经常吹炼的转炉配备一座混铁炉较为合适。

2.2.2.2　混铁车

混铁车由罐体、罐体支承及倾翻机构和车体等部分组成，如图 2 - 27 所示。

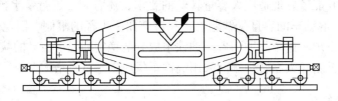

图 2 - 27　混铁车

罐体是混铁车的主要部分，外壳由钢板焊接而成，内砌耐火砖衬。通常罐体中部较长一段是圆筒形，两端为截圆锥形，以便从直径较大的中间部位向两端耳轴过渡。罐体中部上方开口，供受铁、出铁、修砌和检查出入之用。罐口上部设有罐口盖保温。

根据国外已有的混铁车，罐体支承有两种方式。小于 325t 的混铁车，罐体通过耳轴借助普通滑动轴承支承在两端的台车上；325t 以上的混铁车，其罐体是通过支承滚圈借助支承辊支承在两端的台车上。罐体的旋转轴线高于几何轴线约 100mm 以上，这样罐体的重心无论是空罐还是满罐，总能保持在旋转轴线以下。

罐体的倾翻机构通常安装在前面台车上，由电动机、减速机及开式齿轮组成。带动罐体一起转动的大齿轮，安装在传动端的耳轴上。

混铁车的容量根据转炉的吨位确定，一般为转炉吨位的整数倍，并与高炉出铁量相适应。目前，我国使用的混铁车最大公称吨位为 260t 和 300t，国外最大公称吨位为 600t。

2.2.3　任务实施

2.2.3.1　铁水的识别

液态生铁称为铁水，分为化铁炉铁水和高炉铁水两大类。二者相比，高炉铁水中的硫、磷含量一般较低，碳、硅含量较高，铁水兑入转炉时会飞扬起一层飞灰，其中还可能夹带有闪亮的细片。表 2 - 4 所示为某厂铁水技术要求。化铁炉铁水是浪费能源、破坏地球环境的工艺，必须淘汰。

表 2 - 4　某厂炼钢用铁水技术要求

成分（质量分数）/%							温度/℃
Si	前后波动量	Mn	前后波动量	P	前后波动量	S	
0.45 ~ 0.85	±0.15	≤0.6	±0.05	≤0.15	±0.03	≤0.05	≤1250

注：优质钢种对铁水的要求见该钢种操作要点。

2.2.3.2　铁水质量对冶炼的影响

这里讲的所谓铁水质量主要是指铁水的成分和入炉温度。

A　铁水温度的影响

转炉炼钢所需的热量主要来自两方面：一是来自铁水本身温度所具有的物理热；二是

来自铁水中元素在氧化过程中放出的化学热。表 2-5 所示为某 150t 顶底复吹转炉某炉次测定的热平衡数据（括号内为测定值，括号前为换算成千焦的值）。

表 2-5　某 150t 顶底复吹转炉热平衡表

热 收 入			热 支 出		
项　目	kJ（kcal）	%	项　目	kJ（kcal）	%
铁水物理热	108459（25900）	51.47	铁水物理热	132747（31700）	63.00
各元素的氧化热	94049（22459）	44.63	炉渣物理热	33082（7900）	15.70
其中：C	55821（13330）	26.49	矿石分解热	12563（3000）	5.95
Si	25042（5980）	11.88	炉气物理热	16667（3980）	7.92
Mn	1118（267）	0.53	烟尘带走热	1893（452）	0.92
P	3915（935）	1.86	铁珠及喷溅带走热	3220（769）	1.53
Fe	8153（1947）	3.87			
烟尘氧化热	4250（1015）	2.02	其他热损失	10549（2519）	5.00
SiO$_2$ 成渣热	3957（945）	1.88			
共　计	210720（50320）	100.00	共　计	210720（50320）	100.00

从表 2-5 可知，铁水温度带进去的物理热占整个热收入的 51.47%，是转炉炼钢的主要热源之一。可见，铁水温度对冶炼过程的温度控制有着重要作用。

　　B　铁水成分的影响

　　a　铁水成分对冶炼温度的影响

从表 2-5 中数据可知，铁水中元素氧化后所释放出来的化学热占整个热收入的 44.63%，是非常主要的热量来源。可见，铁水的成分对冶炼过程的温度控制有着重要作用。

　　b　铁水成分对冶炼的影响

（1）铁水中磷、硫含量的影响。一般情况下，如果铁水中磷、硫含量高，在正常的渣量、碱度、流动性和氧化性的情况下（即去磷、去硫效果相同的情况下）得到的钢水中的磷、硫含量亦较高，势必会降低钢的质量。但当发现铁水中磷、硫含量较高时，可以采用增加渣料用量、增加换渣次数的办法来强化脱磷、脱硫的效果（或者先进行铁水预处理，将铁水中的磷、硫含量降下来），使钢水中的磷、硫含量降到符合所炼钢种要求的范围，所以当铁水中磷、硫含量较高时经过工艺操作最后不会使钢水中磷、硫含量偏高，但必定会增加冶炼的负担和难度，增加冶炼时间和冶炼成本。

（2）铁水中硅、锰含量的影响。铁水中硅、锰的氧化会增加冶炼中的热收入。从表 2-5 中数据可知，特别是硅，其氧化热占热收入的 11.88%，这对提高熔池温度有利。锰的氧化物 MnO 是碱性氧化物，其生成既增加了渣量又减轻了炉渣的酸性，有利于化渣。但硅的氧化物 SiO$_2$ 是强酸性物质，它的存在会增加对炉衬的侵蚀，降低碱度。为减轻 SiO$_2$ 的影响，在工艺上要加石灰（增加了热量消耗），增加了造渣操作难度。

子任务 2.3　转炉散状料供应系统设备操作

2.3.1　任务描述

（1）造渣材料的上料、加料：根据高位料仓料位显示，上料工启动皮带运输机，将石灰、白云石、矿石、氧化铁皮等造渣材料运至高位料仓。吹氧工根据冶炼炉况，通过点击计算机控制系统，设定要加入的造渣剂种类、数量，启动给料机，渣料进入称量漏斗称量，然后打开气动阀门，设定的造渣剂经汇集漏斗进入炉内。

（2）铁合金的上料、加料：根据冶炼需求的种类、数量，将铁合金经汽车运入车间，用天车将其吊入料仓，或使用皮带输送机运入料仓。出钢时将预先称量好的合金通过溜槽加入包内。

2.3.2　相关知识

2.3.2.1　散状料供应系统

散状料是指炼钢过程中使用的造渣材料、补炉材料和冷却剂等，如石灰、萤石、白云石、铁矿石、氧化铁皮、焦炭等。氧气转炉所用散状料供应的特点是种类多、批量小、批数多。供料要求迅速、准确、连续、及时，设备可靠。

供应系统包括车间外和车间内两部分。通过火车或汽车将各种材料运至主厂房外的原料间（或原料场）内，分别卸入料仓中，然后再按需要通过运料提升设施将各种散状料由料仓送往主厂房内的供料系统设备中。

A　散状料供应的方式

散状料供应一般由储存、运送、称量和向转炉加料等环节组成。整个系统由存放料仓、运输机械、称量设备和向转炉加料设备组成。按料仓、称量设备和加料设备之间采用运输设备的不同，目前国内已投产的转炉车间散状料的供应主要有下列几种方式。

a　全胶带上料系统

图 2-28 示出一个全胶带上料系统，其作业流程如下：地下（或地面）料仓→固定胶带运输机→转运漏斗→可逆式胶带运输机→高位料仓→分散称量漏斗→电磁振动给料器→汇集胶带运输机→汇集料斗→转炉。

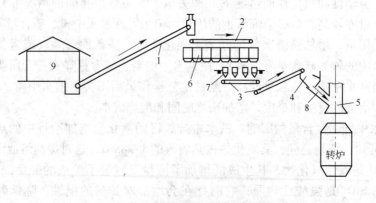

图 2-28　全胶带上料系统

1—固定胶带运输机；2—可逆式胶带运输机；3—汇集胶带运输机；4—汇集料斗；

5—烟罩；6—高位料仓；7—称量料斗；8—加料溜槽；9—散状材料间

这种上料系统的特点是运输能力强，上料速度快而且可靠，能够进行连续作业，有利于自动化；但它占地面积大，投资多，上料和配料时有粉尘外逸现象；适用于 30t 以上的转炉车间。

　　b　固定胶带和管式振动输送机上料系统

　　这种系统的上料方式如图 2 – 29 所示，它与全胶带上料方式基本相同。不同的是以管式振动输送机代替可逆胶带运输机，配料时灰尘外逸情况大大改善，车间劳动条件好；适用于大、中型氧气转炉车间。

　　c　斗式提升机配合胶带或管式振动输送机上料系统

　　这种上料方式是将垂直提升与胶带运输结合起来，用翻斗车将散状材料运输到主厂房外侧，通过斗式提升机（有单斗和多斗两种）将料从地面提升到高位料仓以上，再用胶带运输、布料小车、可逆胶带或管式振动输送机把料卸入高位料仓。

　　这种上料方式减少了占地面积和设备投资，简化了供料流程，但是供料能力比固定胶带运输机小，且不连续，可靠性差，一般用于中、小型氧气转炉车间。

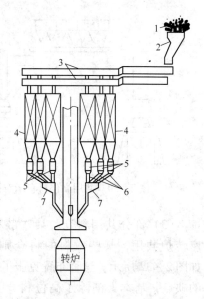

图 2 – 29　固定胶带和管式振动
输送机上料系统
1—固定胶带运输机；2—转运漏斗；
3—管式振动输送机；4—高位料仓；
5—称量漏斗；6—电磁振动给料器；
7—汇集料斗

　　B　散状材料供应系统的设备

　　a　地下料仓

　　地下料仓设在靠近主厂房的附近，它兼有储存和转运的作用。料仓设置形式有地下式、地上式和半地下式三种，其中采用地下式料仓较多，它可以采用底开车或翻斗汽车方便地卸料。

　　各种散状料的储存量取决于吨钢消耗量、日产钢量和储存天数。各种散状料的储存天数可根据材料的性质、产地的远近、购买是否方便等具体情况而定，一般矿石、萤石可以储存时间长些（10 ~ 30 天）。石灰易于粉化，储存时间不宜过长（一般为 2 ~ 3 天）。

　　b　高位料仓

　　高位料仓的作用是临时储料，以保证转炉随时用料的需要。根据转炉炼钢所用散状料的种类，高位料仓设置有石灰、白云石、萤石、氧化铁皮、铁矿石、焦炭等料仓，其储存量要求能供 24h 使用。因为石灰用量最大，料仓容积也最大，大、中型转炉一般每座转炉设置两个以上的石灰料仓，其他用量较少的材料每炉设置一个料仓或两座转炉共用一个料仓。这样每座转炉的料仓数目一般有 5 ~ 10 个，布置形式有共用、单独使用和部分共用三种。

　　（1）共用料仓。两座转炉共用一组料仓，如图 2 – 30 所示。其优点是料仓数目少，停炉后料仓中剩余石灰的处理方便；缺点是称量及下部给料器的作业频率太高，出现临时故障时会影响生产。

　　（2）单独用料仓。每个转炉各有自己的专用料仓，如图 2 – 31 所示。其主要优点是使用的可靠性比较高；缺点是料仓数目增加较多，停炉后料仓中剩余石灰的处理问题尚未合理解决。

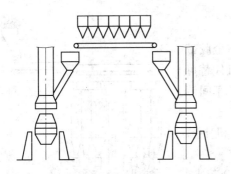

图 2 – 30　共用高位料仓示意图

图 2 – 31　单独用高位料仓示意图

（3）部分共用料仓。某些散料的料仓两座转炉共用，某些散料的料仓则单独使用，如图 2 – 32 所示。这种布置克服了前两种形式的缺点，基本上消除了高位料仓下部给料器作业负荷过大的缺点，停炉后也便于处理料仓中的剩余石灰。转炉双侧加料能保证成渣快，改善了对炉衬侵蚀的不均匀性，但应力求做到炉料下落点在转炉中心部位。

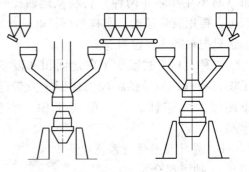

图 2 – 32　部分共用高位料仓示意图

目前，上述三种方式都有采用，但以部分共用料仓采用较为广泛。

　　c　给料、称量及加料设备

散料的给料、称量及加料设备是散状材料供应的关键部件。因此，要求它运转可靠，称量准确，给料均匀及时，易于控制，并能防止烟气和灰尘外逸。这一系统是由给料器、称量料斗、汇集料斗、水冷溜槽等部分组成。

在高位料仓出料口处，安装有电磁振动给料器，用于控制给料。电磁振动给料器由电磁振动器和给料槽两部分组成，通过振动使散状料沿给料槽连续而均匀地流向称量料斗。

称量料斗是用钢板焊接而成的容器，下面安装有电子秤，对流进称量料斗的散状料进行自动称量。当达到要求的数量时，电磁振动给料器便停止振动而停止给料。称量好的散状料送入汇集料斗。

散状料的称量有分散称量和集中称量两种方式。分散称量是在每个高位料仓下部分别配置一个专用的称量料斗。称量后的各种散状料用胶带运输机或溜槽送入汇总漏斗。集中称量则是在每座转炉的所有高位料仓下面集中设置一个共用的称量料斗，各种料依次叠加称量。分散称量的特点是称量灵活，准确性高，便于操作和控制，特别是对临时补加料较为方便。集中称量的设备少，布置紧凑。一般大、中型转炉多采用分散称量，小型转炉采用集中称量。

汇集料斗又称中间密封料仓，它的中间部分常为方形，上下部分是截头四棱锥形容器，如图 2 – 33 所示。为了防止烟气逸出，在料仓入口和出口分别装有气动插板阀，并向料仓内通入氮气进行密封。加料时先将上插板阀打开，装入散状料后，关闭上插板阀，然后打开下插板阀，炉料即沿溜槽加入炉内。

中间密封料仓顶部设有两块防爆片，一旦发生爆炸可用以泄压，保护供料系统设备。在中间密封料仓出料口外面设有料位检测装置，可检测料仓内炉料是否卸完，并将信号传至主控室内，便于炉前控制。

加料溜槽与转炉烟罩相连，为防止烧坏，溜槽需通水冷却。因为依靠重力加料，其倾斜角度不宜小于 45°。当采用未燃烧法除尘时，溜槽必须用氮气或蒸汽密封，以防煤气外逸。

为了保证及时而准确地加入各种散状料，给料、称量和加料都在转炉的主控室内由操作人员或电子计算机进行控制。

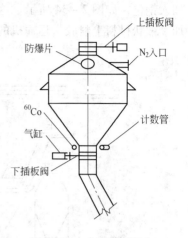

图 2-33　中间密封料仓

d　运输机械设备

散状材料供应系统中常用的运输设备有胶带运输机和振动输送机。

胶带运输机是大、中型转炉散状材料的基本供料设备。它具有运输能力大，功率消耗少，结构简单，工作平稳可靠，装卸料方便，维修简便又无噪声等优点。缺点是占地面积大，橡胶材料及钢材需要量大，不易在较短距离内爬升较大的高度，密封比较困难。

振动输送机是通过输送机上的振动器使承载构件按一定方向振动，当其振动的加速度达到某一定值时，物料在承载构件内沿运输方向实现连续微小的抛掷，从而使物料向前移动实现运输的机械设备。

振动输送机的特点是：密封好，便于运输粉尘较大的物料；由于运输物料的构件是钢制的，可运送温度高达 500℃ 的高温物料，并且物料运输构件的磨损较小；机械传动件少，润滑点少，便于维护和检修；设备的功率消耗小；易于实现自动化。

但它向上输送物料时，效率显著降低，不宜运输黏性物料，而且设备基础要承受较大的动负荷。

2.3.2.2　铁合金供应

铁合金的供应系统一般由炼钢厂铁合金料间、铁合金料仓、称量和输送、向钢包加料设备等部分组成。

铁合金在铁合金料间（或仓库）内加工成合格块度后，应按其品种和牌号分类存放，还应保存好其出厂化验单。储存面积主要取决于铁合金的日消耗量、堆积密度及储存天数。

铁合金由铁合金料间运到转炉车间的方式有以下两种：

（1）铁合金用量不大的炼钢车间。将铁合金装入自卸式料罐，然后用汽车运到转炉车间，再用吊车卸入转炉炉前铁合金料仓。需要时，经称量后用铁合金加料车经溜槽或铁合金加料漏斗加入钢包。

（2）需要铁合金品种多、用量大的大型转炉炼钢车间。铁合金加料系统有两种形式：第一种方式，铁合金与散状料共用一套上料系统，然后从炉顶料仓下料，经旋转溜槽加入钢包，如图 2-34 所示。这种方式不另增设铁合金上料设备，而且操作可靠，但稍增加了散状材料上料胶带运输机的运输量。

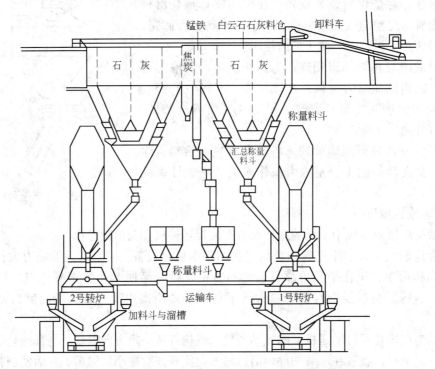

图 2-34　美国扬斯顿公司芝加哥转炉散状料及铁合金系统图

第二种方式，铁合金自成系统用胶带运输机上料，有较大的运输能力，使铁合金上料不受散状料的干扰，还可使车间内铁合金料仓的储量适当减少。对于规模很大的转炉车间，这种流程更可确保铁合金的供应。但增加了一套胶带运输机上料系统，设备质量与投资有所增加。

2.3.3　任务实施　散状料加料操作

A　目的与目标

能根据一般工艺需要，在炉长指挥下，适时加入所选定品种与重量的散状料，保证冶炼正常进行。

B　操作步骤或技能实施

（1）了解本炉座加料装置系统的实际布置位置。

（2）熟悉炉前操作室内操作台上有关加料的各种阀门按钮的位置和功能。某炉座操作台加料按钮板面排列图见图 2-35。

（3）散状料加入的一般步骤。较常用且简单的造渣方法是单渣法。下面介绍单渣法散状料加入的一般步骤，散状料分两批加入。

1）第一批散状料占全部散状料加入量的一半或一半以上，是在开吹的同时加入。一般加入的第一批散状料有石灰、生白云石、矿石、萤石或石灰、生白云石、萤石、铁皮。

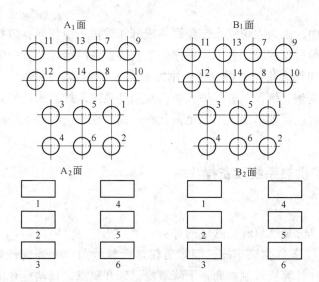

图 2 - 35　某炉座操作台加料按钮板面排列图

A_1 面：1—左汇总料斗出口阀，开；2—左汇总料斗出口阀，关；3—左石灰给料器，开；4—左石灰给料器，关；5—左石灰放料阀，开；6—左石灰放料阀，关；7—左白云石给料器，开；8—左白云石给料器，关；9—左白云石放料阀，开；10—左白云石放料阀，关；11—铁皮给料器，开；12—铁皮给料器，关；13—铁皮放料阀，开；14—铁皮放料阀，关

A_2 面：1—右石灰称量指示；2—矿石称量指示；3—右白云石称量指示；4—左石灰称量指示；5—铁皮称量指示；6—左白云石称量指示

B_1 面：1—右汇总料斗出口阀，开；2—右汇总料斗出口阀，关；3—右石灰给料器，开；4—右石灰给料器，关；5—右石灰放料阀，开；6—右石灰放料阀，关；7—右白云石给料器，开；8—右白云石给料器，关；9—右白云石放料阀，开；10—右白云石放料阀，关；11—萤石给料器，开；12—萤石给料器，关；13—萤石放料阀，开；14—萤石放料阀，关

B_2 面：1—右石灰称量指示；2—萤石称量指示；3—右白云石称量指示；4—左石灰称量指示；5—矿石称量指示；6—左白云石称量指示

2）第二批散状料是计算要求加入量中的剩余部分，或由师傅指定，在硅和锰氧化基本结束、第一批渣料基本化好、碳焰初起时加入较合适。当纯供氧时间为 14～15min 时，平均第二批料开始加入的时间为开吹氧 4～5min。第二批散状料一般包括石灰、生白云石、矿石、萤石或石灰、萤石、铁皮。第二批料可以一次加入，也可以分小批多次加入。一般采用后者，但最后一小批料必须在终点拉碳前一定时间加完，否则该料来不及熔化。

3）如第二批散状料加完后发现还需调整炉渣成分或炉温，则需加第三批料。根据炉况如需加强化渣，则可适量加入萤石调渣，如炉温过高，可加入部分矿石或氧化铁皮调温。

（4）某厂散状料的加入方法。矿石在中期根据温度分批加入，批量应不大于 300kg，终点前 3min 严禁加矿，若废钢比低，可在前期一次加入 500～1000kg。萤石根据炉内渣量多少加入，每批加入量不得超过 200kg，终点前 3min 严禁加入萤石，萤石加入量不得超过 3kg/t。氧化镁球或白云石的加入量按规程计算公式进行。当终点调温用生白云石的加入量大于 0.5t 时，必须下枪点吹，时间不短于 20s，枪位应在 1.5～2.2m。

C　注意事项

实际转炉冶炼中，因为入炉铁水、废钢的成分和数量不尽相同，散状料的品质不尽相同，要求的冶炼品种更不相同，各不同炉座的工艺、设备的冶炼也有影响，所以实际操作的散状料加入时间和加入量，要根据主、副原材料入炉参数，眼观当时火焰和火花的特征，炉温情况及时调整。例如，若本炉入炉铁水温度高或入炉铁水比例高，将使前期炉温高，碳焰早起，这时就可提早加入第二批散状料；如发现炉渣有返干踪迹时，应立即加入氧化铁皮。

子任务 2.4　转炉供氧系统设备操作

2.4.1　任务描述

转炉向炉内供气分顶吹氧和底吹气两种：

（1）顶吹的氧气来自制氧车间，经管道输送至氧枪前。吹炼前按炉况调整好氧压、流量。吹炼时，操作计算机控制画面，下降氧枪，到开氧点，自动打开快速切断阀，控制氧枪到吹炼枪位。吹炼中根据炉况调整枪位，到终点时，提升氧枪到等待点。

（2）底吹气体（氮气或氩气）也来自制氧车间，经管道送至炉底。装料时即开始送一定压力、流量的气体，冶炼时可根据钢种需要，将氮气切换成氩气，直到出渣。

这里仅介绍转炉顶吹供氧系统设备操作，底吹气操作在任务 5 中介绍。

2.4.2　相关知识　供氧系统设备

2.4.2.1　氧气转炉炼钢车间供氧系统

A　制氧基本原理

空气中含有 20.9% 的氧、78% 的氮和 1% 的稀有气体（如氩、氦、氖等气体）。

在 101325Pa 下，空气、氧气和氮气的物理性质见表 2 – 6。

表 2 – 6　气体的物理性质

性质 ＼ 气体	空 气	氧 气	氮 气
密度/kg·m^{-3}	1.293	1.429	1.2506
沸点/℃	– 193	– 183	– 195.8
熔点/℃		– 218	– 209.86

由表 2 – 6 可知，氧气和氮气具有不同的沸点。若把空气变成液态，再把它"加热"，在不同的温度下分别蒸发出氧气和氮气来，就能达到氧氮分离的目的。因此制氧时，首先要创造条件使空气液化，然后再将液化空气加热（精馏），由于液氮的沸点较低，故氮先蒸发成氮气逸出，剩下的液态空气氧浓度相应升高，将这种富氧液态空气再次蒸发，使氮成分继续逸出，最后得到液态工业纯氧。将液态氧加热气化，便可得到氧气，其纯度可达98% ~99.9%，即所谓工业纯氧。氧气纯度越高，对钢质量越好。

在近代制氧工业中，还可获得氩气、氮气副产品。氩气是氩氧炉和氩气搅拌法的重要气源；氮气可作为顶底复吹转炉的底部气源，也是生产化肥的原料。

B 氧气转炉车间供氧系统

氧气转炉炼钢车间的供氧系统一般是由制氧机、压氧机、中压储气罐、输氧管、控制闸阀、测量仪表及氧枪等设备组成。我国某钢厂供氧系统工艺流程如图 2-36 所示。

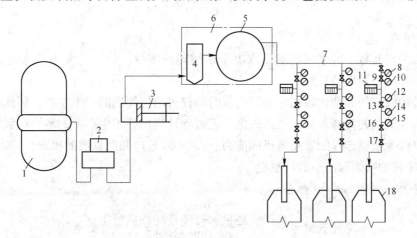

图 2-36 我国某钢厂供氧系统工艺流程

1—制氧机；2—低压储气柜；3—压氧机；4—筒形罐；5—中压储气罐；6—氧气站；7—输氧总管；
8—总管氧压测定点；9—减压阀；10—减压阀后氧压测定点；11—氧气流量测定点；12—氧气
温度测定点；13—氧气流量调节阀；14—工作氧压测定点；15—低压信号联锁；
16—快速切断阀；17—手动切断阀；18—转炉

a 低压储气柜

低压储气柜是储存从制氧机分馏塔出来的压力约为 0.0392MPa 的低压氧气。储气柜的构造与煤气柜相似。

b 压氧机

由制氧机分馏塔出来的氧气压力仅有 0.0392MPa，而炼钢用氧要求的工作氧压为 0.6～1.5MPa，需用压氧机把低压储气柜中的氧气加压到 2.45～2.94MPa。氧压提高后，中压储气罐的储氧能力也相应提高。

c 中压储气罐

把由压氧机加压到 2.45～2.94MPa 的氧气储备起来，直接供转炉使用。转炉生产有周期性，而制氧机要求满负荷连续运转，因此通过设置中压储气罐来平衡供求，以解决车间高峰用氧的问题。中压储气罐由多个气罐组成，其形式有球形和长筒形（卧式或立式）等。

d 供氧管道

供氧管道包括总管和支管，在管路中设置有控制闸阀、测量仪表等。控制闸阀通常有以下几种：

（1）减压阀。它的作用是将总管氧压减至工作氧压的上限，如总管氧压一般为 2.45～2.94MPa，而工作氧压最高需要 1.5MPa，减压阀就人为地将输出氧压调整到 1.5MPa。工作性能好的减压阀可以起到稳压的作用，不需经常调节。

（2）流量调节阀。它是根据吹炼过程的需要调节氧气流量，一般用薄膜调节阀。

（3）快速切断阀。它是吹炼过程中吹氧管的氧气开关，要求开关灵活、快速可靠、密封性好。一般采用杠杆电磁气动切断阀。

（4）手动切断阀。在管道和阀门出事故时，用手动切断阀控制氧气开关。

氧气管道和阀门在使用前必须用四氯化碳清洗，使用过程中不能与油脂接触，以防引起爆炸。

C　车间需氧量计算

氧气转炉车间每小时平均耗氧量取决于车间转炉座数、炉容量大小、每吨良坯（锭）耗氧量定额和吹炼周期的长短。

氧气转炉吹炼的周期性很强，一般吹氧时间仅占冶炼周期的一半左右，因此在吹氧时间内就会出现氧气的高峰负荷，故需根据工艺过程计算出转炉生产中的平均耗氧量和高峰耗氧量，以此为依据选择配置制氧机的能力（m^3/h（标态））和制氧机的机数。

a　一座转炉吹炼时的小时耗氧量

（1）平均耗氧量（m^3/h（标态））。

$$平均耗氧量 = \frac{炉产良坯量 \times 每吨良坯耗氧量定额}{平均吹炼周期} \times 60 \qquad (2-13)$$

式中　　炉产良坯量——一般为炉产钢水量的 98%，t；

每吨良坯耗氧量定额——在生产实践中每吨良坯单位耗氧量一般波动在 $50 \sim 60 m^3$（标态）；

平均吹炼周期——指从本炉兑铁水到下炉兑铁水的时间，min；

60——换算系数，min/h。

（2）高峰耗氧量（m^3/h（标态））。

$$高峰耗氧量 = \frac{炉产良坯量 \times 每吨良坯耗氧量定额}{平均每炉吹氧时间} \times 60 \qquad (2-14)$$

b　车间小时耗氧量

（1）平均耗氧量（m^3/h（标态））。

$$平均耗氧量 = 经常吹炼炉子数 \times 每座转炉平均小时耗氧量$$

$$= \frac{经常吹炼炉子数 \times 炉产良坯量 \times 每吨良坯耗氧量定额}{平均吹炼周期} \times 60 \qquad (2-15)$$

（2）车间高峰耗氧量。车间高峰耗氧量是指几座转炉同时处在吹氧期所需供应的氧气量，一般可以考虑在两座转炉同时吹氧时间内有一半重叠，因此，车间高峰耗氧量等于一座转炉高峰耗氧量的 1.5 倍。

[**例 2-1**]　某三吹二车间，炉子容量为 30t，良坯收得率为 98%，平均吹炼周期 28min，平均吹氧时间 14min，每吨良坯耗氧量定额取 $55 m^3$（标态），则车间每小时耗氧数量计算如下：

车间平均耗氧量：

$$Q_{平均} = \frac{2 \times 30 \times 98\% \times 55}{28} \times 60 = 6930 m^3/h（标态）$$

车间高峰耗氧量：

$$Q_{高峰} = 1.5 \times \frac{30 \times 98\% \times 55}{14} \times 60 = 10395 m^3/h（标态）$$

D　制氧机能力的选择配置

对于专供氧气转炉炼钢车间使用的制氧机，其生产能力必须根据转炉车间的需氧量来选择。

制氧机的总容量根据炼钢车间小时平均耗氧量来确定，通过在制氧机和转炉之间设置储气罐来满足车间高峰用氧量。在决定制氧机组的能力时，还需考虑制氧机国家标准系列。

目前，可供我国氧气转炉车间选用的制氧机系列有：1000、1500、3200、6000、10000、20000、26000、35000（m³/h（标态））等。

各种容量氧气转炉配备制氧机时可参考表 2-7 中所列方案。

表 2-7　不同容量氧气转炉与制氧机配置

转炉吨位/t		8	15	30	50	80	120	300
制氧机机数及能力	经常吹炼1座	1×1000	1×3200	1×6000	1×6000	1×10000	1×20000 3×6000	2×26000 全厂用
	经常吹炼2座	2×1000	2×3200	2×6000	2×6000	2×10000	2×20000	4×26000 全厂用

制氧设备的选择，除考虑转炉的用氧量外，还需考虑车间其他工序的小额氧气用户，如炉外精炼、铸坯切割、精整等。

2.4.2.2　氧枪

A　氧枪结构

氧枪又称喷枪或吹氧管，是转炉吹氧设备中的关键部件，它由枪头（喷头）、枪体（枪身）和枪尾组成，其结构如图 2-37 所示。

由图 2-37 可知，氧枪是由三层同心圆管将带有供氧、供水和排水通路的枪尾与决定喷出氧流特征的枪头连接在一起的一个管状空心体。

氧枪枪尾的一端与进水管、出水管和进氧管相连，枪尾的另一端与枪身的三层套管连接。枪尾还设有与升降小车固定的装卡结构，在它的端部有更换氧枪时吊挂用的吊环。

枪体是三根同心管，内层管通氧气，上端用压紧密封装置牢固地装在枪尾，下端焊接在枪头上。外层管牢固地固定在枪尾和枪头之间。当外层管承受炉内外显著的温差变化而产生膨胀和收缩时，内层管上的压紧密封装置允许内层管在其中自由竖直伸缩移动。中间管是分离流过氧枪的进、出水之间的隔板，冷却水由内层管和中间管之间的环状通路进入，下降至枪

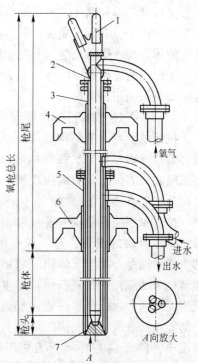

图 2-37　氧枪结构示意图
1—吊环；2—内层管；3—中层管；
4—上卡板；5—外层管；
6—下卡板；7—喷头

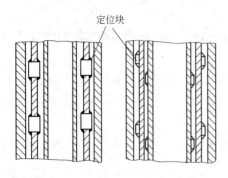

图 2-38　定位块的两种安装形式

头后转 180°经中间管与外层管形成的环状通路上升至枪尾流出。为了保证中间管下端的水缝，其下端面在圆周上均布着三个凸爪，借此将中间管支撑在枪头内腔底面上。为了使三层管同心，以保证进、出水的环状通路在圆周上均匀，还在中间管和内层管的外壁上焊有均布的三个定位块。定位块在管体长度方向按一定距离分布，通常每 1~2m 左右放置一环三个定位块，如图 2-38 所示。

　　喷头工作时处于炉内最高温度区，因此要求具有良好的导热性并有充分的冷却。喷头决定着冲向金属熔池的氧流特性，直接影响吹炼效果。喷头与管体的内层管用螺纹或焊接连接，与外层管采用焊接方法连接。

　　B　喷头类型

　　转炉吹炼时，为了保证氧气流股对熔池的穿透和搅拌作用，要求氧气流股在喷头出口处具有足够大的速度，使之具有较大的动能，以保证氧气流股对熔池具有一定的冲击力和冲击面积，使熔池中的各种反应快速而顺利地进行。显然，决定喷出氧流特征的喷头，包括喷头的类型，喷头上喷嘴的孔型、尺寸和孔数就成为达到这一目的的关键。

　　目前存在的喷头类型很多，按喷孔形状可分为拉瓦尔型、直筒形、螺旋形等；按喷头孔数又可分为单孔喷头、多孔喷头和介于二者之间的所谓单三式喷头或直筒形三孔喷头；按吹入物质分，有氧气喷头、氧-燃喷头和喷粉料的喷头。由于拉瓦尔型喷头能有效地把氧气的压力能转变为动能，并能获得比较稳定的超声速射流，而且在相同射流穿透深度的情况下，它的枪位可以高些，有利于改善氧枪的工作条件和炼钢的技术经济指标，因此拉瓦尔型喷头使用得最广。

　　a　拉瓦尔型喷头的工作原理

　　拉瓦尔型喷头的结构如图 2-39 所示。它由收缩段、缩颈（喉口）和扩张段构成，缩颈处于收缩段和扩张段的交界，此处的截面积最小，通常把缩颈的直径称为临界直径，把该处的面积称为临界断面积。

　　拉瓦尔型喷头是唯一能使喷射的可压缩性流体获得超声速流动的设备，它可以把压力能转变为动能。其工作原理是：高压气体流经收缩段时，气体的压力能转化为动能，使气流获得加速度；在临界截面上气流速度达到声速；在扩张段内气体的压力能继续转化为动能并部分消耗在气体的膨胀上。在喷头出口处当气流压力降低到与外界压力相等时，可获得远大于声速的气流速度。设气流的速度和声速之比用马赫数（Ma）表示，则临界断面气体的流速为 $1Ma$，而在出口处气流的速度大于 $1Ma$。通常转炉喷头喷嘴的气体的流出速度为 $1.8~2.2Ma$。

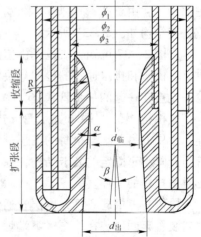

图 2-39　单孔拉瓦尔型喷头

ϕ_1—外层套管管径；ϕ_2—中层套管管径；
ϕ_3—中心氧管管径；α—半锥角；
β—扩张角；R—收缩段入口直径；
$d_{临}$—喉口直径；$d_{出}$—扩张段出口直径

b　单孔拉瓦尔型喷头

单孔拉瓦尔型喷头的结构如图 2 – 39 所示。它仅适用于小型转炉，对容量大、供氧量也大的大、中型转炉，由于单孔拉瓦尔型喷头的流股具有较高的动能，对金属熔池的冲击力过大，因而喷溅严重；同时流股与熔池的相遇面积较小，对化渣不利。单孔喷头氧流对熔池的作用力也不均衡，使炉渣和钢液在炉中发生波动，增强了炉渣和钢液对炉衬的冲刷和侵蚀，故大、中型转炉已不采用这种喷头，而采用多孔拉瓦尔型喷头。

c　多孔喷头

大、中型转炉采用多孔喷头的目的，是为了进一步强化吹炼操作，提高生产率。但欲达到这一目的，就必须提高供氧强度（每吨钢每分钟供氧的立方米数），这就使大、中型转炉单位时间的供氧量远远大于小型转炉。为了克服单孔喷头使用在大、中型转炉上所带来的一系列问题，人们采用了多孔喷头，分散供氧，很好地解决了这个问题。

多孔喷头包括三孔、四孔、五孔、六孔、七孔、八孔、九孔等，它们的每个小喷孔都是拉瓦尔型喷孔，其中以三孔喷头使用得较多。

（1）三孔拉瓦尔型喷头。三孔拉瓦尔型喷头的结构如图 2 – 40 所示。三孔拉瓦尔型喷头的三个孔为三个拉瓦尔喷孔，它们的中心线与喷头的中心线呈夹角 β（$\beta = 9° \sim 11°$）。三个孔以等边三角形分布，α 为拉瓦尔喷孔扩张段的扩张角。这种喷头的氧气流股分成三股，分别进入三个拉瓦尔孔，在出口处获得三股超声速氧气流股。生产实践已充分证明，三孔拉瓦尔型喷头比单孔拉瓦尔型喷头有较好的工艺性能。在吹炼中使用三孔拉瓦尔型喷头可以提高供氧强度，枪位稳定，化渣好，操作平稳，喷溅少，并可提高炉龄。热效率也较单孔高。

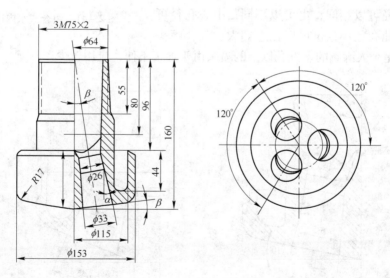

图 2 – 40　三孔拉瓦尔型喷头

但三孔拉瓦尔型喷头的结构比较复杂，加工制造比较困难，三孔中心的夹心部分易于烧毁而失去三孔的作用。为此，加强三孔夹心部分的冷却就成为三孔喷头结构改进的关键。改进的措施有：在喷孔之间开冷却槽，使冷却水能深入夹心部分进行冷却，或在喷孔之间穿洞，使冷却水进入夹心部分循环冷却。这种喷头加工比较困难，为了便于加工，国内外一些工厂把喷头分成几个加工部件，然后焊接组合，称组合式水内冷喷头，如图 2-41 所示。这种喷头加工方便，使用效果好，适合于大、中型转炉。另外，在工艺上防止喷头粘钢，防止出高温钢及化渣不良、低枪操作等对提高喷头寿命也是有益的。三孔喷头的三孔夹心部分（又称鼻尖部分）易烧损的原因是在该处形成了一个回流区，炉气和其中包含的高温烟尘不断被卷进鼻尖部分，并附着于喷头这个部分的表面，再加上粘钢，进而侵蚀喷头，逐渐使喷头损坏。

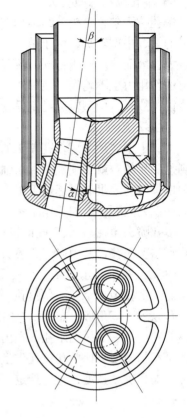

（2）四孔以上喷头。我国 120t 以上中、大型转炉采用四孔、五孔喷头。四孔、五孔喷头的结构如图 2-42 和图 2-43 所示。四孔喷头的结构有两种形式，一种是中心一孔，周围平均分布三孔。中心孔与周围三孔的孔径尺寸可以相同，也可以不同。图 2-42 所示的是另一种结构的四孔喷头，四个孔平均分布在喷头周围，中心无孔。

五孔喷头的结构也有两种形式，一种是五个孔均匀地分布于喷头四周。另一种如图 2-43 所示，其结构为中心一孔，周围平均分布四孔。中心孔径与周围四孔孔径可以相同，也可以不同；中心孔径可以比周围四孔孔径小，也可以比它们大。五孔喷头

图 2-41　组合式水内冷喷头

的使用效果是令人满意的。五孔以上的喷头由于加工不便，应用较少。

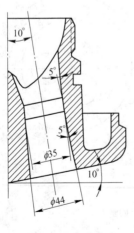

图 2-42　四孔喷头

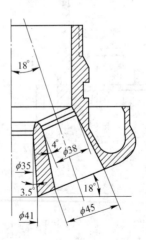

图 2-43　五孔喷头

（3）三孔直筒形喷头。三孔直筒形喷头的结构如图 2-44 所示。它是由收缩段、喉口以及三个和喷头轴线呈 β 角的直筒形孔构成的，β 角一般为 9°~11°，三个直筒形孔的断面积为喉口断面积的 1.1~1.6 倍。这种喷头可以得到冲击面积比单孔拉瓦尔喷头大

4~5 倍的氧气流股。其工艺操作效果与三孔拉瓦尔型喷头基本相同，而且制造方便，使用寿命较高。我国中、小型氧气转炉多采用三孔直筒形喷头。

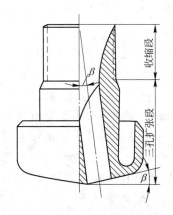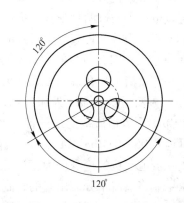

图 2-44　三孔直筒形喷头

三孔直筒形喷头在加工过程中不可避免地会在喉口前后出现"台"、"棱"、"尖"这类障碍物。这些障碍物的存在必然会增加氧气流股的动能损失，同时造成气流膨胀过程中的二次收缩现象，使临界面不在喉口的位置，而在其下的某一断面。若设计加工不当很可能导致二次收缩断面成为意外喉口而明显改变其喷头性能。

d　双流道氧枪

当前，由于普遍采用铁水预处理和顶底复合吹炼工艺，出现了入炉铁水温度下降及铁水中放热元素减少等问题，使废钢比减少，尤其是用中、高磷铁水经预处理后冶炼低磷钢种，即使全部使用铁水，也需另外补充热源。此外，使用废钢可以降低炼钢能耗，这就要求能有一种经济、合理的能源作为转炉的补充热源。目前热补偿技术主要有：预热废钢；向炉内加入发热元素；炉内 CO 的二次燃烧。显然 CO 二次燃烧是改善冶炼热平衡、提高废钢比最经济的方法。为此，近年来国内外出现了一种新型的氧枪——双流道氧枪，如图 2-45 和图 2-46 所示。其目的是提高炉气中 CO 的燃烧比例，增加炉内热量，加大转炉装入量的废钢比。

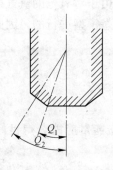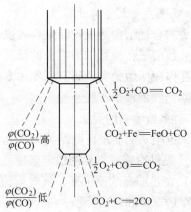

图 2-45　端部式双流道氧枪　　　　　图 2-46　顶端式双流道氧枪

Q_1—主氧道氧流量；Q_2—副氧道氧流量

双流道氧枪的喷头分主氧流道和副氧流道。主氧流道向熔池供氧气用于钢液的冶金化学反应，与传统的氧气喷头作用相同。副氧流道所供氧气，用于炉气的二次燃烧，产生的热量不仅有助于快速化渣，还可加大废钢入炉的比例。

双流道氧枪的喷头有两种形式，即端部式和顶端式（台阶式）。

图 2-45 所示为端部式双流道氧枪的喷头。它的主、副氧道基本上在同一平面上，主氧道喷孔常为三孔、四孔或五孔拉瓦尔喷孔，与轴线呈 9°~11°。副氧道有四孔、六孔、八孔、十二孔等直筒形喷孔，角度通常为 30°~35°。主氧道供氧强度为 $2.0~3.5m^3/(t \cdot min)$（标态）；副氧道供氧强度为 $0.3~1.0m^3/(t \cdot min)$（标态）；主氧道流量与副氧道流量之和的 20% 为副氧道流量的最佳值（也有采用 15%~30% 的）。采用顶底复吹转炉的底气吹入量为 $0.05~0.10m^3/(t \cdot min)$（标态）。

端部式双流道氧枪的枪身仍为三层管结构，副氧道喷孔设在主氧道外环的同心圆上。副氧流是从主氧道氧流中分流出来的，副氧流流量受副氧流喷孔大小、数量及氧管总压、流量的控制。这既影响主氧流的供氧参数，也影响副氧流的供氧参数，但其结构简单，喷头损坏时更换方便。

图 2-46 所示为顶端式双流道氧枪的喷头。它的主、副氧流量及底气吹入量参数与端部式喷头基本相同，副氧道喷孔角通常为 20°~60°。副氧道距主氧道端面的距离与转炉的炉容量有关，对于小于 100t 的转炉为 500mm，大于 100t 转炉为 1000~1500mm（有的甚至高达 2000mm）。喷孔可以是直筒孔型，也可以是环缝型。

顶端式双流道氧枪对捕捉 CO 的覆盖面积比端部式大，并且供氧参数可以独立自控，国外的设计多倾向于顶端式双流道氧枪。但顶端式氧枪的枪身必须设计成四层同心套管（中心走主氧、二层走副氧、三层为进水、四层为出水），副氧喷孔或环缝必须穿过进出水套管，加工制造及损坏更换较为复杂。

采用双流道氧枪，炉内 CO 二次燃烧的热补偿效果与转炉的炉容量有关，在 30t 以下的转炉中，二次燃烧率可增加 20%，废钢比增加近 10%，热效率为 80% 左右。100t 以上转炉的二次燃烧率可增加 7%，废钢比增加约 3%，热效率为 70% 左右。二次燃烧对渣中全铁（TFe）含量和炉衬寿命没有影响。但采用副氧流道后，炉气中的 CO 含量降低了 6%，最高可降低 8%。

C　喷头主要尺寸的计算

喷头的合理结构是氧气转炉合理供氧的基础。氧枪喷头的计算，关键在于正确选择喷头参数。目前三孔拉瓦尔型喷头的计算公式已趋成熟。但由于对氧枪的氧气射流及其与熔池的相互作用所做的大量研究工作主要是在常温下利用冷态模型进行的，因此喷头设计在许多方面仍然依赖于实践经验。

a　对氧枪喷头的要求

对氧枪喷头的要求可归结为以下几点：

（1）提供冶炼所需要的供氧强度；

（2）在足够高的枪位下，氧气射流对金属熔池的冲击能量应能获得良好冶炼效果所要求的穿透深度和冲击面积；

（3）喷溅小，金属收得率高；

（4）喷头寿命长，炉龄长；

（5）喷头工作可靠、加工制造容易而且经济。

这就要求从喷头喷出的氧气射流具有以下特点：

（1）氧气射流的速度应尽可能大，并沿轴线的衰减尽可能小；

（2）多孔喷头的诸股射流在与熔池金属表面接触之前，应不汇合，以保证射流适当分散，反应区不过分集中；

（3）在喷头前沿不出现严重的负压区和强烈的湍流流动，以减少喷头"鼻子"区黏结飞溅的金属和熔融质点的机会；

（4）氧气射流从喷头喷出时，应具有适当的过剩压力，避免产生严重的膨胀和压缩波，使吹炼平稳。

因此，对喷头的设计最终归结为确定合理的喷头喷孔数目 n、喷出孔截面上的马赫数 Ma、喷孔喉口直径 $d_{喉}$ 和扩张段出口直径 $d_{出}$、喷孔轴线与氧枪轴线之间的夹角 β 等几个主要参数，同时还应仔细设计喷孔形状、喷头端面形状，特别是冷却水道。

b 喷头参数选择原则

（1）供氧量（m^3/min（标态））计算。供氧量的精确计算应根据物料平衡求得。简单计算供氧量主要由每吨钢耗氧量、出钢量和吹炼时间来决定。

$$供氧量 = \frac{每吨钢耗氧量 \times 出钢量}{吹氧时间} \qquad (2-16)$$

一般铁水每吨钢耗氧量约为 $50 \sim 60m^3$（标态），高磷铁水每吨钢耗氧量为 $60 \sim 70m^3$（标态）范围内选取。出钢量在一个炉役期中变化很大，做喷头计算时可用转炉公称容量代替出钢量计算。

（2）理论计算氧压的确定。理论计算氧压（绝对压力）是指喷头进口处的氧压，是计算喷头喉口和出口直径的重要参数。它与使用氧压不同，理论计算氧压是使用氧压范围中的最低氧压。实验和实践证明，使用氧压允许与理论计算（设计）氧压有一定偏离，即使用（操作）氧压在超过理论计算氧压50%的范围内，仍能保证很好地工作，但不希望使用氧压低于理论计算氧压，因为会产生较强的激波，使流速和流量大大低于计算数值，影响吹炼效果。在确定喷头的理论计算氧压时，首先要确定喷头周围环境压力（即炉膛压力）。但在吹炼过程中，炉膛压力是变化的。吹炼初期，即泡沫渣形成以前，炉内充满炉气，炉膛压力略高于当地大气压；当泡沫渣形成后，喷头便掩埋在泡沫渣中，这时喷头周围环境压力不能按炉膛炉气压力来计算，应该按炉气压力加喷头上泡沫渣层的压力计算。目前，在喷头设计中尚未考虑这种情况，有待进行专题研究。由于炉膛炉气压力与大气压接近，因此一般可选炉膛压力为 $(1.01 \sim 1.04) \times 10^5 Pa$ 左右。

（3）喷头出口马赫数的选取。马赫数值的大小决定喷头氧气出口速度，即决定氧射流对熔池的冲击能力。数值选用过大，则喷溅严重，清渣费时，热损失增加，渣料消耗及金属损失增大，而且转炉内衬及炉底易损坏；数值选用过小，由于搅拌作用减弱，氧的利用率低，渣中 $\sum FeO$ 含量高，也会引起喷溅。如使用低枪位操作，则会影响枪龄。对于拉瓦尔喷头，氧气的出口马赫数与喷孔喉口面积 $A_{喉}$（即临界截面面积）和出口面积 $A_{出}$ 之比，以及气体的使用压力 p_0 和出口处气流的压力 $p_{出}$ 之比有关，而且使用压力 p_0 随马赫数的增大而增大，特别是当马赫数 $Ma > 2.5$ 时，使用压力 p_0 随马赫数的增大而急剧增大，往往会造成特别有害的过膨胀气流。为此，马赫数的设计值最好不大于2.5。目前，国内

推荐马赫数 $Ma = 1.8 \sim 2.1$。小于 15t 转炉，$Ma = 1.8 \sim 1.9$；$15 \sim 50$t 转炉，$Ma = 1.90 \sim 1.95$；$50 \sim 100$t 转炉，$Ma = 1.95 \sim 2.0$；大于 120t 转炉，$Ma = 2.0 \sim 2.1$。

（4）喷孔夹角和喷孔间距。喷头孔数和夹角之间的关系建议采用表 2 - 8 数据。

表 2 - 8　喷头孔数和夹角之间的关系

孔　数	3	4	5	>5
夹角 $\beta/(°)$	$9 \sim 11$	$10 \sim 13$	$13 \sim 15$	$15 \sim 17$

喷孔之间间距过小，氧气射流之间相互吸引，射流向中心偏移，从而使射流中心速度产生衰减。因此在喷头端面，喷孔中心与氧枪中心轴线之间的距离保持在 $(0.8 \sim 1.0) d_{出}$（喷孔出口直径）较为合理。

（5）扩张段的扩张角与扩张段长度。扩张段的扩张角一般取 8° ～ 12°（半锥角 α 为 4° ～ 6°）。扩张段长度 L 可由计算公式求得：

$$L = \frac{\text{喷孔出口直径} - \text{喉口直径}}{2\tan\alpha} \qquad (2 - 17)$$

扩张段长度也可由经验数据选定，即：扩张段长度/出口直径 $\approx 1.2 \sim 1.5$。

（6）喷头喉口的氧流量公式。根据等熵流导出喷头喉口的氧流量公式为：

$$W = \sqrt{\frac{K}{R}\left(\frac{2}{K+1}\right)^{\frac{K+1}{K-1}}} \cdot \frac{A_{喉}}{\sqrt{T_0}} \cdot p_0 \qquad (2 - 18)$$

式中　W——氧气质量流量，kg/s；

　　　K——常数，双原子气体为 1.4；

　　　R——气体常数，$R = 259.83 \text{m}^2/(\text{s}^2 \cdot \text{K})$；

　　　T_0——氧气滞止温度，K；

　　　$A_{喉}$——喉口总断面积（对三孔喷头应乘 3），m^2；

　　　p_0——理论计算氧压（绝对压力），MPa。

将有关数据代入上式，并将质量流量 W 换算为体积流量 Q（m^3/min（标态）），则体积流量 Q 为：

$$Q = 1.782 \frac{A_{喉} \cdot p_0}{\sqrt{T_0}} \qquad (2 - 19)$$

必须指出，氧流量（Q）公式是根据等熵流导出的喷孔流量公式（等熵流——氧气由理想喷孔流出时的超声速流）。实际喷孔氧流通过时必定有摩擦，不能全绝热，因此应乘以流量系数 C_D 来表示实际氧流量（$Q_{实}$）与理论氧流量（Q）的偏差。

$$Q_{实} = 1.782 \times C_D \cdot \frac{A_{喉} \cdot p_0}{\sqrt{T_0}} \qquad (2 - 20)$$

式中　$Q_{实}$——喷头喉口实际氧流量，m^3/min（标态）；

　　　p_0——使用氧压，在设计喷头时按理论计算氧压选取，Pa；

　　　T_0——氧气滞止温度，一般按当地夏天温度选取，$T_0 = 273 + (30 \sim 40)$，K；

　　　C_D——喷孔流量系数，对单孔喷头 $C_D = 0.95 \sim 0.96$；对三孔喷头 $C_D = 0.90 \sim 0.96$。

（7）三孔拉瓦尔的单个喷孔收缩段尺寸的确定。三孔拉瓦尔的单个喷孔收缩段尺寸，对供氧制度基本参数影响不大。但是合理尺寸、形状的选择也很重要。收缩段的半锥角 θ 希望为 18°~23°，最大不超过 30°。收缩段的长度 L 为喉口直径的 0.8~1.5 倍。收缩段入口处的直径可由下列公式确定：

$$\tan\theta = \frac{单个喷孔收缩段入口直径 - 喉口直径}{2L} \qquad (2-21)$$

收缩段入口处的直径，一般希望为喉口直径的 2 倍左右。

（8）喷孔喉口段长度的确定。喉口段长度的作用：一是稳定气流；二是使收缩段和扩张段加工方便，为此过长的喉口段反而会使阻损增大，因此喉口段长度推荐为 5~10mm。

c　喷头计算实例

[例 2-2]　计算 120t 转炉用氧枪喷头的主要尺寸（冶炼钢种以低碳钢为主）。

解：（1）计算氧流量。根据物料热平衡计算可得，每吨金属耗氧量为 45.67m³/t（标态），氧气利用率取 85%，转炉金属收得率为 90%，则转炉吨钢耗氧量由计算可得约为 60m³/t（标态），若吹氧时间取 18min，则氧流量为：

$$Q = \frac{60 \times 120}{18} = 400\text{m}^3/\text{min}（标态）$$

（2）选取喷孔出口马赫数。马赫数选取为 2.0，四孔喷头，喷孔夹角为 12°。

（3）理论计算氧压。理论计算氧压通过查等熵流表来确定。等熵流的实验数据见表 2-9。

表 2-9　等熵流的实验数据

Ma	p/p_0	ρ/ρ_0	T/T_0	A/A_0
1.80	0.1740	0.2868	0.6068	1.430
1.83	0.1662	0.2776	0.5989	1.472
1.85	0.1612	0.2715	0.5936	1.495
1.88	0.1539	0.2627	0.5859	1.531
1.90	0.1492	0.2570	0.5807	1.555
1.93	0.1425	0.2486	0.5731	1.593
1.95	0.1381	0.2432	0.5680	1.619
1.97	0.1339	0.2378	0.5630	1.646
1.99	0.1298	0.2326	0.5589	1.674
2.00	0.1278	0.2300	0.5556	1.688
2.03	0.1220	0.2225	0.5482	1.730
2.05	0.1182	0.2176	0.5433	1.760
2.07	0.1146	0.2128	0.5385	1.790
2.10	0.1094	0.2058	0.5313	1.837
2.30	0.07997	0.1646	0.4859	2.193
2.50	0.05853	0.1317	0.4444	2.637
2.70	0.04295	0.1056	0.4068	3.183
3.00	0.02722	0.07623	0.3571	4.235

注：Ma 为马赫数；p 为转炉炉膛内气体压力，亦即喷孔出口处气流的压力，Pa；p_0 为使用氧压，在设计喷头时按理论计算氧压选取，Pa；ρ 为进入喷孔前氧气的体积密度，kg/m³；ρ_0 为出喷孔前氧气的体积密度，kg/m³；T 为进入喷孔前氧气的温度，K；T_0 为氧气滞止温度，K；A 为喷孔出口总断面积，即 $A_{出}$，m²；A_0 为喷头喉口总断面积，即 $A_{喉}$，m²。

查等熵流表，当 $Ma = 2.00$ 时，$p/p_0 = 0.1278$，将 $p = 0.0981\mathrm{MPa}$ 代入，则使用氧压为：

$$p_0 = \frac{0.0981}{0.1278} \times 10^6 = 0.77 \times 10^6 \mathrm{Pa}$$

（4）计算喉口直径（$d_{喉}$）。每孔氧流量 $q = \dfrac{Q}{4} = \dfrac{400}{4} = 100\mathrm{m^3/min}$（标态），应用式（2-19）：

$$q = 1.782 \times C_{\mathrm{D}} \cdot \frac{A_{喉} \cdot p_0}{\sqrt{T_0}}$$

令 $C_{\mathrm{D}} = 0.93$，$T_0 = 273 + 35 = 308\mathrm{K}$，并将 $p_0 = 0.77 \times 10^6 \mathrm{Pa}$ 代入上式：

$$100 = 1.782 \times 0.93 \times \frac{\pi d_{喉}^2}{4} \times \frac{0.77 \times 10^6}{\sqrt{308}}$$

$$d_{喉}^2 = \frac{100 \times 4 \times \sqrt{308}}{1.782 \times 0.93 \times 3.14 \times 0.77 \times 10^6} = 0.001751\mathrm{m^2} = 17.51\mathrm{cm^2}$$

则
$$d_{喉} = 4.18\mathrm{cm} \approx 42\mathrm{mm}$$

（5）计算出口直径（$d_{出}$）。依据 $Ma = 2.0$，查等熵流表得 $A/A_0 = 1.688$，则：

$$A_{出} = 1.688 \times \frac{\pi d_{喉}^2}{4} = 1.688 \times \frac{3.14 \times 42^2}{4} = 2338.63\mathrm{mm^2}$$

$$d_{出} = \sqrt{\frac{4 \times 2338.63}{3.14}} = 54.5\mathrm{mm} \approx 54\mathrm{mm}$$

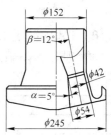

（6）计算扩张段长度（L）。取半锥角为 5°：

$$\tan 5° = \frac{54 - 42}{2L}$$

$$L = \frac{54 - 42}{2\tan 5°} = 68.5\mathrm{mm} \approx 68\mathrm{mm}$$

（7）计算收缩段的长度（$L_{收}$）。

$$L_{收} = 1.2 \times d_{喉} = 1.2 \times 42 = 50.4\mathrm{mm} \approx 50\mathrm{mm}$$

（8）喷孔喉口长度（$L_{喉}$）的确定。

$$L_{喉} = 10\mathrm{mm}$$

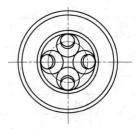

图 2-47　120t 转炉用
四孔喷头示意图

根据上面计算出的尺寸，绘制 120t 转炉用喷头，如图 2-47 所示。

2.4.2.3　氧枪升降和更换机构

A　对氧枪升降和更换机构的要求

为了适应转炉吹炼工艺的要求，在吹炼过程中，氧枪需要多次升降以调整枪位。转炉对氧枪的升降机构和更换装置有以下要求：

（1）应具有合适的升降速度并可以变速。冶炼过程中，氧枪在炉口以上应快速升降，以缩短冶炼周期。当氧枪进入炉口以下时，应慢速升降，以便控制熔池反应和保证氧枪安全。目前，国内大、中型转炉氧枪升降速度，快速高达 50m/min，慢速为 5~10m/min；小型转炉一般为 8~15m/min。

（2）应保证氧枪升降平稳、控制灵活、操作安全。

（3）结构简单、便于维护。

（4）能快速更换氧枪。

（5）应具有安全联锁装置。为了保证安全生产，氧枪升降机构设有下列安全联锁装置：

1）当转炉不在垂直位置（允许误差为 ±3°）时，氧枪不能下降。当氧枪进入炉口后，转炉不能作任何方向的倾动。

2）当氧枪下降到炉内经过氧气开、闭点时，氧气切断阀自动打开。当氧枪提升通过此点时，氧气切断阀自动关闭。

3）当氧气压力或冷却水压力低于给定值，或冷却水升温高于给定值时，氧枪能自动提升并报警。

4）副枪与氧枪也应有相应的联锁装置。

5）车间临时停电时，可利用手动装置使氧枪自动提升。

B 氧枪升降装置

当前，国内外氧枪升降装置的基本形式都相同，即采用起重卷扬机来升降氧枪。从国内的使用情况看，有两种类型：一种是垂直布置的氧枪升降装置，适用于大、中型转炉；另一种是旁立柱式（旋转塔型）升降装置，只适用于小型转炉。

a 垂直布置的氧枪升降装置

垂直布置的升降装置是把所有的传动及更换装置都布置在转炉的上方，见图 2-1。这种方式的优点是，结构简单、运行可靠、换枪迅速，但由于枪身长，上下行程大，为布置上部升降机构及换枪设备，要求厂房高（一般氧气转炉主厂房炉子跨的标高，主要是考虑氧枪布置所提出的要求）。因此垂直布置的方式只适用于大、中型氧气转炉车间。在该车间内均设有单独的炉子跨，国内 15t 以上的转炉都采用这类方式。

垂直布置的升降装置有单卷扬型氧枪升降机构和双卷扬型氧枪升降机构两种类型。

（1）单卷扬型氧枪升降机构。单卷扬型氧枪升降机构如图 2-48 所示。这种机构是采用间接升降方式，即借助平衡重锤来升降氧枪，工作氧枪和备用氧枪共用一套卷扬装置。它由氧枪、氧枪升降小车、导轨、平衡重锤、卷扬机、横移装置、钢丝绳滑轮系统、氧枪高度指示标尺等几部分组成。氧枪固定在氧枪升降小车上，氧枪升降小车沿着用槽钢制成的导轨上下移动，通过钢绳将氧枪升降小车与平衡锤连接起来。其工作过程为：当卷筒提升平衡锤时，氧枪及氧枪升降小车因自重而下降；当放下平衡锤时，平衡锤的质量将氧枪及氧枪升降小车提升。平衡锤的质量比氧枪、氧枪升降小车、冷却水和胶皮软管等质量的总和要大 20%~30%，即过平衡系数为 1.2~1.3。为了保证工作可靠，氧枪升降小车采用了两根钢

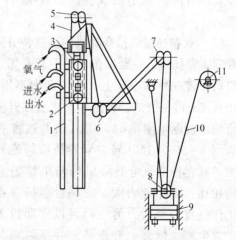

图 2-48 单卷扬型氧枪升降机构
1—氧枪；2—氧枪升降小车；3—导轨；4,10—钢绳；
5~8—滑轮；9—平衡锤；11—卷筒

绳，若一条钢绳损坏，另一条钢绳仍能承担全部负荷，使氧枪不至于坠落损坏。

图 2-49 所示为氧枪升降卷扬机。在卷扬机的电动机后面设有制动器与气缸装置，制动器能使氧枪准确地停留在任何位置上。为了在发生断电事故时能使氧枪自动提出炉外，在制动器电磁铁底部装有气缸。在断电时打开气缸阀门，使气缸的活塞杆顶开制动器，电动机便处于自由状态。此时，平衡锤下落，将氧枪提起。为了使氧枪获得不同的升降速度，卷扬机采用了直流电动机驱动，通过调节电动机的转速，达到氧枪升降变速。为了操

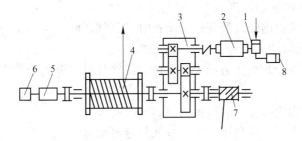

图 2-49　氧枪升降卷扬机

1—制动器；2—电动机；3—减速器；4—卷筒；5—主令控制器；
6—自整角发送机；7—行程指示卷筒；8—气缸

作方便，在氧枪升降卷扬机上还设有行程指示卷筒，通过钢绳带动指示灯上下移动，以指示氧枪的升降位置。

采用单卷扬型氧枪升降机构的主要优点是设备利用率高。可以采用平衡重锤，减轻电动机负荷，当发生停电事故时可借助平衡锤自动提枪，因此设备费用较低。但需要一套吊挂氧枪的吊具。生产中，曾发生过由于吊具失灵将氧枪掉入炉内的事故。所以，单卷扬型氧枪升降机构不如双卷扬型氧枪升降机构安全可靠。

（2）双卷扬型氧枪升降机构。这种升降机构设置两套升降卷扬机，一套工作，另一套备用。这两套卷扬机均安装在横移小车上，在传动中不用平衡重锤，采用直接升降的方式，即由卷扬机直接升降氧枪。当该机构出现断电事故时，用风动马达将氧枪提出炉口。图 2-50 为 150t 转炉双卷扬型氧枪升降传动示意图。双卷扬型氧枪升降机构与单卷扬型氧枪升降机构相比，备用能力大，在一台卷扬设备损坏，离开工作位置检修时，另一台可以立即投入工作，保证正常生产。但多一套设备，并且两套升降机构都需装设在横移小车上，使横移驱动机构负荷加大。同时，在传动中不适宜采用平衡重锤，这样，传动

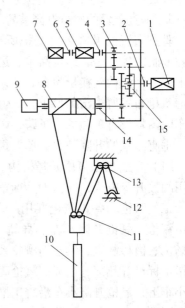

图 2-50　150t 转炉的双卷扬型
氧枪升降传动示意图

1—快速提升电动机；2，4—带联轴节的液压制动器；3—圆柱齿轮减速器；5—慢速提升电动机；6—摩擦片离合器；7—风动马达；8—卷扬装置；9—自整角机；10—氧枪；11—滑轮组；12—钢绳断裂报警；13—主滑轮组；14—齿形联轴节；15—行星减速器

电动机的工作负荷增大。在事故断电时，必须用风动马达将氧枪提出炉外，因而又增加了一套压气机设备。

　　b　旁立柱式(旋转塔型)氧枪升降装置

　　图 2-51 所示为旁立柱式升降装置。它的传动机构布置在转炉旁的旋转台上，采用旁立柱固定、升降氧枪，旋转立柱可移开氧枪至专门的平台进行检修和更换氧枪。

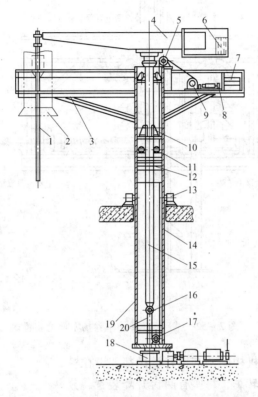

图 2-51　旁立柱式(旋转塔型)氧枪升降装置
1—氧枪；2—烟罩；3—桁架；4—横梁；5, 10, 16, 17—滑轮；6, 7—平衡锤；
8—制动器；9—卷筒；11—导向辊；12—配重；13—挡轮；14—回转体；
15, 20—钢丝绳；18—向心推力轴承；19—立柱

　　旁立柱式升降装置适用于厂房较矮的小型转炉车间，它不需要另设专门的炉子跨，占地面积小，结构紧凑。缺点是不能装备用氧枪，换枪时间长，吹氧时氧枪振动较大，氧枪中心与转炉中心不易对准。这种装置基本能满足小型转炉炼钢车间生产上的要求。

　　C　氧枪更换装置

　　换枪装置的作用是在氧枪损坏时，能在最短的时间里将备用氧枪换上投入工作。

　　换枪装置基本上都是由横移换枪小车、小车座架和小车驱动机构三部分组成。但由于采用的升降装置形式不同，小车座架的结构和功用也明显不同，氧枪升降装置相对于横移小车的位置也截然不同。单卷扬型氧枪升降机构的提升卷扬与换枪装置的横移小车是分离配置的；而双卷扬型氧枪升降机构的提升卷扬则装设在横移小车上，随横移小车同时移动。

　　图 2-52 所示为某厂 50t 转炉单卷扬型换枪装置。在横移小车上并排安装两套氧枪升

降小车，其中一套对准工作位置，处于工作状态，另一套备用。如果氧枪烧坏或发生其他故障，可以迅速开动横移小车，使备用氧枪小车对准工作位置，即可投入生产。整个换枪时间约为 1.5min。由于升降装置的提升卷扬不在横移小车上，所以横移小车的车体结构比较简单。

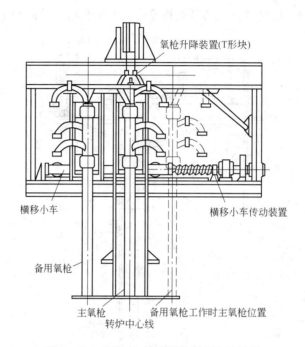

图 2 - 52　某厂 50t 转炉单卷扬型换枪装置

双卷扬型氧枪升降机构的两套提升卷扬都装设在横移小车上。如我国 300t 转炉，每座有两台升降装置，分别装设在两台横移换枪小车上。一台横移小车携带氧枪升降装置处于转炉中心的操作位置时，另一台处于等待备用位置，每台横移小车都有各自独立的驱动装置。当需要换枪时，损坏的氧枪与其升降装置脱离工作位置，备用氧枪与其升降装置进入工作位置。换枪所需时间约为 4min。

2.4.2.4　氧枪各操作点的控制位置

转炉生产过程中，为了能及时、安全和经济地向熔池供给氧气，氧枪应根据生产情况处于不同的控制位置。图 2 - 53 所示为某厂 120t 转炉氧枪在行程中各操作点的标高位置。各操作点的标高系指喷头顶面距车间地平轨面的距离。

氧枪各操作点标高的确定原则：

（1）最低点。最低点是氧枪下降的极限位置，其

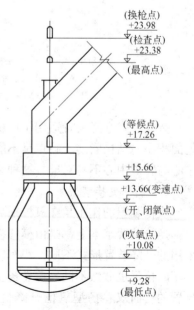

图 2 - 53　某厂 120t 转炉氧枪在
行程中各操作点的标高位置

位置取决于转炉的容量，对于大型转炉，氧枪最低点距熔池钢液面应大于 400mm，而对于中、小型转炉应大于 250mm。

（2）吹氧点。此点是氧枪开始进入正常吹炼的位置，又称为吹炼点。这个位置与转炉的容量、喷头类型、供氧压力等因素有关，一般根据生产实践经验确定。

（3）变速点。氧枪上升或下降到此点时自动变速。此点位置的确定主要是保证安全生产，又能缩短氧枪上升和下降所占用的辅助时间。

（4）开、闭氧点。氧枪下降至此点应自动开氧，氧枪上升至此点应自动停氧。开、闭氧点位置应适当，过早地开氧或过迟地停氧都会造成氧气的浪费，若氧气进入烟罩也会引起不良影响；过迟地开氧或过早地停氧也不好，易造成氧枪粘钢和喷头堵塞。一般开、闭氧点可与变速点在同一位置。

（5）等候点。等候点位于炉口以上。此点位置的确定应以氧枪不影响转炉的倾动为准，过高会增加氧枪上升和下降所占用的辅助时间。

（6）最高点。最高点是氧枪在操作时的最高极限位置，它应高于烟罩上氧枪插入孔的上缘。检修烟罩和处理氧枪粘钢时，需将氧枪提升到最高位置。

（7）换枪点。更换氧枪时，需将氧枪提升到换枪点。换枪点高于氧枪操作的最高点。

2.4.2.5　氧枪刮渣技术

转炉溅渣护炉技术是利用顶吹氧枪将高压氮气吹入炉内，将炉内剩余炉渣经过改质以后吹溅到炉衬上，从而起到保护炉衬的作用。在吹溅过程中不可避免地会在氧枪外层钢管上黏附钢渣。如果不能及时将其清除，随着冶炼炉数的增加，每溅一次渣便会使氧枪上的渣层厚度增加 30～50mm，如同"滚雪球"一样，致使氧枪粘渣越来越厚，导致氧枪的使用寿命大大降低，有时仅吹炼几炉钢就因为氧枪粘渣太厚而不得不更换氧枪，由此带来的问题是氧枪消耗成本迅速增加。据统计，采用溅渣护炉技术后，氧枪消耗成本增加 3～4 倍，而且由于频繁更换氧枪，破坏了炼钢生产的连续性，打乱了正常的生产节奏。

某厂 1998 年 1～10 月氧枪使用情况的统计：采用溅渣护炉技术以前的 1～5 月，5 个月共使用氧枪 36 支，月平均使用 7.2 支。采用溅渣护炉技术以后的 6～10 月，5 个月共使用氧枪 164 支，月平均使用 32.8 支。相比较，采用溅渣护炉技术以后氧枪平均使用量增加 25.6 支，即增加 3.6 倍。此外，由于氧枪粘渣割枪耽误的时间，6～10 月累计达 26.97h。

从以上数据可以看出，氧枪粘渣造成的生产成本和故障时间的增加都是相当大的。刮渣器成功投入使用后，通过跟踪调查表明，对氧枪刮渣有十分可靠的刮除效果，从根本上解决了氧枪粘渣的难题。刮渣器示意图见图 2－54。

从经济效益上看，修复一支氧枪平均需要修理费 2500 元。使用刮渣器后按每月少修 25.6 支氧枪计算，每年少修氧枪 307 支，年创直接经济效益 76.75 万元。此外，使用刮渣器后平均每月减少因粘枪割枪花费的时间 5.4h，则每年增加炼钢作业时间 64.8h，按 36min 炼一炉钢计算，可多炼 108 炉，折合 8000 多吨钢。

转炉氧枪刮渣装置具有以下优点：一是刮渣装置的刮渣动力完全利用了氧枪升降系统固有的升降运动，不另增加刮渣动力系统；二是刮渣装置的刮渣过程实现了完全自动化，

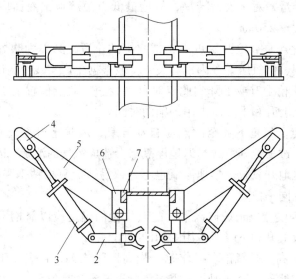

图2-54　刮渣器示意图

1—刮渣刀；2—转臂；3—气缸；4—气缸座；5—底板；

6—转臂座；7—氧枪升降小车滑道

即刮渣过程在氧枪提升过程中自动完成，不需要单独的刮渣时间；三是刮渣装置具有过载保护功能，即在刮渣过程中氧枪提升系统发生过载时自动断电并报警，以提示操作者中断作业进行适当的处置；四是刮渣装置全部零部件采用销轴连接，便于更换零部件，维修简单。因此，刮渣技术已成为溅渣护炉技术的重要配套技术之一。

2.4.3　任务实施

2.4.3.1　检查供氧器具及设备

A　目的与目标

通过检查及时发现供氧器具和设备故障，并确认供氧器具和设备完好、正常。

B　操作步骤或技能实施

（1）检查氧枪升降设备和更换机构。

1）检查氧枪升降用钢丝绳是否完好；

2）对氧枪进行上升、下降、刹车等动作试车，检查氧枪提升设备是否完好；

3）检查氧枪上升、下降的速度是否符合设计要求；

4）氧枪下降至机械限位位置对检查标尺上枪位指示是否与新炉子所测量的氧枪零位相符（新炉子需测量和校正氧枪零位）；

5）检查上、下电气限位是否失灵，限位位置是否正确；

6）新开炉前检查氧枪更换机构是否正常、有效。

（2）检查氧枪供氧、供水情况。

1）检查开氧、关氧位置是否基本正确；

2）在氧枪切断氧气时用听声音来判断是否漏气；

3）检查各种仪表（包括氧气压力及流量，氧枪冷却水流量、压力、温度）是否显示读数且确认正确，以及各种联锁是否完好。

（3）检查氧枪本体。

1）检查氧枪喷头是否变形、粘钢、漏水；

2）检查氧枪枪身是否粘钢、渗水。

C 注意事项

（1）每班接班时检查供氧器具及设备，确保班中安全生产。

（2）要求每炉观察、检查氧枪本体，确保氧枪每一炉都正常。在供氧吹炼中氧枪发生漏气、漏水都会对正常生产带来不良后果，也可能造成设备损坏或人身安全事故。

（3）发现供氧器具及设备故障，应立即进行处理。班中来不及修好应交班继续修理，另做好交班记录。

2.4.3.2 使用供氧器具及设备

A 目的与目标

学会正确使用供氧器具和设备，能根据工艺要求进行供氧操作。

B 操作步骤或技能实施

a 氧枪升、降操作步骤

氧枪升、降开关（见图 2-55）控制氧枪的上升、下降。一般安置在右手操作方便的位置处，是一种万能开关，手柄在中间为零位，两边分别为升和降氧枪的位置。平时手柄处于零位。

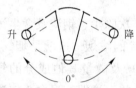

图 2-55 氧枪升、降开关

（1）提枪操作。将手柄由零位推向左边"升"的方向，氧枪升降装置马达、卷扬动作，将氧枪提升。当氧枪升高到需要的高度时立即将手柄扳回零位，因卷扬马达止动而使氧枪停留在该高度位置上。操作时要眼观氧枪枪位标尺指示。

（2）降枪操作。将手柄由零位推向右边"降"的方向，氧枪升降装置马达、卷扬动作，使氧枪下降。当氧枪下降到需要的枪位时立即将手柄扳回零位，因卷扬马达止动而使氧枪停留在该高度位置上。操作时要眼观氧枪枪位标尺指示。

b 氧压升、降操作

在操作室的操作台屏板上装有工作氧压显示仪表和氧压操作按钮，如图 2-56 所示。

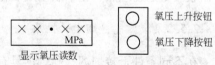

图 2-56 氧压及控制显示示意图

（1）升压操作。当需要提高工作氧压时按下"增压"按钮使工作氧压逐渐提高，且眼观氧压仪表的显示读数。当氧压提高到所需数值时立即松开按钮，使氧压在这个数值下工作。

（2）降压操作。当需要降低工作氧压时按下"降压"按钮使工作氧压逐渐降低，且眼观氧压仪表的显示读数。当氧压降低到所需数值时立即松开按钮，使氧压在这个数值下工作。一般情况下氧压的升、降操作都是在供氧情况下进行的。静态下调节的数值在供氧时会有变动。

C 注意事项

（1）转炉的氧枪升、降手柄方向和氧压增减按钮位置绝对不能搞错，否则操作效果与操作意愿正好相反，会给生产带来严重后果。

（2）当转炉在进行氧枪枪位调节时一定要同时眼观氧枪枪位标尺指示；当进行氧压调节时一定要同时眼观氧压仪表显示读数，以确保操作正确，避免发生操作事故。

（3）手不能握在接缝处，以防回火烧伤。如发生回火即关闭阀门，停止供氧，待查明原因并纠正后再吹氧。

（4）若漏气严重又来不及关阀门，可将供氧橡皮管对折并压紧切断氧气，然后再关闭供氧阀门。

子任务 2.5　转炉烟气净化回收系统设备操作

2.5.1　任务描述

（1）转炉吹炼时，打开除尘风机，冶炼初期的烟气经净化系统净化后，排入大气。

（2）进入脱碳期，操作计算机画面，降下烟罩，切换烟气、烟囱和煤气回收管道的三通阀，含高浓度 CO 的转炉煤气进入煤气柜。

（3）进入冶炼后期，烟气中 CO 浓度越来越低，重新转换三通阀，除尘后的烟气排入大气。

2.5.2　相关知识　烟气净化及回收处理设备

本节主要介绍转炉烟气、烟气净化及回收处理设备、转炉的二次除尘、钢渣及含尘污水处理等内容。转炉吹炼过程中，可观察到在炉口排出大量红棕色的浓烟，这就是烟气。烟气的温度很高，可以回收利用。烟气是含有大量 CO、少量 CO_2 及微量其他成分的气体，其中还夹带着大量氧化铁、金属铁粒和其他细小颗粒的固体尘埃。这股高温含尘气流冲出炉口，进入烟罩和净化系统。炉内原生气体称为炉气，炉气冲出炉口以后称为烟气。转炉烟气的特点是温度高、气量多、含尘量大，气体具有毒性和爆炸性，任其放散会污染环境。我国 1996 年颁布了《大气污染物综合排放标准》，规定工业企业废气含尘量（标态）不得超过 $120mg/m^3$，该标准从 1997 年 1 月 1 日开始执行。对转炉烟气净化处理后，可回收大量的物理热、化学热以及氧化铁粉尘等。

2.5.2.1　烟气、烟尘的性质

在不同条件下转炉烟气和烟尘具有不同的特征。根据所采用的处理方式不同，所得的烟气性质也不同。目前的处理方式有燃烧法和未燃法两种，简述如下。

（1）燃烧法。炉气从炉口进入烟罩时，令其与足够的空气混合，使可燃成分燃烧形成高温废气，经过冷却、净化后，通过风机抽引并放散到大气中。

（2）未燃法。炉气排出炉口进入烟罩时，通过某种方法使空气尽量少地进入炉气，因此，炉气中可燃成分 CO 只有少量燃烧。经过冷却、净化后，通过风机抽入回收系统中储存起来，加以利用。

未燃法与燃烧法相比，烟气未燃烧，其体积小、温度低；烟尘的颗粒粗大，易于净化；烟气可回收利用，投资少。

A 烟气的特征

a 烟气的来源及化学组成

在吹炼过程中，熔池碳氧反应生成的 CO 和 CO_2 是转炉烟气的基本来源；其次，炉气从炉口排出时吸入部分空气，可燃成分有少量燃烧生成废气；此外，也有少量来自炉料和炉衬中的水分以及生烧石灰中分解出来的 CO_2 气体等。

冶炼过程中烟气成分是不断变化的，这种变化规律可用图 2-57 来说明。

转炉烟气的化学成分给烟气净化带来较大困难。转炉烟气的化学成分随烟气处理方法不同而异。燃烧法与未燃法两种烟气成分和含量的差别很大，见表 2-10。

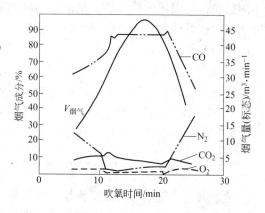

图 2-57 在吹炼过程中烟气成分变化曲线

表 2-10 未燃法与燃烧法两种烟气成分和含量的比较 （%）

成分（质量分数） 除尘方法	CO	CO_2	N_2	O_2	H_2	CH_4
未燃法	60~80	14~19	5~10	0.4~0.6		
燃烧法	0~0.3	7~14	74~80	11~20	0~0.4	0~0.2

b 转炉烟气的温度

未燃法烟气温度一般为 1400~1600℃，燃烧法废气温度一般为 1800~2400℃。因此，在转炉烟气净化系统中必须设置冷却设备。

c 转炉烟气的数量

未燃法平均吨钢烟气量(标态)为 60~80m^3/t，燃烧法的烟气量为未燃法的 4~6 倍。

d 转炉烟气的发热量

未燃法烟气中 CO 含量为 60%~80% 时，其发热量在 7745.95~10048.8kJ/m^3 范围内波动，燃烧法废气仅含有物理热。

B 烟尘的特征

a 烟尘的来源

在氧气流股冲击的熔池反应区内，"火点"处温度高达 2000~2600℃。一定数量的铁和铁的氧化物蒸发，形成浓密的烟尘，随炉气从炉口排出。此外，烟尘中还有一些被炉气夹带出来的散状料粉尘和喷溅出来的细小渣粒。

b 烟尘的成分

未燃法烟尘呈黑色，主要成分是 FeO，其含量在 60% 以上；燃烧法烟尘呈红棕色，主要成分是 Fe_2O_3，其含量在 90% 以上。可见，转炉烟尘是铁含量很高的精矿粉，可作为高炉原料或转炉自身的冷却剂和造渣剂。

c 烟尘的粒度

通常把粒度在 5~10μm 之间的尘粒称为灰尘；由蒸气凝聚成的直径在 0.3~3μm 之

间的微粒，呈固体的称为烟，呈液体的称为雾。燃烧法尘粒小于 $1\mu m$ 的占 90% 以上，接近烟雾，较难清除；未燃法烟尘颗粒直径大于 $10\mu m$ 的达 70%，接近于灰尘，其清除比燃烧法相对容易一些。

d　烟尘的数量

氧气顶吹转炉炉气中夹带的烟尘量为金属装入量的 0.8% ~ 1.3%，炉气含尘量（标态）为 $80 ~ 120g/m^3$。烟气含尘量一般小于炉气含尘量，且随净化过程逐渐降低。顶底复合吹炼转炉的烟尘量一般比顶吹工艺少。

2.5.2.2　烟气、烟尘净化回收系统的主要设备

转炉烟气净化系统可概括为烟气的收集与输导、降温与净化、抽引与放散三部分。烟气的收集装置有活动烟罩和固定烟罩。烟气的输导管道称为烟道。烟气的降温装置主要是烟道和溢流文氏管。烟气的净化装置主要有文氏管脱水器以及布袋除尘器和电除尘器等。回收煤气时，系统还必须设置煤气柜和回火防止器等设备。

转炉烟气净化方法有全湿法、干湿结合法和全干法三种形式。

（1）全湿法。烟气进入第一级净化设备就与水相遇，称为全湿法除尘系统。双文氏管净化系统即为全湿法除尘系统。在整个净化系统中，都是采用喷水方式来达到烟气降温和净化的目的。此法除尘效率高，但耗水量大，还需要处理大量污水和泥浆。

（2）干湿结合法。烟气进入次级净化设备与水相遇，称为干湿结合法净化系统，平 - 文净化系统即为干湿结合法净化系统。此法除尘效率稍差些，污水处理量较少，对环境有一定污染。

（3）全干法。在净化过程中烟气完全不与水相遇，称为全干法净化系统。布袋除尘、静电除尘系统为全干法除尘系统。全干法净化可以得到干烟尘，无须设置污水、泥浆处理设备。

A　未燃全湿法净化系统的主要设备

a　烟气的收集设备（烟罩）

为了收集烟气，在转炉上面装有烟罩。烟气经活动烟罩和固定烟罩之后，进入汽化冷却烟道或废热锅炉以利用废热，再经净化冷却系统。

（1）活动烟罩。用于未燃法的活动烟罩要求能够上下升降，以保证烟罩内外气压大致相等，既可避免炉气外逸而恶化炉前操作环境，也不会吸入空气而降低回收煤气的质量。因此，在吹炼各阶段烟罩能调节到需要的间隙。吹炼结束出钢、出渣、加废钢、兑铁水时，烟罩能升起，不妨碍转炉倾动。当需要更换炉衬时，活动烟罩又能平移开出炉体上方。这种能升降调节烟罩与炉口之间距离，或者既可升降又能水平移出炉口的烟罩，称为活动烟罩。OG 法是用未燃法处理烟气的，也是当前采用较多的方法。其烟罩是裙式活动单烟罩和双烟罩。

1）裙式活动单烟罩。图 2 - 58 所示为 OG 法裙式活动单烟罩。烟罩下部罩裙口内径略大于水冷炉口外缘，当活动烟罩下降至最低位置时，使烟罩下缘与炉口处于最小距离（约为 50mm），以利于控制罩口内外微压差，进而实行闭罩操作，这给提高回收煤气质量、减少炉下清渣量、实现炼钢工艺自动连续定碳均带来有利条件。活动烟罩的升降机构可以采用电力驱动，烟罩提升时通过电力卷扬，下降时借助升降段烟罩的自重。活动烟罩

的升降机构也可以采用液压驱动，采用四个同步液压缸，以保证烟罩的水平升降。

2）活动烟罩双罩结构。图 2 - 59 所示为活动烟罩双罩结构。由图可以看出，它是由固定部分（又称下部烟罩）与升降部分（又称罩裙）组成的。下部烟罩与罩裙通过水封连接。固定烟罩又称上部烟罩，设有两个散状材料投料孔、氧枪和副枪插入孔、压力和温度检测孔及气体分析取样孔等。罩裙是用锅炉钢管围成的，两钢管之间平夹一片钢板（又称鳍片），彼此连接在一起形成了钢管与钢板相间排列的焊接结构，又称横列式管型隔片结构。管内通温水冷却。罩裙下部由三排水管组成水冷短截锥套（见图 2 - 59 中 3），这是为了避免罩裙与炉体接触时损坏罩裙。罩裙的升降由四个同步液压缸驱动。上部烟罩也是由钢管围成的，只不过是纵列式管型隔片结构。上部烟罩与下部烟罩均采用温水冷却，上部、下部烟罩通过沙封连接。我国 300t 转炉就是采用这种活动烟罩结构。

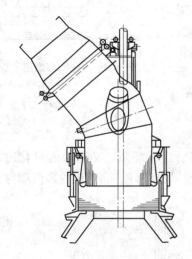

图 2 - 58　OG 法裙式活动单烟罩

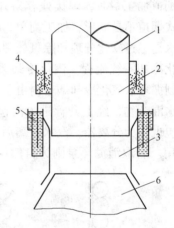

图 2 - 59　活动烟罩双罩结构

1—上部烟罩（固定烟罩）；2—下部烟罩（活动
烟罩固定段）；3—罩裙（活动烟罩升降段）；
4—沙封；5—水封；6—转炉

（2）固定烟罩。固定烟罩装于活动烟罩与汽化冷却烟道或废热锅炉之间，也是水冷结构件。固定烟罩上开有散状材料投料孔、氧枪和副枪插入孔，并装有水套冷却。为了防止烟气的逸出，对散状材料投料孔、氧枪和副枪插入孔等均采用氮气或蒸汽密封。固定烟罩与单罩结构的活动烟罩多采用水封连接。固定烟罩与汽化冷却烟道或废热锅炉拐弯处的拐点高度 H 和其与水平线的倾角 β，对防止烟道的倾斜段结渣有重要作用。

b　烟气的冷却设备

转炉炉气温度为 1400 ~ 1600℃，炉气离开炉口进入烟罩时，由于吸入空气而使炉气中的 CO 部分或全部燃烧，烟气温度可能更高。高温烟气体积大，如在高温下净化，会使净化系统设备的体积非常庞大。此外，单位体积的含尘量低也不利于提高净化效率。所以，在净化前和净化过程中要对烟气进行冷却。

国内早期投产的转炉大多采用水冷烟道，但水冷烟道耗水量大，废热无法回收利用。近期新建成的转炉均采用汽化冷却烟道。所谓汽化冷却，就是指冷却水吸收的热量用于自身的蒸发，利用水的汽化潜热带走冷却部件的热量。如 1kg 水每升高 1℃吸收热量约 4.2kJ，而由 100℃水到 100℃蒸汽则吸收热量约 2253kJ/kg，两者相差 500多倍。汽化冷却的耗水量将减少到 1/30 ~ 1/100，所以汽化冷却是节能的冷却方式。汽化冷却装置是承压设备，因而投资费用大，操作要求也高，下面分项叙述。

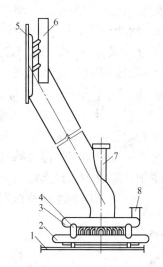

　　（1）汽化冷却烟道。汽化冷却烟道是用无缝钢管围成的筒形结构，其断面为方形或圆形，如图 2 - 60 所示。钢管的排列形式有水管式、隔板管式和密排管式，如图 2 - 61 所示。水管式烟道容易变形；隔板管式烟道加工费时，焊接处容易开裂且不易修复；密排管式烟道不易变形，加工简单，更换方便。汽化冷却用水是经过软化处理和除氧处理的。图 2 - 62 所示为汽化冷却系统流程。汽化冷却系统可自然循环，也可强制循环。汽化冷却烟道内由于汽化产生的蒸汽形成汽水混合物，经上升管进入汽包使汽与水分离，

图 2 - 60　汽化冷却烟道示意图
1—排污集管；2—进水集箱；3—进水总管；
4—分水管；5—出口集箱；6—出水（汽）总管；
7—氧枪水套；8—进水总管接头

所以汽包也称为分离器。汽水分离后，热水从下降管经循环泵，又被送入汽化冷却烟道继续使用。若取消循环泵则为自然循环系统，其效果也很好。当汽包内蒸汽压力升高到

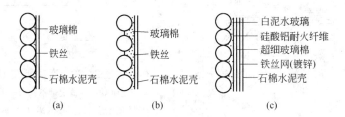

图 2 - 61　烟道管壁结构
（a）水管式；（b）隔板管式；（c）密排管式

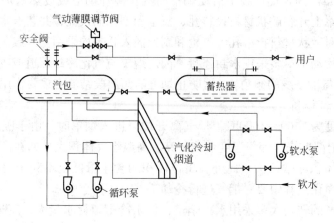

图 2 - 62　汽化冷却系统流程

$(6.87 \sim 7.85) \times 10^5$Pa 时，气动薄膜调节阀自动打开，使蒸汽进入蓄热器供用户使用。当蓄热器的蒸汽压力超过一定值时，蓄热器上部的气动薄膜调节阀自动打开放散。当汽包需要补充软水时，由软水泵送入。汽化冷却系统汽包的布置应高于烟道顶面。一座转炉设有一个汽包，汽包不宜合用，也不宜串联。汽化冷却烟道受热时会向两端膨胀伸长，上端热伸长量在一文水封中得到补偿，下端热伸长量在烟道的水封中得到缓冲。汽化冷却烟道也称汽化冷却器，可以冷却烟气，并能回收蒸汽，也可称它是废热锅炉。

（2）废热锅炉。无论是未燃法还是燃烧法都可采用汽化冷却烟道，只不过燃烧法的废热锅炉在汽化冷却烟道后面增加对流段，进一步回收烟气的余热，以产生更多的蒸汽。对流段通常是在烟道中装设蛇形管，蛇形管内冷却水的流向与烟气流向相反，通过烟气加热蛇形管内的冷却水，再作为汽化冷却烟道补充水源，这样就进一步利用了烟气的余热，也增加了回收蒸汽量。

c　文氏管净化器

文氏管净化器是当前效率较高的湿法净化设备，也兼有冷却降温的作用。文氏管净化器由雾化器（碗形喷嘴）、文氏管本体及脱水器三部分组成，如图 2 - 63 所示。文氏管本体是由收缩段、喉口段和扩张段三部分组成的。

烟气流经文氏管收缩段到达喉口时气流加速，高速烟气冲击喷嘴喷出的水幕使水二次雾化成小于或等于烟尘粒径 100 倍以下的细小水滴。喷水量（液气比，标态）一般为 $0.5 \sim 1.5 L/m^3$。气流速度（$60 \sim 120 m/s$）越大，喷入的水滴越细，在喉口分布越均匀，二次雾化效果越好，越有利于捕集微小的烟尘。细小的水滴在高速紊流气流中迅速吸收烟气的热量而汽化，一般在 $1/150 \sim 1/50s$ 内使烟气从 $800 \sim 1000℃$ 冷却到 $70 \sim 80℃$。同样，在高速紊流气流中，尘粒与液滴具有很高的相对速度，在文氏管的喉口段和扩张段内互相撞击而凝聚成较大的颗粒。经过与文氏管串联的气水分离装置（脱水器），使含尘水滴与气体分离，烟气得到降温与净化。

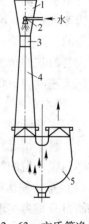

图 2 - 63　文氏管净化器的组成
1—收缩段；2—碗形喷嘴；
3—喉口段；4—扩张段；
5—弯头脱水器

按文氏管的构造，其可分为定径文氏管和调径文氏管。在湿法净化系统中采用双文氏管串联，通常以定径文氏管作为一级除尘装置，并加溢流水封；以调径文氏管作为二级除尘装置。

（1）溢流文氏管。在双文氏管串联的湿法净化系统中，喉口直径一定的溢流文氏管（见图 2 - 64）主要起降温和粗除尘的作用。经汽化冷却烟道后烟气冷却至 $800 \sim 1000℃$，其通过溢流文氏管时能迅速冷却到 $70 \sim 80℃$，并使烟尘凝聚，通过扩张段和脱水器将烟气中的粗粒烟尘除去，除尘效率为 $90\% \sim 95\%$。采用溢流水封主要是为了保持收缩段的管壁上有一层流动的水膜，以隔离高温烟气对管壁的冲刷，并防止烟尘在干、湿交界面上产生积灰结瘤而堵塞。溢流水封为开口式结构，具有防爆泄压、调节汽化冷却烟道因热胀冷缩引起的位移的作用。溢流文氏管的收缩角为 $20° \sim 25°$，扩张角为 $6° \sim 8°$；喉口长度为 $(0.5 \sim 1.0)D_{喉}$，小转炉烟道取上限；入口烟气速度为 $20 \sim 25 m/s$，喉口烟气速度为 $40 \sim 60 m/s$，出口烟气速度为 $15 \sim 20 m/s$；一文阻力损失在 $3000 \sim 5000 Pa$ 之间；溢流水量每米周边约为 500kg/h。

（2）调径文氏管。在喉口部位装有调节机构的文氏管，称为调径文氏管，主要用于精除尘。在喷水量一定的条件下，文氏管除尘器内水的雾化和烟尘的凝聚主要取决于烟气在喉口处的速度。吹炼过程中烟气量变化很大，为了保持喉口烟气速度不变以稳定除尘效率，采用调径文氏管。它能随烟气量变化相应地增大或缩小喉口断面积，保持喉口处烟气速度一定；还可以通过调节风机的抽气量控制炉口微压差，确保回收煤气质量。现用的矩形调径文氏管调节喉口断面大小的方式很多，常用的有阀板、重砣、矩形翼板、矩形滑块等。调径文氏管的喉口处安装米粒形阀板，即圆弧形－滑板（R－D），用以控制喉口开度，可显著降低二文阻损，如图 2－65 所示。喉口阀板调节性能好，喉口开度与气体流量在相同的阻损下基本呈直线函数关系，这样能准确地调节喉口的气流速度，提高喉口的调节精度。另外，阀板是用液压传动控制的，可与炉口微压差同步，使调节精度得到保证。调

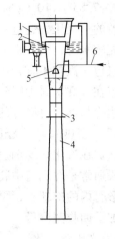

图 2 – 64　定径溢流文氏管
1—溢流水封；2—收缩段；3—腰鼓形喉口（铸件）；4—扩张段；5—碗形喷嘴；6—溢流供水管

径文氏管的收缩角为 23°～30°，扩张角为 7°～12°；收缩段的进口气流速度为 15～20m/s，喉口气流速度为 100～120m/s；二文阻损一般为 10～12kPa。

　　d　脱水器

在湿法和干湿结合法烟气净化系统中，湿法净化器的后面必须装有气水分离装置，即脱水器。脱水情况直接关系到烟气的净化效率、风机叶片的寿命和管道阀门的维护，而脱水效率与脱水器的结构有关。

（1）重力脱水器。如图 2－66 所示，烟气进入脱水器后流速下降、流向改变，靠含尘水滴自身重力实现气水分离，适用于粗脱水，如与溢流文氏管相连进行脱水。重力脱水器的入口气流速度一般不小于 12m/s，筒体内流速一般为 4～5m/s。

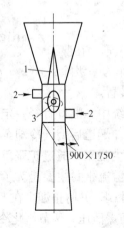

图 2 – 65　圆弧形 – 滑板（R – D）
调节文氏管
1—导流板；2—供水；3—可调阀板

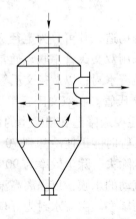

图 2 – 66　重力脱水器

（2）弯头脱水器。含尘水滴进入脱水器后，受惯性及离心力作用，水滴被甩至脱水器的叶片及器壁上，沿叶片及器壁流下，通过排污水槽排走。弯头脱水器按其弯曲角度不同，可分为 90°和 180°弯头脱水器两种。图 2 - 67 所示为 90°弯头脱水器，图 2 - 63 中 5 所示为 180°弯头脱水器。弯头脱水器能够分离粒径大于 30μm 的水滴，脱水效率可达 95% ~ 98%；进口速度为 8 ~ 12m/s，出口速度为 7 ~ 9m/s；阻力损失为 294 ~ 490Pa。弯头脱水器中叶片多，则脱水效率高；但叶片多容易堵塞，尤其是一文更易堵塞。改进分流挡板和增设反冲喷嘴，有利于消除堵塞现象。

（3）丝网脱水器。丝网脱水器用以脱除雾状细小水滴，如图 2 - 68 所示。由于丝网的自由体积大，气体很容易通过，烟气中夹带的细小水滴与丝网表面碰撞，沿丝与丝交叉结扣处聚集，逐渐形成大液滴脱离而沉降，实现气水分离。丝网脱水器是一种高效率的脱水装置，能有效地除去粒径为 2 ~ 5μm 的雾滴。它阻力小、质量轻、耗水量少，一般用于风机前作为精脱水设备。但丝网脱水器长期运转后容易堵塞，一般每炼一炉钢冲洗一次，冲洗时间为 3min 左右。为防止腐蚀，丝网材料采用不锈钢丝、紫铜丝或磷铜丝编织。其规格为 0.1mm × 0.4mm 扁丝。丝网厚度也分为 100mm 和 150mm 两种规格。

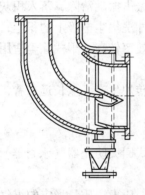

图 2 - 67　90°弯头脱水器

图 2 - 68　丝网脱水器

B　静电除尘系统的主要设备

a　静电除尘器的工作原理

静电除尘器的工作原理如图 2 - 69 所示。以导线作放电电极（也称电晕电极），为负极；以金属管或金属板作集尘电极，为正极。在两个电极上接通数万伏的高压直流电源，两极间形成电场，由于两个电极形状不同，形成了不均匀电场。在导线附近，电力线密集，电场强度较大，使正电荷被束缚在导线附近，因此在空间中电子或负离子较多。于是通过空间的烟尘大部分捕获了电子而带上负电荷，得以向正极移动。带负电荷的烟尘到达正极后即失去电子而沉降到电极板表面，达到气与尘分离的目的。定时将集尘电极上的烟尘振落或用水冲

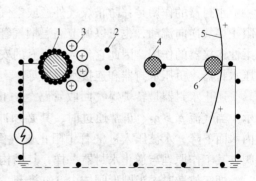

图 2 - 69　静电除尘器的工作原理

1—放电电极；2—烟气电离后产生的电子；3—烟气电离后产生的正离子；4—捕获电子后的尘粒；5—集尘电极；6—放电后的尘粒

洗，烟尘即可落到下部的积灰斗中。

b 静电除尘器的构造形式

静电除尘器主要由放电电极、集尘电极、气流分布装置、外壳和供电设备组成。

静电除尘器有管式和板式两种，图 2 - 69 所示为板式静电除尘器。管式静电除尘器的金属圆管直径为 50 ~ 300mm，长度为 3 ~ 4m。板式静电除尘器的集尘板间宽度约为 300mm。立式集尘电极的高度为 3 ~ 4mm；卧式的长度为 2 ~ 3mm。静电除尘器由三段或多段串联使用。烟气通过每段都可除去大部分尘粒，经过多段可以达到较为彻底净化的目的。据报道，静电除尘效率高达 99.9%。它的除尘效率稳定，不受烟气量波动的影响，特别适用于捕集小于 $1\mu m$ 的烟尘。

烟气进入前段除尘器时烟气含尘量高，且大颗粒烟尘较多，因而静电除尘器的宽度可以宽些，从此以后宽度可逐渐减小。后段除尘器烟气中含尘量少且颗粒细小，供给的电压可由前至后逐渐增高。

烟气通过除尘器时的流速以 2 ~ 3m/s 为宜，流速过高，易将集尘电极上的烟尘带走；流速过低，气流在各通道内分布不均匀，设备也要增大。电压过高，容易引起火花放电；电压过低，除尘效率低。集尘电极上的积灰可以通过敲击振动清除，落入积灰斗中的烟尘通过螺旋输送机运走，此称为干式除尘；还可以用水冲洗集尘电极上的积尘，此称为湿式除尘，污水与泥浆需要处理，采用水冲洗方式的除尘效率较高。干式除尘适用于板式静电除尘器，而湿式除尘则适用于管式静电除尘器。

目前，国外有的厂家已经将静电除尘系统应用于转炉生产，从长远来看，干法静电除尘系统是一种较好的烟气净化方法。

C 煤气回收系统的主要设备

转炉煤气回收系统的设备主要是指煤气柜和水封式回火防止器（水封器）。

a 煤气柜

煤气柜用于储存煤气，以便于连续供给用户成分、压力、质量稳定的煤气，是顶吹转炉回收系统中的重要设备之一。它犹如一个大钟罩扣在水槽中，随煤气进出而升降，通过水封使煤气柜内煤气与外界空气隔绝。

b 水封器

水封器的作用是：防止煤气外逸或空气渗入系统，阻止各污水排出管之间相互串气，阻止煤气逆向流动，也可以调节高温烟气管道的位移，还可以起到一定程度的泄爆作用和柔性连接器的作用，因此它是严密可靠的安全设施。根据水封器的作用原理，其可分为正压水封器、负压水封器和连接水封器等。

逆止水封器是转炉煤气回收管路上防止煤气倒流的部件，其工作原理如图 2 - 70 所示。当气流 $p_1 > p_2$、正常通过时，其必须冲破水封从排气管流出；当 $p_1 < p_2$ 时，水封器内水面下降，水被压入进气管中阻止煤气倒流。当前在煤气回收系统中安装了水封逆止阀，其工作原理与逆止水封器一样，其结构如图 2 - 71 所示。

烟气放散时，半圆形阀体由气缸推起，切断回收，防止煤气柜的煤气从煤气出口管道倒流和放散气体进入煤气柜；回收煤气时，阀体拉下，回收管路打开，煤气可从煤气进口管道通过水封后，从煤气出口管道进入煤气柜。

V 形水封置于水封逆止阀之后，在停炉检修时充水切断该系统煤气，防止回收总管煤

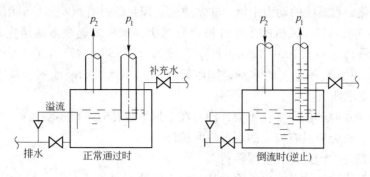

图 2-70　逆止水封器的工作原理

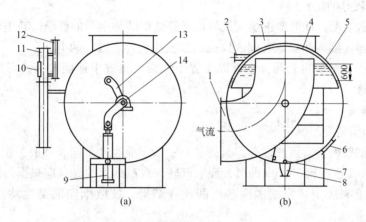

图 2-71　水封逆止阀

（a）外形图；（b）剖面图

1—煤气进口；2—给水口；3—煤气出口；4—阀体；5—外筒；6—人孔；7—冲洗喷嘴；8—排水口；
9—气缸；10—液面指示器；11—液位检测装置；12—水位报警装置；13—曲柄；14—传动轴

气倒流。

　　c　煤气柜自动放散装置

　　图 2-72 所示为 $10000m^3$ 煤气柜自动放散装置，它由放散阀、放散烟囱、钢绳等组成。

　　钢绳的一端固定在放散阀顶上，经滑轮导向；另一端固定在第三级煤气柜边的一点上，该点高度经实测得出。当煤气柜上升至储气量为 $9500m^3$ 时，钢绳呈拉紧状态，提升放散阀脱离水封面而使煤气从放散烟囱放散；当储气量小于 $9500m^3$ 时，放散阀借助自重落在水封中，钢绳呈松弛状态，从而稳定了煤气柜的储气量。

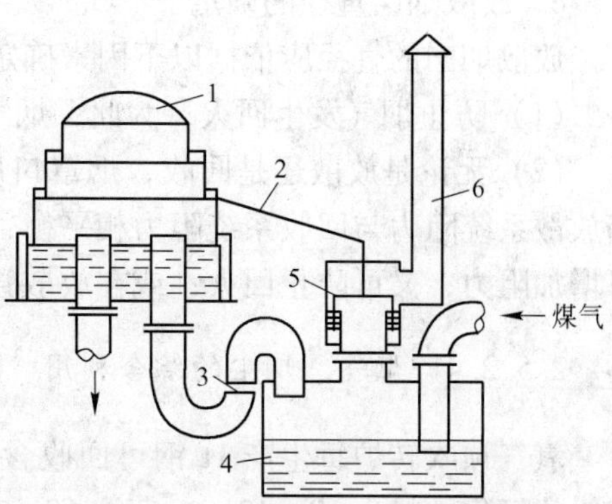

図 2-72　$10000m^3$ 煤气柜自动放散装置

1—煤气柜；2—钢绳；3—正压连接水封；
4—逆止水封；5—放散阀；6—放散烟囱

2.5.2.3　风机与放散烟囱

A　风机

烟气经冷却、净化后，由风机将其排至烟囱放散或输送到煤气回收系统中备用。因此，风机是净化回收系统的动力中枢，非常重要。但目前没有顶吹转炉专用风机，而是套用 D 形单进煤气鼓风机。风机的工作环境比较恶劣，例如未燃全湿法净化系统，进入风机的气体含尘量(标态)为 $100 \sim 120mg/m^3$，温度为 $36 \sim 65℃$，CO 含量在 60% 左右，相对湿度为 100%，并含有一定量的水滴，同时转炉又周期性地间断吹氧，基于以上工作特点，对风机的要求如下：

(1) 调节风量时其压力变化不大，同时在小风量运转时风机不喘振；

(2) 叶片、机壳应具有较高的耐磨性和抗蚀性；

(3) 具有良好的密封性和防爆性；

(4) 应设有水冲洗喷嘴，以清除叶片和机壳内的积泥；

(5) 具有较好的抗振性。

多年的实践表明，D 形单进煤气鼓风机能够适应转炉生产的要求。在电动机与风机之间用液力耦合器连接，非吹炼时间内风机则以低速运转，以节约电耗。

风机可以布置在车间上部，也可以布置于地面。布置于地面较好，可以降低投资造价，也便于维修。

B 放散烟囱

a 放散烟囱高度的确定

氧气转炉烟气因含有可燃成分，其排放与一般工业废气不同。一般工业用烟囱只高于方圆 $100m$ 内最高建筑物 $3 \sim 6m$ 即可，而氧气转炉放散烟囱的标高应根据与附近居民区的距离和卫生标准来决定。根据国内各厂的调查结果，放散烟囱的高度均高出厂房屋顶 $3 \sim 6m$。

b 放散烟囱结构形式的选择

一座转炉设置一个专用放散烟囱。钢质烟囱防震性能好，又便于施工，但北方寒冷地区要考虑防冻措施。

c 放散烟囱直径的确定

放散烟囱的直径应依据以下因素确定：

(1) 防止烟气发生回火，为此，烟气的最低流速($12 \sim 18m/s$)应大于回火速度。

(2) 无论是放散还是回收，烟罩口应处于微正压状态，以免吸入空气。其关键是提高放散系统阻力与回收系统阻力相平衡，具体方法有：在放散系统管路中装一水封器，既可增加阻力，又可防止回火；或在放散管路上增设阻力器等。

2.5.2.4 烟气、烟尘的综合利用

氧气顶吹转炉每生产 $1t$ 钢可回收含 CO 60% 的煤气(标态)$60 \sim 120m^3$、铁含量约为 60% 的氧化铁粉尘 $10 \sim 12kg$、蒸汽 $60 \sim 100m^3$，并可加以利用。

A 回收煤气的利用

转炉煤气的应用较广，可作为燃料或化工原料。

a 燃料

转炉煤气的氢含量少，燃烧时不产生水汽，而且煤气中不含硫，可用于混铁炉的加热、钢包及铁合金的烘烤、均热炉的燃料等；同时也可送入厂区煤气管网，供用户使用。

转炉煤气的最低发热值(标态)在 $7745.95kJ/m^3$ 左右。我国氧气转炉未燃法每冶炼 $1t$

钢可回收含 CO 60% 的转炉煤气(标态)60～70m³，而日本转炉煤气回收量(标态)达 100～120m³/t。

b　化工原料

(1) 制甲酸钠。甲酸钠是染料工业中生产保险粉的一种重要原料。以往均用金属锌粉作主要原料。为节约金属，工业上曾用发生炉煤气与氢氧化钠合成甲酸钠。1971 年，有关厂家试验用转炉煤气合成甲酸钠制成保险粉，经使用证明完全符合要求。用转炉煤气合成甲酸钠，要求煤气中的 CO 含量至少为 60% 左右、氮含量小于 20%。每生产 1t 甲酸钠需用 600m³ 转炉煤气(标态)。

(2) 制合成氨。合成氨是我国农业普遍需要的一种化学肥料。由于转炉煤气的 CO 含量较高，所含磷、硫等杂质很少，是生产合成氨的一种很好的原料。利用煤气中的 CO，在触媒作用下使蒸汽转换成氢，氢又与煤气中的氮在高压(15MPa)下合成为氨。生产 1t 合成氨需用转炉煤气(标态)3600m³。以 30t 转炉为例，每回收一炉煤气可生产 500kg 左右的合成氨。利用合成氨还可制成多种氮肥，如氨分别与硫酸、硝酸、盐酸、二氧化碳作用，可以获得硫酸铵、硝酸铵、氯化铵、尿素或碳酸氢铵等。

B　回收烟尘的利用

在湿法净化系统中所得到的烟尘是泥浆。泥浆脱水后可以成为烧结矿和球团矿的原料，烧结矿为高炉的原料；球团矿可作为转炉的冷却剂，还可以与石灰制成合成渣，用于转炉造渣，能提高金属收得率。

C　回收蒸汽

炉气的温度一般为 1400～1600℃；经炉口燃烧后温度更高，可达 1800～2400℃。通过废热锅炉或汽化冷却烟道能回收大量的蒸汽，如每吨钢汽化冷却烟道的产汽量为 60～100m³。

2.5.2.5　烟气净化回收的防爆与防毒

A　防爆

转炉煤气中含有大量可燃成分 CO 和少量氧气，在净化过程中还混入了一定量的水蒸气。它们与空气或氧气混合后，在特定的条件下会发生爆炸，造成设备损坏甚至人身伤亡。因此，防爆是保证转炉净化回收系统安全生产的重要措施。

如果可燃气体同时具备以下条件，就会引起爆炸：

(1) 可燃气体与空气或氧气的混合比在爆炸极限的范围之内；

(2) 混合的温度在最低着火点以下，否则只能引起燃烧；

(3) 遇到足够能量的火种。

可燃气体与空气或氧气混合后，气体的最大混合比称为爆炸上限，最小混合比称为爆炸下限。在 20℃ 和常压条件下，几种可燃气体与空气或氧气混合的爆炸极限见表 2-11。

各种可燃气体的着火温度是：CO 与空气混合为 610℃，与氧气混合为 590℃；H_2 与空气混合为 530℃，与氧气混合为 450℃。

由此看出，氧气顶吹转炉煤气的 CO 含量和温度处于爆炸极限范围之内，所以在烟气净化系统中应严格消除火种，并采取如下必要的防爆措施：

(1) 加强系统的严密性，保证不漏气、不吸入空气；

表 2 - 11　可燃气体与空气或氧气混合的爆炸极限（20℃，常压）

气体种类	爆炸极限 w/%				气体种类	爆炸极限 w/%			
	与空气混合		与氧气混合			与空气混合		与氧气混合	
	下限	上限	下限	上限		下限	上限	下限	上限
CO	12.5	75	13	96	焦炉煤气	5.6	31		
H_2	4.15	75	4.5	95	高炉煤气	46	48		
CH_4	4.9	15.4	5	60	转炉煤气	12	65		

（2）氧枪及副枪插入孔、散状材料投料孔应采用惰性气体密封；

（3）设置防爆板、水封器，以备万一发生爆炸时能起到泄爆的作用，减少损失；

（4）配备必要的检测仪表，如安装磁氧分析仪，以随时分析回收煤气中的氧含量，并控制该含量低于容许范围。

B　防毒

转炉煤气中的 CO，在标准状态下其密度为 1.23kg/m³，是一种无色、无味的气体，对人体有毒害作用。CO 被人吸入后，经肺部进入血液，它与红血素的亲和力比氧大 210 倍，很快形成碳氧血色素，使血液失去送氧能力，使全身组织，尤其是中枢神经系统严重缺氧，导致煤气中毒，严重者可致死。

为了防止煤气中毒，必须注意以下几点：

（1）必须加强安全教育，严格执行安全规程；

（2）注意调节炉口微压差，尽量减少炉口烟气外逸；

（3）净化回收系统要严密，杜绝煤气的外漏，并在有关地区设置 CO 浓度报警装置以防中毒；

（4）煤气放散烟囱应有足够的高度，以满足扩散和稀释的要求；

（5）煤气放散时应自动打火点燃；

（6）加强煤气管沟、风机房和加压站的通风措施。

2.5.2.6　净化回收系统简介

A　OG 净化回收系统

图 2 - 73 是 OG 净化回收系统流程示意图。该系统是当前世界上未燃全湿法系统净化效果较好的一种，其主要特点为：

（1）净化系统设备紧凑。该净化系统由繁到简实现了管道化，系统阻损小，且不存在死角，煤气不易滞留，利于安全生产。

（2）设备装备水平较高。通过炉口微压差来控制二文的开度，以适应各吹炼阶段烟气量的变化和回收与放散的转换，实现了自动控制。

（3）节约用水量。烟罩及罩裙采用热水密闭循环冷却系统，烟道用汽化冷却，二文污水返回一文使用，明显地减少了用水量。

（4）烟气净化效率高。排放烟气的含尘浓度（标态）可低于 100mg/m³，净化效率高。

（5）系统安全装置完善。设有 CO 与烟气中 O_2 含量的测定装置，以保证回收与放散系统的安全。

（6）实现了煤气、蒸汽、烟尘的综合利用。

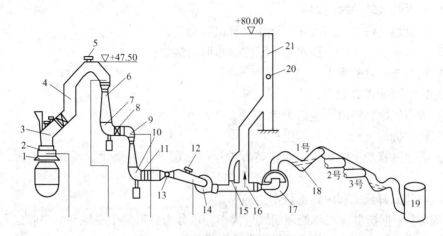

图 2-73 OG 净化回收系统流程示意图

1—罩裙；2—下烟罩；3—上烟罩；4—汽化冷却烟道；5—上部安全阀（防爆门）；6—一文；
7—一文脱水器；8，11—水雾分离器；9—二文；10—二文脱水器；12—下部安全阀；
13—流量计；14—风机；15—旁通阀；16—三通阀；17—水封逆止阀；
18—V 形水封；19—煤气柜；20—测定孔；21—放散烟囱

B 静电除尘干式净化系统

图 2-74 为德国萨尔茨吉特钢铁公司一座 200t 氧气顶吹转炉采用的静电除尘干式净化系统流程示意图。其工艺流程是：炉气与空气在烟罩和自然循环锅炉内混合燃烧并冷却，烟气冷却至 1000℃左右，进入喷淋塔后冷却到约 200℃，喷入的雾化水全部汽化。然后烟气进入三级卧式干法静电除尘器，集尘极板上的烟尘通过敲击清除，由螺旋输送机送走。净化后的烟气从烟囱点燃后放散。

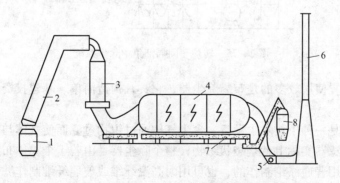

图 2-74 静电除尘干式净化系统流程示意图

1—转炉；2—自然循环锅炉；3—喷淋塔；4—三级卧式干法静电除尘器；5—风机；
6—带电点火器的烟囱；7—烟尘螺旋运输机；8—烟尘积灰仓

2.5.2.7 二次除尘系统及厂房除尘

车间的除尘包括二次除尘及厂房除尘。

A　二次除尘系统

二次除尘又称局部除尘。炼钢车间内需要经过局部除尘的部位如下：

（1）铁水装入转炉时的烟尘；

（2）回收煤气炉口采用微正压操作时冒出的烟尘；

（3）混铁车、混铁炉、铁水罐等倾注铁水时的烟尘；

（4）铁水排渣时的烟尘；

（5）铁水预处理的烟尘；

（6）清理氧枪粘钢时产生的烟尘；

（7）转炉拆炉、修炉时的烟尘；

（8）浇注过程产生的烟尘，如连铸拆除中间包所产生的烟尘、模铸整模所产生的烟尘等；

（9）辅助原料分配和中转部位产生的粉尘。

局部除尘根据扬尘地点与处理烟气量大小，可分为分散除尘系统与集中除尘系统两种形式。图 2 - 75 所示为转炉车间局部集中除尘系统。

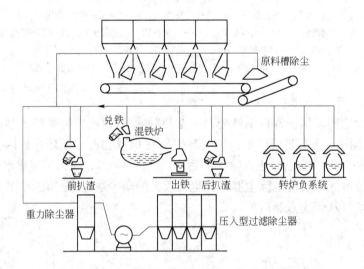

图 2 - 75　转炉车间局部集中除尘系统

局部除尘装置使用较多的是布袋除尘器，它具有构造简单、基建投资少、操作及管理方便等优点。

布袋除尘器是一种干式除尘设备。含尘气体通过织物过滤而使气体与尘粒分离，达到净化的目的。过滤器实际上就是袋状织物，整个除尘器是由若干个单体布袋组成的。

布袋一般是用普通涤纶制作的，也可用耐高温纤维或玻璃纤维制作滤袋。它的尺寸直径在 50 ~ 300mm 范围内，最长在 10m 以内。应根据气体含尘浓度和布袋排列的间隙，具体选择确定布袋尺寸。

根据含尘气体进入布袋的方式不同，布袋除尘器分为压入型和吸入型两种，如图 2 - 76 所示。从图 2 - 76（a）可以看出，布袋除尘器的主要部分由滤尘器、风机、吸尘罩和管道所组成，附属设备有自动控制装置、各种阀门、冷却器、控制温度装置、控制流量装置、灰尘输送装置、灰尘储存漏斗和消声器等。下面以压入型布袋除尘器为例简述其工作原理。

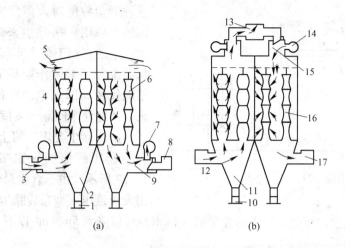

图 2 - 76　布袋除尘器的构造示意图

（a）压入型；（b）吸入型

1，10—灰尘排出阀；2，11—灰斗；3，8，12—进气管；4—布袋过滤；

5—顶层巷道；6，16—布袋逆流；7，14—反吸风管；9，15—灰尘抖落阀；

13—排出管道；17—输气管道

布袋的上端是封闭的，用成排链条或弹簧悬挂在箱体内；布袋的下端是开口的，用螺钉与分流板对位固定。在布袋外表面，每隔 1m 的距离镶一圆环。风机设在布袋除尘器的前面，通过风机后，含尘气体从箱体下部丁字管进入，经过分流板时粗颗粒灰尘撞击，同时由于容积变化的扩散作用而沉降，落入灰斗中，只有细尘随气体进入过滤室。过滤室由几个部分组成，而每个部分都悬挂着若干排滤袋。含尘气体均匀地流进各个滤袋，净化后的气体从顶层巷道排出。在连续一段时间滤尘后，布袋内表面积附一定量的烟尘。此时，清灰装置按照预先设置好的程序进行反吸风，布袋压缩，积灰脱落而进入底部的灰斗中，再由排尘装置送走。

与压入型布袋除尘器不同的是，吸入型布袋除尘器的风机设在布袋除尘器的后面，如图 2 - 76（b）所示。含尘气体被风机抽引，从箱体下部丁字管进入，净化后的气体从顶部排气管排出。

布袋除尘器是一种高效干式除尘设备，可以回收干尘，便于综合利用。但是无论用哪种材料制作滤袋，进入滤袋的烟气必须低于 130℃，并且不宜净化含有潮湿烟尘的气体。

压入型布袋除尘器是开放式结构，即使布袋内滞留有爆炸气体也没有发生爆炸的危险，而且构造比较简单；但风机叶片的磨损较为严重。吸入型布袋除尘器处于负压条件下工作，因而系统的漏气率较大，导致系统风机容量加大，必然会提高设备的运转费用；但风机的磨损较轻。局部除尘多采用压入型布袋除尘器。

局部除尘的各排烟点并非同时排烟，因此各排烟点都设有电动阀门，以适应其抽风要求。同时，风机本身有自动调节风量与风压的装置，以节约动力资源。

B　厂房除尘

局部除尘系统是不能把转炉炼钢车间产生的烟尘完全排出的，只能抽走冶炼过程所产生烟气量的 80%，剩余 20% 的烟气逸散在车间里。而遗留下来的微尘大多粒径小于 2μm，

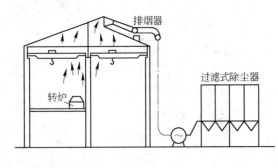

图 2 - 77　厂房除尘

这种烟尘粒度对人体危害最大，因此在国际上采用厂房除尘来解决。此外，厂房除尘还有利于整个车间进行换气降温，从而改善了车间作业环境。但厂房除尘不能代替局部除尘，只有将两者结合起来，才能使车间除尘发挥更好的效果。

厂房除尘要求厂房上部为密封结构，一般利用厂房的天窗吸引排气，如图 2 - 77 所示。由于含尘量较少，其一般采用大风量压入型布袋除尘器。

经过厂房除尘，车间空气中的含尘量（标态）可以降到 $5mg/m^3$ 以下，与一般环境中空气的含尘量相近。

2.5.2.8　钢渣处理系统

A　传统钢渣处理系统

钢渣占金属量的 8% ~ 10%，最高可达 15%。长期以来，钢渣被当成废物弃于渣场。通过近些年的试验研究，钢渣可以进行多方面的综合利用。

a　钢渣水淬

用水冲击液体炉渣可得到直径小于 5mm 的颗粒状水淬物，如图 2 - 78 所示。

渣罐或翻渣间的中间包下部侧面设有一个扁平的节流器，熔渣经节流器流出，用水冲击。淬渣槽的坡度应大于 5%。冲水量为渣重的 13 ~ 15 倍，水压为 $2.94 \times 10^5 Pa$。水渣混合物经淬渣槽流入沉渣室沉淀，用抓斗吊车将淬渣装入汽车或火车，运往用户。$w(P_2O_5) = 10\%$ ~ 20% 的水渣可作磷肥使用，一般水渣可用于制砖、铺路、制造水泥等。炉渣经过磁选还可

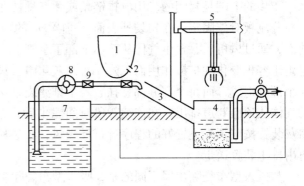

图 2 - 78　钢渣水淬
1—渣罐；2—节流器；3—淬渣槽；4—沉渣室；5—抓斗吊车；6—排水泵；7—回水池；8—抽水泵；9—阀门

以回收 6% ~ 8% 的金属铁珠，这部分金属铁珠可作为返回废钢使用。

b　用返回渣代替部分造渣剂

返回渣可以代替部分造渣材料用于转炉造渣，这也是近年来国内外试验的新工艺。采用返回渣造渣成渣快、炉渣熔点低、去磷效果好，并可取代部分或全部萤石，减少石灰用量，降低成本；尤其是在白云石造渣的情况下，对克服粘枪有一定效果，并有利于提高转炉炉龄。

炼钢渣罐运至中间渣场后热泼于地面热泼床上，自然冷却 20 ~ 30min，当渣表面温度降到 400 ~ 500℃ 时再用人工打水冷却，使热泼渣表面温度降到 100 ~ 150℃。用落锤砸碎结壳渣块及较厚的渣层，经磁选分离废钢后，将其破碎成粒度为 10 ~ 50mm 的渣块备用。

返回渣可以在开吹时一次加入，也可以在吹炼过程中与石灰等造渣材料同时加入，吨钢平均加入量为 15.4 ~ 28kg/t。

B　新型钢渣处理技术

新型钢渣处理技术是最新开发的一项环保新技术，利用高温钢渣自身余热和矿相组成发生变化时产生的热应力、化学应力、相变应力及外界机械破碎力，使冶金渣快速冷却、破碎，生成以硅酸三钙和硅酸二钙为主的颗粒状成品渣，同时保证金属和渣的完好分离。实践证明，新型钢渣处理技术工艺具有流程短、效率高、成本低、节能环保、安全可靠等多方面的优点，尤其是处理后的钢渣性能稳定、渣钢分离良好、可直接利用，克服了传统工艺流程长、占地面积大、扬尘严重等环保问题，在冶金渣处理领域越来越受到关注。

a　新型钢渣处理工艺

（1）工艺流程。新型钢渣处理技术工艺流程如图 2 - 79 所示。转炉车间产生的高温钢渣，经渣罐倒入旋转着的新型钢渣处理装置，在此快速完成冷却、固化、破碎和渣钢分离，形成颗粒均匀的成品渣，经汽车直接送至用户或经磁选回收渣钢后再送至用户，过程中产生的蒸汽由烟囱集中排放。

图 2 - 79　新型钢渣处理技术工艺流程

（2）工艺特点。与传统方法相比，新型钢渣处理工艺具有以下几方面的特点：

1）流程短，占地面积小；

2）本工艺中，高温钢渣的固化、冷却、破碎是在同一个设备内完成的，省去了传统工艺的堆放陈化和多级破碎、分选，因此流程简洁，占地面积不到传统工艺的 1/10；

3）投资省，费用低，一次性投资、备品备件和操作费用都比浅盘法、水淬法低；

4）设备安全可靠，操作简单，维修方便；

5）处理后渣粒度均匀（1 ~ 10mm 者占 80%），性能稳定，游离氧化钙（f - CaO）含量低，可直接利用；

6）渣钢分离良好，回收废钢的金属化率大于 90%，综合效益明显；

7）对环境友善，由烟囱排放蒸汽的含尘量低，SO_2 和 NO_x 浓度低，pH 值适中；

8）可适应多种炉渣的处理，如转炉渣、电炉渣、高炉渣、铸余渣等。

（3）主要工艺设备。新型钢渣处理工艺的主要设备分为炉渣运输系统、新型钢渣处理装置、冷却水系统和磁选系统。表 2 - 12 所示为新型钢渣处理工艺设备构成，表 2 - 13 所示为新型钢渣处理装置的设计参数。

表 2 - 12　新型钢渣处理工艺设备构成

炉渣运输系统	渣罐、渣罐台车、天车
新型钢渣处理装置	滚筒、链板输送机、烟道
冷却水系统	供水泵、蓄水池
磁选系统	磁选机

表 2 – 13　新型钢渣处理装置的设计参数

项　目	设 计 指 标	备　注
处理能力/t · min⁻¹	3	
转速/r · min⁻¹	0 ~ 5	
入渣温度/℃	1400 ~ 1500	
出渣温度/℃	70 ~ 100	
排放蒸汽含尘浓度/mg · m⁻³	< 150	
成品渣粒度/mm	< 120	
成品渣游离 CaO 含量/%	< 4	符合国家建材标准
滚筒直径/m	8	
主电动机功率/kW	200 × 2 台	
总占地面积/m²	约 70	

b　新型钢渣处理装置的效果

经过多年的完善和发展，新型钢渣处理装置不仅能够处理流动性好的液态钢渣，而且能够处理黏度较大、流动性较差的溅渣护炉渣。

生产实践表明，流动性好的渣容易处理，进渣速度快；黏度大的渣难处理，进渣速度相对慢一些。理论分析认为，处理 1.0t 1400℃的钢渣需要消耗 0.5 ~ 0.6t 冷却水，因此，吨渣供水量维持在 1.0t 左右比较适宜。

新型钢渣处理装置的不断完善和连续运转，既降低了滚筒的备件资材消耗，又减少了浅盘及其附属设施的使用率，从而大大降低了其维修费用，使得滚筒、浅盘及整个渣处理成本逐年下降，某厂新型渣处理车间历年设备消耗费用比较如表 2 – 14 所示。

表 2 – 14　某厂新型渣处理车间历年设备消耗费用比较　　　　　　（万元）

设 备 名 称	2001 年		2003 年		2004 年	
	滚筒	浅盘	滚筒	浅盘	滚筒	浅盘
处理钢渣炉数/炉	227	—	1242	—	3908	3717
每年单体设备总费用/元	125.9	720.9	235.5	437.1	232.8	247.3
每炉渣平均费用/元	5546		1896		596	665
年度车间设备总费用/元	846.8		672.6		480.1	

新型钢渣处理装置处理前后钢渣的化学成分（如表 2 – 15 所示），除游离氧化钙有较大的降解外，其他组成没有明显变化，主要是由于整个处理过程是在高温下快速完成的，钢渣中原有的游离氧化钙绝大部分转化成硅酸三钙和蔷薇辉石，少量溶解到水中的缘故，这一点从总的钙含量基本保持不变可以得到印证。

表 2 – 15　处理前后钢渣的化学成分（质量分数）　　　　　　（%）

成分	f – CaO	TFe	FeO	CaO	MgO	SiO₂	Al₂O₃	P₂O₅	MnO	S
处理前	7.04	26.07	18.91	40.29	9.43	7.87	1.93	1.87	3.92	0.04
处理后	2.65	25.26	16.91	39.71	9.0	8.51	1.50	1.79	4.09	0.04

渣样的 X 射线衍射显示，处理前渣中含有较多的 f - CaO，而处理后渣样中多了硅酸三钙（C_3S）、蔷薇辉石（$Ca_3TiFeSi_3O_{12}$）、$Ca(OH)_2$ 以及游离的铁，这与化学分析的结果基本吻合，同时也说明新型钢渣处理技术的渣铁分离能力非常好。

新型钢渣处理装置处理过程中产生的蒸汽由烟囱集中排放，经测定，平均含尘浓度为 93.4mg/m^3，SO_2 的排放浓度为 65.7mg/m^3，NO_x 的排放浓度仅为 2.8mg/m^3。

新型钢渣处理装置处理后的钢渣已代替碎石用于铁路、公路路基、工程回填、修筑堤坝等，还可代替细骨料作渣砖（如彩色地砖）、电缆槽制品；另外，滚筒渣用于烧结辅料、水泥原料等方面也已经过实践验证，可大量使用。

总之，相对于传统的渣处理技术而言，新型钢渣处理技术工艺具有许多优越性，其不仅能处理流动性好的液态渣，对于那些因溅渣护炉而产生的流动性较差、黏度较大的冶金渣和块度适中的固态渣，都能进行快速处理并最终形成颗粒均匀、性能较稳定、可以直接利用的商品渣。该技术的不断推广将对我国的冶金渣处理行业产生一次新的革命，使冶金企业更环保、更具市场竞争力。

2.5.2.9　含尘污水处理系统

氧气转炉的烟气在全湿法净化系统中形成大量的含尘污水，污水中的悬浮物经分级、浓缩沉淀、脱水、干燥后将烟尘回收利用。经过去污处理后的水还含有 500 ~ 800mg/L 的微粒悬浮物，需处理澄清后再循环使用，其流程如图 2 - 80 所示。

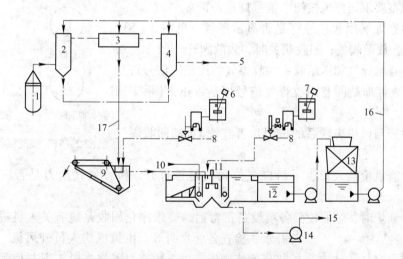

图 2 - 80　含尘污水处理系统

1—转炉；2 ~ 4—烟气冷却净化系统；5—净化后的烟气；6—苛性钠注入装置；
7—高分子絮凝剂注入装置；8—压力水；9—粗颗粒分离器；10—压缩空气；
11—沉淀池；12—清水池；13—冷却塔；14—泥浆泵；15—真空过滤机；
16—净水返回；17—净化系统排出污水

从净化系统排出的污水悬浮着不同粒度的烟尘，沿切线方向进入粗颗粒分离器，通过旋流器后，大颗粒烟尘被甩向器壁而沉降下来，降落在槽底，经泥浆泵送至过滤脱水。悬浮于污水中的细小烟尘随水流从顶部溢出，流向沉淀池。沉淀池中的烟尘在重力作用下慢慢沉降于底部，为了加速烟尘的沉降，可向水中投放硫酸铵、硫酸亚铁或高分子微粒絮凝剂聚丙烯酰胺。澄清的水从沉淀池顶部溢出并流入清水池，补充部分新水后仍可循环使用。沉淀池底部的泥浆经泥浆泵送往真空过滤机脱水，脱水后的泥饼仍含有约 25% 的水分，烘干后供用户使用。

污水在净化处理过程中溶解了烟气中的 CO_2 和 SO_2 等气体，这样水质呈酸性，对管道、喷嘴、水泵等都有腐蚀作用。为此，要定期测定水的 pH 值和硬度。当 pH < 7 时，应补充新水，并适量加入石灰乳，使水保持中性。当转炉用石灰粉末较多时，其被烟气带入净化系统并溶于水中，生成 $Ca(OH)_2$。$Ca(OH)_2$ 与 CO_2 作用形成 $CaCO_3$ 沉淀，容易堵塞喷嘴和管道。因此，除了尽量减少石灰粉料外，当检测发现水的 pH > 7（呈碱性）时，也应补充新水，同时可加入少量的工业酸，以保持水的中性。汽化冷却烟道和废热锅炉用水为化学纯水，并经过脱氧处理。

2.5.3　任务实施

2.5.3.1　检查除尘及煤气回收设备

A　目的与目标

确认设备完好正常，能及时发现设备故障。

B　操作步骤或技能实施

（1）观察风机故障信号灯。该灯不亮，表示风机正常；该灯亮，表示风机有故障。

（2）观察要求送停风按钮、信号灯是否正常。

（3）观察煤气回收信号灯是否显示正常。见图 2 - 81，回收阀开时，放散阀关；回收阀关时，放散阀开。

图 2 - 81　煤气回收信号图

（4）检查与煤气加压站联系回收煤气的按钮、信号灯是否正常，检查煤加站同意回收煤气信号灯是否正常（手工回收煤气用）。

（5）检查与风机房联系的按钮是否有效（自动回收煤气用）。

（6）检查氧枪插入口、下料口氮气阀门是否打开，检查氮气压力是否满足规程要求。

（7）开新炉时，炉前校验各项设备正常后，要求净化回收系统有关人员进行汽化冷却补水、检查各处水封等。由风机房人员开风机。若是正常的接班冶炼操作，以上检查只需将当时工况与信号灯显示状态对照，相符即可。

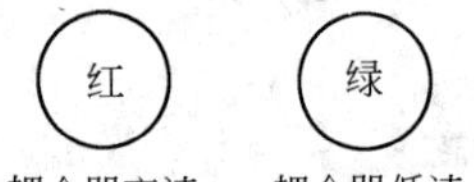

图 2 - 82　炉气外逸警告

（8）吹炼过程中发现炉气外逸严重时，需观察耦合器高、低速信号灯显示是否正常，见图 2 - 82，若不正常应与风机房联系，要求处理。

C　注意事项

（1）观察炉口烟气，若严重外冒（异常），需与风机房联系。

（2）严格按操作规程的规定进行煤气回收。

（3）发现汽化冷却烟道发红或漏水时，应及时报告净化回收系统有关人员。

2.5.3.2　使用除尘及煤气回收设备

A　目的与目标

学会正确使用除尘和煤气回收装置，确保除尘和煤气回收装置安全运行。

B　操作步骤或技能实施

（1）降罩操作。首先确认降罩系统完好，再进行降罩操作。降罩操作可以使炉口不吸入或少吸入空气，保证含有较多 CO 的烟气不与空气中的氧发生大量的化学反应，确保烟气中 CO 含量高且稳定，这种未燃法净化烟气可获得 $w(CO) > 60\%$ 的高质量煤气。若不进行降罩操作，即为燃烧法，得到的是废气，浪费了二次能源且除尘困难。降罩操作要求在开氧吹炼后 $1 \sim 1.5min$ 进行。

（2）要求吹炼过程平稳，不得大喷。若炉内发生大喷，金属液滴、渣滴将获得巨大的动能，其中可能有一些会冲过一级文氏管的水幕，保持红热状态，即将"火种"带入了一文。由于此处具有的烟气成分、温度在爆炸范围内，一旦有了火种就极易造成一文爆炸。操作中为避免大喷，必须注意及时、正确地加料和升降氧枪的配合。

（3）使用煤气回收装置。使用煤气回收装置时，必须严格执行煤气回收操作规程和煤气回收安全规程。执行回收操作的前提是：氧压正常，回炉钢水少于 1/2，塞好出钢口。

（4）手工回收煤气。

1）降罩。吹氧后在规定时间转动"烟罩"开关至"降罩"位置。烟罩下降，使未燃烟气冲洗烟筒。

2）回收。在规定的时间范围内按下要求回收煤气按钮，要求回收信号灯亮。待同意回收信号灯亮时表示煤气加压站同意回收，即按"回收"按钮，三通阀动作，开始回收。

3）放散。待煤气回收至允许回收时间的上限时，按下"放散"按钮，三通阀动作，开始放散烟气。

4）提罩。用废气清洗烟道一段时间后提罩，即转动"烟罩"开关至"提罩"位置。

"降罩"和"提罩"操作当烟罩到位后，"烟罩"开关需恢复至零位。操作期间应观察信号灯变化。各操作步骤的具体时间经反复实践后制订，在各厂煤气回收规程中可见。某厂 30t 转炉的规定为：降罩时间 $1 \sim 1.5min$，回收时间 $3 \sim 10min$，放散后至提罩时间大于 30s。如回收期间发生大喷，必须立即放散。

（5）自动回收煤气。在规定时间内将"烟罩"开关转至"降罩"位置，当烟罩就位后将"烟罩"开关恢复至零位。降罩后，自动分析装置开始不断分析其烟气成分。当自动回收煤气装置收到三个信号（即开氧信号、降罩信号、烟气成分符合回收要求信号）时，会进行自动回收。当其中任一条件不符合设计要求时，又会自动放散。自动回收煤气装置主要设计的成分是 CO 和 O_2 的含量，其数据由理论、实验和用户要求三个方面反复修正而定。操作期间应观察煤气自动回收系统回收信号灯、放散信号灯的指示是否正常。若发现自动回收系统有故障或炉前发生大喷，要求结束自动回收，可按警铃（此铃直接与风机房联系）或打电话联系，立即改为"放散"状态。

C　注意事项

正确使用除尘及煤气回收装置是确保除尘及煤气回收系统安全、正常运行的关键，所以上述操作内容必须严格按照操作规程进行。特别是操作中发生大喷现象时，必须立即停止煤气回收，否则易造成一文爆炸。

子任务2.6　转炉车间生产物流组织

2.6.1　任务描述

转炉车间生产物流组织属于多种物料、采用多种运输方式的生产物流组织。

（1）转炉用铁水是用铁水罐车或鱼雷混铁车在高炉下承接铁水，经机车牵引至炼钢车间，然后将铁水罐的铁水兑入混铁炉。按需求再将混铁炉（车）中的铁水出到铁水包中，用天车加入转炉。

（2）造渣材料经地下料仓，用皮带输送至高位料仓，按需求经称量、汇集后通过溜槽加入炉内。

（3）氧气经供氧管道运至炼钢车间，由吹氧工在中控室控制。

（4）铁合金用汽车运至车间，然后用天车吊入料仓，按需求称量后可通过平台或高位料仓，经溜槽加入正在出钢的钢包。

（5）冶炼过程中要控制除尘和煤气的回收。

（6）出钢后，钢包要运到铸钢间。将炉渣倒入渣罐，用机车牵引至渣场处理。

（7）其他辅助材料，如补炉料、测温头、更换的氧枪等，也要及时运至工位。

2.6.2　相关知识　转炉炼钢车间的生产流程

转炉炼钢生产主要由以下四个系统构成：

（1）原料供应系统，即铁水、废钢、铁合金及各种辅助原料的储备和运输系统，包括铁水的预处理系统；

（2）转炉的吹炼、钢水的精炼与浇注系统；

（3）供氧系统；

（4）烟气净化与煤气回收系统。

2.6.2.1　炼钢车间的组成与任务

转炉炼钢车间的各主要作业是在车间的主要跨间、辅助跨间和附属跨间内完成的。因此，一般情况下，完整的氧气转炉车间应包括以下三部分：

（1）主要跨间。主要跨间由转炉跨、浇注跨、精炼跨、加料跨组成，又称为车间主厂房。其主要完成加料、吹炼、出钢、出渣、精炼、浇注、烟气的净化与回收等任务，因此是车间的主体和核心部分。

（2）辅助跨间。辅助跨间包括原料的准备、浇注前的准备、铸坯或钢锭的精整等跨间。

（3）附属跨间。附属跨间包括炼钢所需的石灰、白云石等原料的焙烧系统，机修、制氧、供水等系统以及炉渣的处理、烟尘的处理等系统。

2.6.2.2　各类型氧气转炉车间的特点

氧气转炉车间的类型主要是根据车间的生产规模、厂房结构、跨间布置、浇注方法和运输方式等几方面来划分。

A　按生产规模划分

按生产规模不同，氧气转炉车间可分为大型、中型和小型三类。目前在国内，一般年产钢量在 100 万吨以下的为小型车间，年产钢量在 100 ~ 200 万吨的为中型车间，年产钢量在 200 万吨以上的为大型车间。

B　按主厂房跨间划分

按主厂房的跨间数不同，氧气转炉车间可以分为单跨式车间、双跨式车间和多跨式车间等。

（1）单跨式车间。单跨式车间是将炼钢生产的主要工序及设备布置在一个跨间的主厂房，即将加料、吹炼、出钢、出渣、浇注、修炉、精整等作业都集中在一个跨间内进行。其特点是：车间厂房狭长，设备布置拥挤，劳动条件差，生产率低。这种形式目前已很少见了。

（2）双跨式车间。双跨式车间的主厂房由主跨和副跨组成，如图 2 – 83 所示。一般在主跨内进行铁水储存与供应（混铁炉、化铁炉、铁水罐车）、转炉吹炼、修炉、散状材料供应等作业，在副跨内进行浇注前的准备、浇注、脱模、精整、出渣等作业。其特点是：这种形式的厂房比单跨式增加了作业面积，减少了车间内的干扰，改善了劳动条件，有利于提高生产率和钢质量。如果将其与小型连铸相配合，将会使车间的生产进一步改善。过去我国小型转炉车间多采用这种布置。

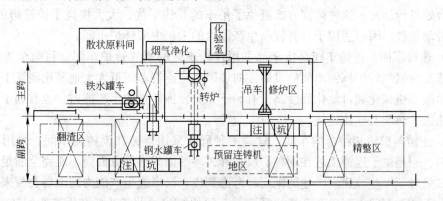

图 2 – 83　双跨式氧气转炉车间

（3）多跨式车间。多跨式车间的主厂房设有三个或三个以上的跨间，如图 2 – 84 所示。主厂房内最基本地应设有加料跨、转炉跨和浇注跨三个跨间，炼钢生产的主要工序分别在各跨间内进行。其特点是：各跨间的作业、吊车及物料运输线的专用化程度高，互相干扰减少，劳动条件也大大改善，适用于具有高生产率的大、中型车间。

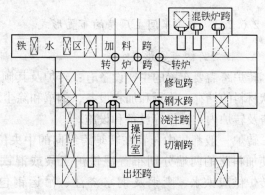

图 2 – 84　多跨式氧气转炉车间

C　按转炉操作平台划分

按转炉操作平台所处位置的不同，氧气转炉车间可分为低架式和高架式两类。

(1) 低架式(又称为地坑式)。转炉的操作平台在车间的地平面上，渣斗置于炉坑中，用吊车吊着钢包下降到地坑内出钢。其缺点是：地坑出渣后清渣困难，劳动条件差，转炉作业率低。因此，此类车间已被淘汰。

(2) 高架式。转炉周围建有高架操作平台，渣罐(斗)置于地面的渣车上。其优点是：转炉下可采用电动平车出钢，减轻了吊车负荷，也解决了出渣和清渣的困难，改善了劳动条件，提高了转炉作业率。目前，新建的大、中、小型氧气转炉车间大都采用这种形式。

D　按浇注方法划分

按所采用浇注方法的不同，氧气转炉车间可分为模铸车间、连铸车间和连铸与模铸相结合的车间。

(1) 模铸车间。

1) 坑铸。浇注底板置于车间地平面上(也有放在地坑内的，因其劳动条件差而很少被采用)，修砌底板、摆模以及浇注等作业都在原处进行。这种方式可省去底板运送设备，但浇注与整脱模的互相干扰大，劳动条件差，铸锭能力小，只适用于生产能力不大的小型转炉车间。

2) 车铸。底板和锭置于注车上，在专门的整脱模跨准备好后，运送至铸锭跨间的铸锭平台处进行浇注。这种铸锭方式避免了吊车的互相干扰，大大提高了铸锭跨的能力，改善了劳动条件，因而适用于具有较高生产能力的大、中型转炉车间。

(2) 连铸车间。连铸车间是指全部采用连铸工艺的氧气转炉车间。目前全连铸已成为新建或改建氧气转炉炼钢车间的发展方向。因为全连铸车间可大大地简化浇注工艺流程和运输组织，机械化和自动化程度高，有利于充分发挥转炉的生产能力，也有利于实现铸坯直接热送、热装及连铸连轧。

(3) 连铸与模铸相结合的车间。这是一种同时采用连铸和模铸的车间。采用这类车间的原因，一是由于连铸工艺在钢种、质量和铸坯断面规格等方面尚不能完全满足生产的要求；二是对于一些改建、扩建的钢厂，考虑到废弃已形成生产能力的设备会带来巨大的损失。由于这类车间需配置两套浇注系统，车间的组成、设备装备和生产组织较为复杂。随着连铸品种的扩大、质量的提高，这类车间正在减少。

2.6.2.3　炼钢车间主厂房的布置形式

A　转炉跨的布置形式

转炉跨需要布置的主要设备有：转炉及其倾动机构，氧枪和副枪的升降及更换系统，散状材料的储存、称量和加料设备，烟罩和除尘设备，铁合金的供应和烘烤设备，出钢和出渣及转炉内衬拆修等设备和设施。

转炉一般都集中布置在转炉跨纵向的中央位置，沿厂房柱子纵向排成一行。这样可以使加料跨的两端分别布置混铁炉工段或混铁车倒罐站和废钢工段。这种布置方案，向转炉供应铁水、废钢及钢水浇注、吊运钢包的距离较短，可减少车间设备的相互干扰。

从炉下钢包车行走线的轨面起，要布置转炉、氧枪、副枪、供料系统、除尘系统等有关设备。为了布置、操作和检修这些设备，需要在不同的标高上设置工作平台。按照作业系统和工艺操作的要求，一般需要设置转炉操作平台、散状材料系统平台、氧枪系统平台、副枪工作平台、除尘系统平台以及有其他特殊需要的平台等，如图 2-85 所示。

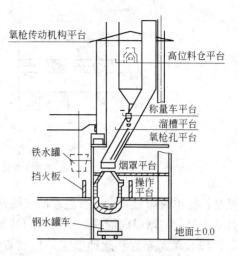

图 2-85　转炉跨主要平台示意图

（1）转炉操作平台。转炉操作平台包括炉前与炉后操作平台。其作用是：供冶炼操作取样、测温、开堵出钢口、挡渣出钢、补炉和进行脱氧加合金料等操作使用。

（2）散状材料系统平台。散状材料系统平台的布置与供料方式有关。大、中型氧气转炉车间的散状材料系统平台一般应有以下三层平台：

1）加料溜槽平台，用来检修加料溜槽。

2）称量漏斗平台，供检修称量漏斗、阀门或给料器使用。

3）高位料仓平台。供检查高位料仓存料情况及检修运料设备使用。

（3）氧枪系统平台。大、中型氧气转炉车间的氧枪系统平台一般应有以下三层平台：

1）氧枪口平台，用来检修氧枪孔密封装置或清除氧枪粘钢，其标高与烟罩上的氧枪插入孔标高相同。

2）氧枪传动机构安装平台。

3）氧枪软管平台，用于安装氧枪的氧气管、给排水管道与软管的接头阀门。

（4）副枪工作平台。副枪的升降传动机构以及副枪检修、探头储备和更换、杯样的风动输送等作业，都应设有相应的平台。

（5）除尘系统平台。除尘系统应有供清灰、检修设备使用的平台，汽化冷却汽水分离器、蒸汽包也应设有相应的平台。采用未燃法净化回收系统时，应有用于安装、检修活动烟罩传动设备及密封设施的作业平台以及供活动烟罩移出停位的平台。

由上述可知，在转炉跨的不同标高上需要设置许多平台，但实际上有不少平台可以共用或采用局部平台。

B　加料跨的布置形式

加料跨的任务是：保证及时、快速地向转炉提供铁水和废钢，以及供应铁合金和补炉用的耐火材料。其采用较多的布置形式是将混铁炉和废钢场分别布置在加料跨的两端。

a　混铁炉在加料跨中的位置

混铁炉在加料跨中的布置形式有两种，即双跨布置和单跨布置，如图 2-86 所示。

（1）双跨布置。将混铁炉放在两跨之间，使出铁水和进铁水分别在两跨进行。其优

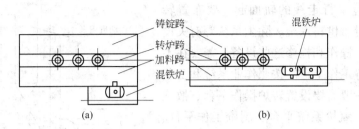

图 2-86　混铁炉在加料跨中的布置形式

(a) 混铁炉双跨布置；(b) 混铁炉单跨布置

点是：比单跨布置减少了石墨片的飞扬，减轻了加料跨内桥式起重机作业时的相互干扰。其缺点是：需增设向混铁炉兑铁水的吊车，另外，厂房的投资也会增加。

(2) 单跨布置。此种形式厂房布置紧凑，投资较省，桥式吊车可以和加料跨共用；但要求向混铁炉兑铁水的吊车轨道标高，与向转炉兑铁水和加废钢的吊车轨面标高一致，以使这些作业都能顺利进行。其缺点是劳动条件较差。

一般情况下，中、小型转炉车间采用混铁炉单跨布置较为合适；在炉子容量较大、炉座较多的车间，采用双跨布置较为合理。

　b　废钢间的布置

废钢间的布置形式有如下三种：

(1) 废钢间布置在加料跨的一端，如图 2-87 所示。一般都是在储存废钢而不进行废钢的加工处理时采用这种形式。其特点是：布置紧凑，占地面积小，可以共用吊车，与转炉联系方便。但因其房架高，厂房造价较贵，也不便于处理大量废钢。

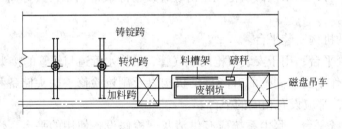

图 2-87　废钢间布置在加料跨的一端

(2) 独立废钢间。企业内将回收的废钢集中，经过加工处理后，用平板车经铁水线运送废钢料槽。其特点是：可使废钢间的厂房简化，而转炉车间里只需铺设存放废钢料槽的铁路线或料槽架即可；但是占地较多，改变废钢需要量时，加料跨需设有称量设备。

(3) 废钢间与加料跨相毗邻布置。用横向渡车运送废钢料槽，废钢小车可以在与转炉操作平台相同标高的平台上或地平面上横向行走，将料槽送入加料跨。这种布置形式被新建转炉车间所广泛采用，如图 2-88、

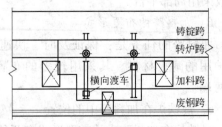

图 2-88　废钢间与加料跨相毗邻
布置的示意图

图 2 - 89 所示。

C 连铸跨的布置形式

a 连铸机在主厂房内的平面布置

连铸机在主厂房内的布置有横向布置、纵向布置及靠近轧钢车间布置等几种形式。

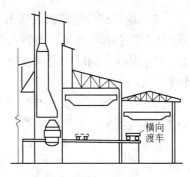

图 2 - 89 废钢间与加料跨相毗邻布置的断面图

（1）横向布置。横向布置是指连铸机的中心线与厂房纵向柱列线相垂直的布置形式，如图 2 - 90 所示。其特点是：钢包运输距离短，物料流向合理，便于增建和扩大连铸机的生产能力。它把不同的作业分散在多个跨间内进行，各项操作的相互干扰少，适用于全连铸车间的布置和多台连铸机的成组布置。

（2）纵向布置。纵向布置是指连铸机的中心线与厂房纵向柱列线相平行的布置形式，如图 2 - 91 所示。其特点是：转炉跨与连铸跨之间用钢包运输线分开，钢水可分别用吊车供应至各台连铸机，比较方便；但车间一般较长，再新建连铸机比较困难。

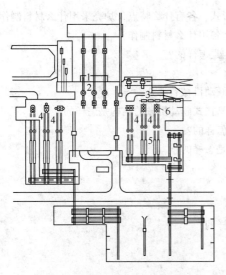

图 2 - 90 连铸机横向布置示意图

1—操作台;2—转炉;3—铸锭设备;4—连铸机;
5—铸坯运行辊道;6—大包转台

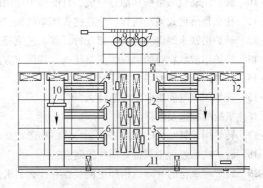

图 2 - 91 连铸机纵向布置示意图

1 ~ 6—连铸机; 7 ~ 9—转炉; 10—过跨车;
11—精整作业线; 12—吊车

（3）靠近轧钢车间布置。这种布置方式是将连铸机由炼钢车间主厂房移至靠近轧钢车间处，以保证得到高温铸坯，为实现铸坯的热送或直接轧制创造条件。

b 连铸机在主厂房内的立面布置

连铸机在主厂房内的立面布置有高架式、地坑式和半地坑式。

（1）高架式。整台连铸机设备基本上置于车间地平面以上，可直接由地面出连铸坯。其优点是：操作空间大，检修设备和处理事故较方便；由于是地面出坯，不需要专门的连铸坯出坑设备，连铸坯运输方便；同时，通风良好，污水排出方便。其缺点是：厂房高度稍高，投资费用较大，若钢水回炉或改为模铸时需用时间较长。

（2）地坑式。连铸机设备有 2/3 以上置于车间地平面以下。其优点是：厂房高度可以降低，投资省，并可以布置在铸锭跨的任意位置。其缺点是：地坑深，铸坯运出地面必须设专用设备；同时，通风及排水设备也不方便；此外，设备检修条件差。建设初期多为此种形式。

（3）半地坑式。整台连铸机设备大约有一半置于车间地平面以上，另一半则置于地坑中。其特点是：尽管投资费用稍有减少，但仍具有地坑式的特点，属于地坑式。

复习思考题

2-1　转炉的公称吨位怎样表示，我国顶吹转炉的最大公称吨位是多少？

2-2　什么是转炉炉型，选择转炉炉型的依据有哪些？

2-3　转炉炉型有哪几种，各有什么特点？

2-4　转炉炉型各主要尺寸是怎样确定的？

2-5　转炉为什么采用水冷炉口，怎样维护炉帽？

2-6　转炉炉体由哪几部分组成，炉底的结构有哪两种形式，各有什么特点，炉壳采用什么材料制作？

2-7　转炉托圈与耳轴的作用是什么，其结构是怎样的，各用什么材料制作？

2-8　转炉托圈与炉身的连接固定装置有哪几种，其结构是怎样的？

2-9　对转炉的倾动速度和倾动角度有哪些要求？

2-10　转炉倾动机械由哪几部分组成，目前转炉使用的倾动机械有哪几类？

2-11　什么是落地式倾动机械、全悬挂式倾动机械，全悬挂式倾动机械的结构是怎样的？

2-12　转炉用铁水的供应方式有哪几种，其工艺流程是怎样的？

2-13　转炉用散状材料的供应特点是什么，其供应方式是怎样的？

2-14　转炉用合金料的供应方式是怎样的？

2-15　转炉用氧气的制取原理是什么？

2-16　氧枪的构造是怎样的？

2-17　转炉用氧气喷头的作用是什么，其结构形式是怎样的？

2-18　转炉吹炼过程中氧枪有哪些控制点？

2-19　转炉对氧枪的升降机构和更换装置有什么要求？

2-20　氧枪升降机构的传动是怎样的？

2-21　转炉炼钢的副枪有哪几种类型？

2-22　副枪的传动及其控制系统如何？

2-23　副枪如何测温、定碳？

2-24　什么是烟气、炉气和烟尘？

2-25　什么是燃烧法、未燃法，什么是湿式净化、干式净化？

2-26　OG 系统的工艺流程是怎样的，有哪些特点？

2-27　烟罩和烟道的作用是什么，烟罩的结构是怎样的？

2-28　汽化冷却的原理是怎样的，它有哪些优点？

2-29　汽化冷却烟道的结构形式是怎样的？

2-30　文氏管的结构是怎样的，为什么能起到冷却、净化的作用？

2-31　溢流文氏管的溢流水封的作用是什么，可调文氏管的作用是什么？

2-32　脱水器的作用是什么，有哪几种类型？

2-33 水封器的作用是什么？

2-34 水封逆止阀的作用是什么，其结构是怎样的？

2-35 对转炉除尘用风机有哪些要求？

2-36 煤气柜的作用是什么，其容量大小如何考虑，它有哪几种类型？

2-37 转炉放散烟囱的作用是什么，对其有哪些要求？

2-38 静电除尘的基本原理是怎样的？

2-39 车间的除尘包括哪些内容？

2-40 布袋式除尘器的工作原理是怎样的？

2-41 简述转炉炼钢车间的组成与任务。

任务3 转炉炼钢原料准备操作

子任务3.1 废钢验收与装槽供应操作

3.1.1 任务描述

（1）废钢进入转炉车间后，首先应按重量、合金成分含量进行分类，分别堆放，按冶炼需要将优质废钢集中使用；

（2）将轻薄料进行打包；

（3）按配料单要求，指挥磁盘吊向废钢料槽内按轻重搭配的要求吊装废钢；

（4）指挥天车将装好废钢的料槽吊运至转炉炉前。

3.1.2 相关知识 废钢

废钢是氧气顶吹转炉炼钢的主原料之一，是冷却效果稳定的冷却剂，通常占装入量的30%以下。适当地增加废钢比，可以降低转炉钢消耗和成本。

3.1.2.1 废钢的来源

废钢按来源可分类如下：

$$\text{废钢}\begin{cases}\text{本厂废钢}\begin{cases}\text{返回料（废钢锭、轧钢切头等）}\\\text{回收料（加工废料、报废设备等）}\end{cases}\\\text{外购废钢}\begin{cases}\text{加工工业的废料（机械、造船、汽车等行业的废钢、车削屑等）}\\\text{钢铁制品报废件（船舶、车辆、机械设备、土建材料等）}\end{cases}\end{cases}$$

废钢来源复杂，质量差异大。其中以本厂返回料或者某些专业性工厂返回料的质量最好，其成分比较清楚，性质波动小，给冶炼过程带来的不稳定因素少。外购废钢则成分复杂，质量波动大，需要适当加工和严格管理。一般根据成分、重量可以把废钢按质量分级，将优质废钢与劣质废钢相区分。在转炉配料时，应按成分或冶炼需要将优质废钢集中使用或搭配使用，以提高废钢的使用价值。

3.1.2.2 转炉冶炼对废钢的要求

废钢质量对转炉冶炼的技术经济指标有明显影响。从合理使用和冶炼工艺出发，对废钢的要求如下：

（1）不同性质的废钢应分类存放，以避免贵重合金元素损失或造成熔炼废品。

（2）废钢入炉前应仔细检查，严防混入封闭器皿、爆炸物和毒品；严防混入易残留于钢水中的某些元素，如铅、锌等有色金属（铅的密度大，能够沉入砖缝危害炉底）。

（3）废钢应清洁、干燥，尽量避免带入泥土、砂石、耐火材料和炉渣等杂质。

（4）废钢应具有合适的外形尺寸和单重。轻薄料应打包或压块使用，以保证废钢密度；重废钢应能顺利装炉且不撞伤炉衬，必须保证废钢在吹炼期全部熔化。如使用大型废钢，则其在整个吹炼过程中不会全部熔化，这是造成出钢量波动和炉内温度与成分不均匀的原因。在装入大型废钢时，对炉体衬砖有很大的冲击力，会降低转炉装料侧的使用寿命。大量使用轻型废钢时，会使废钢覆盖住熔池液面而不易送氧点火（推迟着火时间）。重型废钢需经破碎加工，合乎要求后再入转炉。各厂家可根据自己的生产情况，对入炉废钢的外形尺寸和单重做出具体规定。例如，首钢 30t 转炉规定，废钢最大边长不大于 400mm，最大面积不大于 $0.21m^2$，最大单重小于 200kg；再如，宝钢 300t 转炉规定，入炉废钢最大边长不大于 2000mm，最大单重为 2.0t 左右。

在铁水供应严重不足或废钢资源过剩的某些国外钢厂，为了大幅度增加转炉废钢比，广泛采用如下技术措施：

（1）在转炉内用氧－天然气或氧－油烧嘴预热废钢，这种方法可将废钢比提高到 30% ~40%；

（2）使用焦炭和煤粉等固态辅助燃料，这种方法可将废钢比提高到 40% 左右；

（3）使用从初轧返回的热切头废钢；

（4）在吹氧期的大部分时间里使用双流道氧枪进行废气的二次燃烧，它与兑铁水前预热废钢相比，耗费时间缩短，冶炼的技术经济指标改善，是比较有前途的增加废钢比的方法。

3.1.2.3　废钢质量对冶炼的影响

A　废钢成分对冶炼的影响

废钢成分对冶炼的影响与铁水成分对冶炼的影响相同。

B　废钢外观质量对冶炼的影响

废钢外观质量要求洁净，即要求少泥沙、少垃圾和无油污，不得混入橡胶等杂物，否则会使熔池内 SiO_2、Al_2O_3、[H]、[P]、[S] 等杂质增加，其结果是将增加冶炼的难度和熔剂等的消耗，降低钢的质量。

另外，严禁混入密封容器，因为它受热膨胀，容易造成爆炸恶性事故。

炉料还要求少锈蚀。锈的化学成分是 $Fe(OH)_2$ 或 $Fe_2O_3 \cdot H_2O$，在高温下会分解而使 [H] 增加，在钢中产生白点，会降低钢的力学性能（特别是使钢的塑性严重恶化）；而且锈蚀严重时会使金属料失重过甚，不仅使钢的收得率降低，而且还会因钢水量波动太大而导致钢水的化学成分出格。

C　废钢块度对冶炼的影响

入炉废钢的块度要适宜，对转炉来讲，一般以小于炉口直径的 1/2 为宜，单重也不能太大。如果废钢太重、太大，可能会导致入炉困难，入炉后由于其对炉衬的冲击力太大，会影响炉衬的寿命；个别大块废钢入炉后甚至到冶炼终点时还不能全部熔化，出钢后会造成钢水温度或成分出格。如果废钢太轻、太小也不好，其体积必然增大，入炉后会在炉内堆积，可能会造成送氧点火的困难。所以，炼钢厂根据炉子容量大小对废钢的块度和单重都有具体规定，见表 3 - 1。

表 3 - 1　熔炼用废钢分类（GB 4223—2004）

型号	类别	代码	外形尺寸重量要求	供应形状	典型举例
重型废钢	1 类	201A	≤1000mm×400mm，厚度≥40mm 单重 40~1500kg 圆柱实心体直径≥80mm	块、条、板、型	报废的钢锭、钢坯、初轧坯、切头、切尾、铸钢件、钢轧辊、重型机械零件、切割结构件等
	2 类	201B	≤1000mm×500mm，厚度≥25mm 单重 20~1500kg 圆柱实心体直径≥50mm	块、条、板、型	报废的钢锭、钢坯、初轧坯、切头、切尾、铸钢件、钢轧辊、重型机械零件、切割结构件、车轴、废旧工业设备等
	3 类	201C	≤1500mm×800mm，厚度≥15mm 单重 5~1500kg 圆柱实心体直径≥30mm	块、条、板、型	报废的钢锭、钢坯、初轧坯、切头、切尾、铸钢件、钢轧辊、火车轴、钢轨、管材、重型机械零件、切割结构件、车轴、废旧工业设备等
中型废钢	1 类	202A	≤1000mm×500mm，厚度≥10mm 单重 3~1000kg 圆柱实心体直径≥20mm	块、条、板、型	报废的钢坯及钢材、车船板、机械废钢件、机械零部件、切割结构件、火车轴、钢轨、管材、废旧工业设备等
	2 类	202B	≤1500mm×700mm，厚度≥6mm 单重 2~1200kg 圆柱实心体直径≥12mm	块、条、板、型	报废的钢坯及钢材、车船板、机械废钢件、机械零部件、切割结构件、火车轴、钢轨、管材、废旧工业设备等
小型废钢	1 类	203A	≤1000mm×500mm，厚度≥4mm 单重 0.5~1000kg 圆柱实心体直径≥8mm	块、条、板、型	机械废钢件、机械零部件、车船板、管材、废旧设备等
	2 类	203B	I 级：密度≥1100kg/m³ Ⅱ级：密度≥800kg/m³	破碎料	汽车破碎料等
统料型废钢	—	204	≤1000mm×800mm，厚度≥2mm 单重≤800kg 圆柱实心体直径≥4mm	块、条、板、型	机械废钢件、机械零部件、车船板、废旧设备、管材、钢带、边角余料等
轻料型废钢	1 类	205A	≤1000mm×1000mm，厚度≥2mm 单重≤100kg	块、条、板、型	各种机械废钢及混合废钢、管材、薄板、钢丝、边角余料、生产和生活废钢等
	2 类	205B	≤800mm×600mm×500mm I 级：密度≥2500kg/m³ Ⅱ级：密度≥1800kg/m³ Ⅲ级：密度≥1200kg/m³	打包件	各种机械废钢及混合废钢、薄板、边角余料、钢丝、生产和生活废钢等

3.1.2.4　生铁块

生铁块也称冷铁，是铁锭、废铸件、罐底铁和出铁沟铁的总称，其成分与铁水相近，但没有显热。它的冷却效应比废钢低，同时还需要配加适量石灰渣料。有的厂家将废钢与生铁块搭配使用。

生铁是碳含量 $w[C] > 2.0\%$ 的另一种铁碳合金，炼钢生产中所用的生铁，其碳含量 $w[C] = 3.5\% \sim 4.4\%$。它的特点是：无塑性，很脆，不能进行压力加工变形，熔点较低，液态时的流动性比钢好，易铸成各种铸件。

3.1.3　任务实施

3.1.3.1　识别和选用废钢及生铁块

A　目的与目标

能够识别各种废钢铁，并根据所炼钢种的不同选用钢铁原材料。

B　操作步骤或技能实施

a　废钢与生铁的识别

（1）钢。钢是碳含量低于 1.70% 的一种铁碳合金。炼钢生产中所炼钢种的碳含量，大多在 1.00% 以下。钢的特点是：强度高，塑性好，可以锻、轧成各种所需要的形状，并且能随成分、压力加工和热处理方法的不同获得不同性能的材料。废钢是指已不能正常应用的钢材余料、锈蚀或报废的机器部件、零件加工时的碎屑（如车屑、刨屑或磨屑）等。钢厂的废品及返回料等，一般以锭、坯、棒、管、板、带、丝、压块、铸件、轧辊等形态出现。合金废钢可以采用手提光谱仪、砂轮研磨来鉴别钢种，必要时也可以做化学分析来鉴别。表 3-2 所示为某厂废钢的分类及规格。

表 3-2　某厂废钢的分类及规格

类　别	各 种 废 钢 典 型 举 例	块度/mm	单重/kg
重型废钢	中包大块、钢坯及其切头和切尾、重型机械零件及重铸造钢件	<400×500×800	<500
中型废钢	钢材及其切头和切边、机械零件及铸钢件、工业设备废钢等	<300×400×800	<300
小型废钢	钢材切头、机械零件、铸件工具、农具等		
轻薄废钢	钢带及切头、薄板及切边、钢丝、盘条、钢屑等	<8	
渣钢	包底钢、跑钢、渣钢（含钢78%）		

（2）生铁。生铁以铁块、铁水、铸件、轧辊等形态出现，是碳含量大于 2.00% 的另一种铁碳合金。炼钢生产中所用的生铁，其碳含量大多在 3.5% ~4.4% 之间。它的特点是：无塑性，很脆，不能进行压力加工变形，熔点较低，液态时的流动性比钢好，易铸成各种铸件。

固态生铁标为铁块，表面大多有凹槽及肉眼可见的砂眼。铁块有两大品种：一是灰口铁，也称灰铸铁，因其断面呈暗灰色而得名，其硅含量较高，液态时流动性好，常用于生产铸件；二是白口铁，因其断面呈亮白色而得名，其硅含量较低，一般作为炼钢生铁。表 3-3 所示为某厂炼钢用生铁块的技术条件。

b　根据所炼钢种的要求选用不同的钢铁料（转炉炼钢）

（1）所炼钢种对硫、磷含量有较高要求的，宜选用硫、磷含量低等级的铁块或铁水。

（2）所炼钢种对夹杂物有严格要求的，应选用纯净的（一级或二级）废钢。

（3）对钢种硫、磷含量要求特别严格的，应对所用铁水进行预处理，预先将铁水中的硫、磷含量脱到很低水平后再进行炼钢。

（4）废钢（特别是合金废钢）应分类堆放，标明钢种及成分。

（5）根据炼钢要求，配料时应合理搭配使用各种废钢铁。

（6）必须根据钢种要求正确选用合金返回料。

（7）废钢中不得混有砖块、泥沙、油、回丝等杂物，也不得混有有色金属、封闭物等，否则会增加冶炼难度，降低钢质，使钢的成分出格而报废，甚至发生爆炸等恶性事故。

表 3 – 3　某厂炼钢用生铁块的技术条件　　　　　　　　（%）

铁　种			炼　钢　生　铁		
铁号	牌　号		炼 04	炼 08	炼 10
	代　号		L04	L08	L10
化学成分	C		≥3.50		
	Si		<0.45	0.45 ~ 0.85	0.85 ~ 1.25
	Mn	一组	≤0.30		
		二组	0.30 ~ 0.50		
		三组	>0.50		
	P	一级	<0.15		
		二级	0.15 ~ 0.25		
		三级	0.25 ~ 0.40		
	S	特类	≤0.02		
		一类	0.02 ~ 0.03		
		二类	0.03 ~ 0.05		
		三类	0.05 ~ 0.07		

注：优质钢种用生铁块为 L04 或 L08，P 含量一级，S 含量一类或特类。

3.1.3.2　识别废钢铁中的密封容器和有害元素

A　目的与目标

挑出混入废钢铁中的有害杂质，保证废钢铁的入炉质量及安全生产。

B　操作步骤或技能实施

（1）借助火花鉴别等方法，检查废钢中是否混入有色金属（如铜、锡、铅、锌等）。

（2）在废钢堆场、废钢整理或废钢入炉前，凭借肉眼和手感仔细观察、检查并挑出有害杂质。

1）检查混入废钢铁中的铜。铜（Cu）为金黄色金属，富有延展性，熔点为 1080℃，氧化后生成碱式碳酸铜，呈绿色（俗称铜绿），具有良好的导热、导电性，常用以制作电器开关、触头、电线、电动机线圈等。铜主要以上述形态混入废钢铁中，所以在检查时要严加注意、全部挑出。

2）检查混入废钢铁中的锡。锡（Sn）的熔点为 232℃，密度为 7.28g/cm³。锡有白锡、脆锡、灰锡三种同素异形体。常见的是白锡，为银白色金属，富有展性。镀锡钢皮常称为马口铁，是废钢铁中最常见的，所以在检查中要挑出马口铁，防止将锡带入炉料中。

3）检查混入废钢铁中的铅。铅(Pb)的密度为 $11.34g/cm^3$，熔点为 $327℃$，呈银白色（带点灰色），延性弱，展性强。它经常混入社会废钢中，必须仔细检查后挑出。

（3）检查混入废钢铁中的密封容器及爆炸物。密封容器和爆炸物进入炉内，受热后会发生爆炉，是安全生产的隐患。因此，必须仔细地从废钢铁中将其挑出来，以保证安全生产。检查和挑出密封容器和爆炸物后要及时进行处理，防止这些未经处理的物品再次混入废钢铁中。

C 注意事项

（1）要认真、仔细地进行检查。上述提到的任何有害杂质混于废钢铁内进入炉内，都会对冶炼及钢质量造成不良后果。

1）铅易沉积到炉底缝隙中，从而造成穿炉漏钢事故；

2）铜、锡会造成钢的热脆；

3）锌易挥发，且在炉气中被氧化成氧化锌；

4）密封容器及爆炸物加入炉内都可能引发爆炸恶性事件，对人身及设备安全造成重大危害，后果不堪设想。

（2）对于一时难以确认的有色金属，可以先行挑出，待确认后再处理。

（3）对挑出的密封容器及爆炸物要及时进行慎重处理（确保处理安全），不可挑出后再乱丢乱放，以免重新混入。

子任务 3.2 散状料验收与准备

3.2.1 任务描述

（1）石灰是转炉用量最大的散状材料。石灰和轻烧白云石进入车间后，要对其中的生烧料、过烧料、混入的杂物进行分拣、化验成分，然后运入地下料仓或低位料仓，并尽快经上料系统运至高位料仓。最好能随烧随用。

（2）矿石、萤石运入转炉车间后，要知道其成分，并存放于清洁、干燥处。

（3）氧化铁皮要化验成分，并存放于清洁、干燥处，经过烘烤后才能运到高位料仓。

（4）铁合金进入车间后要有成分单，对其成分核准后进行破碎，然后入库。需要时，凭领料单按要求的数量称量领取。

3.2.2 相关知识 散状料

炼钢生产所用的非金属料主要是石灰、白云石等造渣材料以及萤石、矿石、氧化铁皮等助熔剂。这些非金属料也称为散状料。

3.2.2.1 石灰

（1）作用。石灰的作用是造碱性渣，以去除钢中的磷或硫。

（2）要求。炼钢用石灰应满足下列要求：

1）有效 CaO 含量 $w(CaO)_{有效}$ 达 $80\% \sim 85\%$，甚至更高。因为 $w(CaO)_{有效} = w(CaO)_{石灰} - R \cdot w(SiO_2)_{石灰}$，所以 $w(CaO)_{石灰}$ 要高，$w(SiO_2)_{石灰}$ 要低，部标规定 $w(SiO_2)_{石灰} \leqslant 4\%$。

2）硫含量一般应小于 0.05%（减轻脱硫负担）。

3）烧减应小于 $2.5\% \sim 3.0\%$。烧减是石灰未烧透的标志，入炉后尚未分解的石灰石分解要吸热，而且会延缓石灰熔化。

4）石灰的活性度要高，其水活性的盐酸消耗量应达 300mL 以上。

① 石灰的活性。石灰与熔渣的反应能力称为石灰的活性，它是衡量石灰在渣中溶解速度的指标。石灰的晶粒越小（界面越多）、气孔率越高，其在渣中的溶解速度就越快，即活性越好。

② 石灰的水活性。石灰的炉渣活性尚无法测定，目前用石灰的水活性近似代替。石灰的水活性是指石灰的水化反应速度，用粗粒滴定法（CGT 法）测定。测定方法是：将 2000mL 40℃ 的蒸馏水加入 3000mL 的烧杯中，开动搅拌器，速度为 22.5r/min。加入 0.5mL 酚酞指示剂，然后把制备好的 50g 粒度为 1.0 ~ 10mm 的石灰样加入烧杯中，并立即用 4mol/L HCl 连续滴定，始终保持等浓度点。在石灰样加入烧杯后用 HCl 滴定开始 5min 和 10min 记录 HCl 消耗量，根据 10min 时 4mol/L HCl 的消耗量来区分石灰的活性级别。部标规定用滴定法测定（10min）时，消耗盐酸 300mL 以上的为优质活性石灰。

③ 活性石灰生产。石灰石的分解温度为 880 ~ 910℃，当煅烧温度控制在 1050 ~ 1150℃ 时，烧成的石灰晶粒细小（仅为 1μm 左右）、气孔率高（可达 46% 以上），呈海绵状，活性很好，称为软烧石灰或轻烧石灰。如果将煅烧温度控制在远高于石灰石的分解温度时，虽然生产率高，但烧成的石灰晶粒粗大（达 10μm 左右）、气孔率低（仅为 30% 左右），甚至石灰表面包有一层熔融物，称过烧石灰或硬烧石灰。过烧石灰入炉后，熔化慢，成渣晚。如果煅烧温度低于 900℃，则石灰烧不透，核心部分仍是石灰石，称为生烧石灰。生烧石灰入炉后，其中残留的石灰石要继续分解而吸热，不仅成渣慢，而且对熔池升温不利。

5）石灰应新鲜、干燥。石灰容易吸收空气中的水分，增加钢液的氢含量，因此最好现烧现用。

6）石灰的块度一般要求为 10 ~ 40mm。块度过大时，熔化慢，成渣晚，影响脱磷、脱硫；块度过小时，则易被炉气带走。

3.2.2.2　白云石

（1）成分。白云石是化学组成为 $CaCO_3 \cdot MgCO_3$ 的矿物，理论成分为 $w(CaO) = 30.4\%$、$w(MgO) = 21.9\%$、$w(CO_2) = 47.7\%$。天然白云石中还含有 SiO_2 等杂质。

（2）作用。白云石的作用是提高渣中 MgO 的含量，减轻炉衬的侵蚀，延长炉衬的使用寿命；同时，白云石也是溅渣护炉的调渣剂。

（3）要求。炼钢用白云石要求 MgO 含量高，杂质含量尽量低。

另外，生白云石入炉后要吸收大量的热进行分解，会影响废钢加入量。因此，有条件时最好使用轻烧白云石。

3.2.2.3　萤石

（1）作用。萤石的作用是作为助熔剂或化渣剂。CaF_2 能与 CaO 生成 1362℃ 的共晶体，且本身熔点仅为 935℃ 左右，化渣很快。但萤石资源短缺、价格高，而且用量过大会对炉衬有侵蚀作用，冶金部转炉操作规程规定萤石用量应不大于 4kg/t。

（2）要求。炼钢用萤石要求成分为 $w(CaF_2) = 75\% ~ 85\%$、$w(SiO_2) = 5\% ~ 20\%$、

$w(CaO) < 3\%$、$w(S) < 0.2\%$，块度为 $10 \sim 80mm$，且应保持清洁、干燥、不混杂。

（3）鉴别。自然界的萤石因成分不同而呈多种颜色，翠绿透明的萤石质量最好；白色的次之；带有褐色条纹或黑色斑点的萤石含有硫化物杂质，其质量最差。

3.2.2.4　铁矿石和氧化铁皮

（1）成分。铁矿石的成分主要是 Fe_2O_3，还有部分 FeO。氧化铁皮是锻钢和轧钢过程中从钢锭或钢坯上剥落下来的金属氧化物碎片，又称为铁鳞，其主要成分是 Fe_2O_3，还有部分 Fe_3O_4。

（2）作用。铁矿石和氧化铁皮是萤石的代用品，可与石灰生成铁酸钙。另外，其分解时吸热，具有冷却作用；还可分解出 FeO，具有氧化作用。

（3）要求。炼钢时要求铁矿石中 $w(TFe) \geqslant 56\%$、$w(SiO_2) \leqslant 10\%$、$w(S) \leqslant 0.2\%$，块度以 $10 \sim 50mm$ 为宜；要求氧化铁皮中 $w(TFe) \geqslant 90\%$、其他杂质含量不大于 3%，使用前在 $500℃$ 温度下烘烤 $2h$ 以上，去除水分和油污。

3.2.3　任务实施

3.2.3.1　造渣材料的识别和选用

A　目的与目标

能识别石灰、白云石、萤石、氧化铁皮、矿石等造渣材料的类别、等级，并能根据炼钢工艺要求选用造渣材料。

B　操作步骤或技能实施

a　在渣料料场识别各种造渣材料

（1）石灰的外观特征。石灰呈白色，手感较轻（注意，有些手感较重的石灰往往是未烧透的石灰石）。石灰极易吸水粉化，粉化后的石灰粉末不能再作渣料用。

（2）萤石的外观特征。萤石基本以块状供应，质量好的萤石表面呈黄、绿、紫等色（无色的少见）、透明并具有玻璃光泽；质量较差的则呈白色（类似于石灰颜色）；质量最差的萤石表面带有褐色条斑或黑色斑点，且其硫化物（FeS、ZnS、PbS 等）含量较多。

（3）生白云石的外观特征。灰白色，与石灰相比，石灰更趋白色、内部结构更疏松且表面会粘有不少粉末，而生白云石稍趋深色（从颜色看与劣质萤石相似），质硬，手感较重。

（4）氧化铁皮的外观特征。氧化铁皮是轧钢车间铸坯表面的一层氧化物，剥落后成为片状物，青黑色，来自于轧钢车间。主要成分是氧化铁。

（5）铁矿石的外观特征。铁矿石常见的有以下 3 种：

1）赤铁矿，俗称红矿。外表有的呈钢灰色或铁黑色，有的晶形为片状；有的有金属光泽且明亮如镜（故又称镜铁矿），手感很重。主要成分是 Fe_2O_3。

2）磁铁矿，外表呈钢灰色和黑灰色，有黑色条痕，且具有强磁性（因此而得名）。磁铁矿组织比较致密，质坚硬，一般呈块状。主要成分是 Fe_3O_4。

3）褐铁矿，外表呈黄褐色、暗褐色或黑色，并有黄褐色条痕。其结构较松散，密度较小，相对而言手感较轻，含水量大。主要成分是 $m\mathrm{Fe_2O_3} \cdot n\mathrm{H_2O}$。

b　在炉前识别各种造渣材料

炉前加渣料的一般操作，加渣料的具体操作见工艺部分。在此仅观察炉前加渣料操作如何进行，加何种渣料以及各种渣料的特征，以达到识别这些渣料的目的。

c　加入各种渣料的目的和作用

（1）石灰的主要作用。石灰的主要成分是 CaO，加入后使炉渣的碱度 R 提高，生产中一般以 $w(\mathrm{CaO})/w(\mathrm{SiO_2})$ 的大小来表示 R 的大小。

1）有利于脱磷反应的进行。脱磷反应是在渣 – 钢界面上进行的，加入石灰提高了碱度，即提高了渣中氧化钙的含量，有利于脱磷反应的进行。

2）有利于脱硫反应的进行。加入石灰提高了碱度，即提高了渣中氧化钙的含量，有利于脱硫反应的进行。

3）有利于保护炉衬。目前氧气转炉的炉衬基本都是由碱性耐火材料制成的。加入石灰后提高了炉渣的碱度，使炉中酸性很强的 $\mathrm{SiO_2}$ 从自由态的玻璃相转变为化合态的橄榄石相。$\mathrm{SiO_2}$ 被稳定在 $(2\mathrm{CaO} \cdot \mathrm{SiO_2})$ 中，从而减轻了渣中酸性氧化物对碱性炉衬的侵蚀，起到保护炉衬的作用。

（2）萤石的主要作用。萤石的主要成分是 $\mathrm{CaF_2}$，在冶炼中加入炉渣之中能在不降低碱度的情况下降低炉渣的熔点，改善炉渣的流动性，是一种很好的助熔剂，而且 $\mathrm{CaF_2}$ 本身也有一定的去硫作用。

（3）生白云石的主要作用。转炉初期渣的矿物组成中有许多是镁的硅酸盐。由于目前转炉炉衬基本是钙 – 镁系耐火材料砌筑而成，如按通常用的石灰来造渣，在初期渣形成时必然要大量夺取炉衬中的 MgO 以组成含镁硅酸盐的初期渣，这样炉衬会不断受到蚀损，从而降低了炉衬的使用寿命。

生白云石是一种复盐，分子式为 $\mathrm{CaCO_3} \cdot \mathrm{MgCO_3}$，受热分解为 CaO + MgO。采用生白云石造渣，不仅提供了（CaO），也提供了足够的（MgO），这样就可以使炉渣对炉衬的侵蚀降到最小程度，起到保护炉衬，提高炉龄的作用。

（4）氧化铁皮的主要作用。

1）氧化铁皮的主要成分是氧化铁，加入熔池后从室温升温需吸收一定的物理热。另外，氧化铁可与熔池中碳发生还原反应吸收大量热量。据资料数据，从液体 FeO 中还原出 1kg 铁需吸热 4247kJ，而从液体 $\mathrm{Fe_2O_3}$ 中还原出 1kg 铁需吸热 6456kJ，所以氧化铁皮是一种冷却剂。

2）氧化铁皮可做助熔剂使用，氧化铁皮加入熔池后增加（FeO）量，（FeO）可以使炉渣中含有 FeO 的低熔点矿物保持一定数量；（FeO）能比（MnO）更有效地使石灰外围的高熔点矿物 $\mathrm{C_2S}$ 松散软化；（FeO）还能渗透 $\mathrm{C_2S}$ 进入石灰，与石灰反应后生成低熔点的铁盐钙，所以氧化铁皮具有很好的化渣助熔作用。

3）氧化铁皮可供给熔池一定的氧量，也是一种氧化剂。

（5）铁矿石的作用。铁矿石的主要成分是 $\mathrm{Fe_2O_3}$ 或 $\mathrm{Fe_3O_4}$，加入熔池热分解后得到 FeO，它的作用与氧化铁皮基本相同。

C　注意事项

（1）识别各种渣料。应在现场面对实物进行观察、对比，才能取得效果，避免空洞、抽象地想象。

（2）造渣材料不能误用。如将萤石误当石灰加入炉内可能会造成大喷溅，反之可能造成化渣极端不良或返干。

（3）吹炼高磷生铁如要回收炉渣制造磷肥，不允许加入萤石。

D 知识点

a 石灰

石灰的熔化速度是转炉炼钢快速成渣的关键，因此石灰质量与炼钢工艺密切相关。近年来，国内外炼钢厂已普遍采用活性石灰，对快速成渣及加快反应速度起到了良好效果。

（1）冶金石灰的规格。冶金石灰的规格见表 3-4，某厂石灰技术条件见表 3-5。

表 3-4 冶金石灰的规格（YB/T 042—93）

类别	指标 / 品级	化学成分（质量分数）/%						活性度（4mol/dm³ HCl 40℃±1℃10min）/mL
		CaO	CaO + MgO	SiO$_2$	S	P	CO	灼减	
		不大于			不小于				不小于
普通	特级	92.0		1.5	0.025	0.01	2		360
	一级	90.0		2.5	0.10	0.02	5		300
	二级	85.0		3.5	0.15	0.03	7		250
	三级	80.0		5.0	0.20	0.04	9		180
镁质	特级		93.0	1.5	0.025	0.01	2		360
	一级		91.0	2.5	0.10	0.02	3		280
	二级		86.0	3.5	0.15	0.03	6		230
	三级		81.0	5.0	0.20	0.04	10		180

表 3-5 某厂石灰技术条件

项目		化学成分（质量分数）/%						活性度（4mol/dm³ HCl 40℃±1℃10min）/mL
		CaO	MgO	SiO$_2$	P	S	灼减	
		不小于	小于	不大于	不大于	不大于	不大于	不小于
冶金石灰	特级品	92	5	1.5	0.01	0.025	2	360（活性）
	一级品	90	5	2.5	0.10	0.10	5	300
	二级品	85	5	3.5	0.15	0.15	7	250
	三级品	80	5	5.0	0.20	0.20	9	180

注：用石灰不低于二级品。

（2）活性石灰。活性石灰是温度在 900~1200℃ 范围内，在回转窑中焙烧而成的冶金石灰。它的特点：一是成分好：$w(CaO) > 94\%$、$w(SiO_2) < 1\%$、$w(S) < 0.05\%$；二是反应能力强：孔隙率大，可达 40%，呈海绵状；体积密度小，可达 1.7~2.0g/cm³，故其比表面积极大，达 7800cm²/g；石灰晶粒细小；所以活性石灰的熔化速度极快。衡量活性石灰质量好坏的指标是活性度。我国现用的活性度检验方法基本上采用德国首创的 HCl 试验法，即在 1000mL 蒸馏水中加入 0.5mL（约 5~6 滴）酚酞指示剂，当蒸馏水在（40±

1）℃时，加入 25g 石灰颗粒试样（颗粒度一般为 10mm），然后不断滴加 $c(HCl) = 4mol/dm^3$ 的溶液，使溶液保持中性，当滴加到 10min（或 5min）时规定要消耗多少毫升以上的 HCl（耗量越大，表示其活性度越高，活性石灰的质量越好）。活性度要求如表 3-4 所示。例如，$4mol/dm^3$ HCl/360mL 40℃ ±1℃ 10min 表示，当滴加到 10min 时规定要求用去 $V(HCl) \geqslant 360mL$；$4mol/dm^3$ HCl/160mL 40℃ ±1℃ 5min 表示，当滴加到 5min 时规定要求用去 $V(HCl) \geqslant 160mL$。

b　萤石

（1）萤石的用量。萤石具有很好的助熔作用，本身也有一定的去硫作用，但值得注意的是萤石在发挥助熔作用时要充分考虑加入萤石带来的不良后果：CaF_2 与硫作用后形成的气体 SF_6 是一种对人体有害的气体；CaF_2 与炉衬中的 SiO_2 生成 SiF_4，这种反应损坏炉衬；过量萤石会使炉渣流动性太好，从而加剧了炉渣对炉衬的侵蚀，降低了炉衬寿命；CaF_2 是活性物质，能降低炉渣的表面张力，有助于泡沫渣的形成和稳定，也容易造成喷溅。所以炼钢过程中萤石加入量要适宜，一般萤石加入量应小于石灰加入量的 10%（有的厂家要求为小于 6%），并尽量少加甚至不加。如某厂转炉吨钢萤石用量不大于 4kg。

（2）冶金用萤石规格。冶金用萤石成分规格要求见表 3-6。某厂用萤石技术条件见表 3-7。其技术要求为干净、干燥、无泥土、杂石等杂质，颗粒小于 5mm 的不得超过 5%。

表 3-6　萤石成分（YB 325—81）

品　级	化学成分（质量分数）/%				一　般　用　途
	CaF_2	SiO_2	S	P	
	不小于	不大于			
一级	95	4.7	0.10	0.06	冶炼特种钢、特种合金用
二级	90	9.0	0.10	0.06	冶炼特种钢、特种合金用
三级	85	14.0	0.10	0.06	冶炼优质钢用
四级	80	19.0	0.15	0.06	冶炼普通钢用
五级	75	23.0	0.15	0.06	冶炼普通钢、化铁、炼铁用
六级	70	28.0	0.15	0.06	化铁、炼铁用
七级	65	32.0	0.15	0.06	化铁、炼铁用

表 3-7　某厂萤石技术条件

品　级	化学成分（质量分数）/%				块　度/mm
	CaF_2	SiO_2	S	P	
	不大于	不大于	不大于	不大于	
三　级	85	14.0	0.10	0.06	5~30
四　级	80	18.0	0.15	0.08	5~30

c　生白云石

（1）生白云石的块度要求。生白云石的块度分为 5 种规格：小于 5mm，5~20mm，10~40mm，40~80mm，30~100mm。炼钢生产中块度要求在 5~40mm。

（2）冶炼用白云石成分要求。冶炼用白云石成分要求见表 3 - 8。某厂白云石技术条件见表 3 - 9。

表 3 - 8　白云石等级及其化学成分

项　目 / 级　别	化学成分（质量分数）/%		
	MgO	CaO	SiO_2
一级品	≥19		≤2.0
二级品	≥19		≤3.5
三级品	≥17		≤4.0
四级品	≥16		≤5.0
镁化白云石	≥22	≥6	≤2.0

注：该成分要求符合制作耐火材料要求。

表 3 - 9　某厂白云石技术条件

项　目	$w(MgO)$/%	$w(CaO)$/%	$w(SiO_2)$/%	粒度/mm
指　标	≥19	≥28	≤3	5 ~ 30

d　氧化铁皮

（1）氧化铁皮的成分要求为 $\sum w(FeO) \geq 90\%$ 或 $\sum w(Fe) \geq 70\%$，$w(SiO_2) \leq 3\%$，$w(S) \leq 0.10\%$，$w(H_2O) \leq 1.0\%$。

（2）氧化铁皮的块度要求为大于 1mm，片状；须过筛，去除杂物。

（3）使用前要烘烤以去除其中的水分及表面的污油，保证干燥、清洁。

e　矿石

（1）成分要求。$w(TFe) \geq 55\%$，$w(SiO_2) \leq 8\%$，$w(S) \leq 0.1\%$，$w(P) \leq 0.1\%$，$w(H_2O) \leq 0.5\%$。

（2）块度要求。一般要求 40 ~ 100mm。

f　炉渣成分及各成分对炉渣主要性质的影响

（1）炉渣的成分。炉渣的主要成分及其主要来源和终点渣成分范围见表 3 - 10。

表 3 - 10　炉渣的主要成分、来源和终点渣成分范围

成　分	主　要　来　源	终点渣成分范围（质量分数）/%
CaO	石灰、生白云石、炉衬	35 ~ 55
MgO	生白云石、炉衬、石灰	2 ~ 12
MnO	金属料中锰元素的氧化等	2 ~ 8
FeO	铁的氧化，加入铁皮和矿石的分解	7 ~ 30
Al_2O_3	铁矿、石灰	0.5 ~ 4
Fe_2O_3	FeO 的氧化，加入的铁矿石	1.5 ~ 8
P_2O_5	金属料中磷元素的氧化	1 ~ 4
SiO_2	金属料中硅的氧化、炉衬、铁矿石等	6 ~ 21
S	金属料、石灰、铁矿石等	0.05 ~ 0.4

（2）炉渣成分对炉渣碱度的影响。根据炼钢基本原理，生产上 R 的表示方法有 $R = w(CaO)/w(SiO_2)$ 或 $R = w(CaO)/w(SiO_2 + P_2O_5)$，可知影响炉渣碱度的炉渣成分主要有（CaO）、（SiO$_2$）以及（P$_2$O$_5$）等。

（3）炉渣成分对炉渣氧化性的影响。一般以炉渣中最活跃的氧化物（FeO）的多少来衡量炉渣氧化性，所以影响炉渣氧化性的成分主要是（FeO）。生产一般以（FeO）含量的多少来表示炉渣氧化性的强弱。

（4）炉渣成分对炉渣熔化温度的影响。炼钢炉渣是一个多元组元体系，各种成分（化合物）的熔点又各不相同（见表 3 - 11），因此炼钢炉渣不可能有一个固定的熔点，即炉渣不存在从固态突变到液态的一个温度，而只存在从开始熔化到熔化完毕的一个熔化过程，这个熔化过程是在一个温度范围内完成的，其中低熔点的组元先熔化，高熔点的组元后熔化。

表 3 - 11　炉渣成分与炉渣熔化温度的关系

成分	CaO	MgO	SiO$_2$	FeO	Fe$_2$O$_3$	MnO	Al$_2$O$_3$	Cr$_2$O$_3$	CaF$_2$
熔点/℃	2570	2800	1728	1370	1457	1785	2050	2265	1475

（5）炉渣成分对炉渣黏度的影响。炉渣成分的变化将会引起其熔点的变化，并使炉渣结构发生变化。炉渣成分对炉渣黏度有直接影响：

1）在同一炼钢温度下，一般来讲酸性炉渣的黏度要比碱性炉渣高。

2）在酸性炉渣中，随着（SiO$_2$）浓度增加，炉渣黏度明显增加；如果增加碱性氧化物（如 CaO、MgO、MnO、FeO 等）以及 Al$_2$O$_3$，能使其黏度降低。

3）在碱性炉渣中，（CaO）含量达到一定量后再增加其含量，会使炉渣的黏度增加；而（SiO$_2$）在一定的范围内增加其含量会使炉渣黏度降低，但当其含量超过某定值后，（SiO$_2$）形成高熔点的 2CaO·SiO$_2$ 而使炉渣黏度提高；由于（FeO）、（MnO）都能生成低熔点的复合矿物，并使高熔点 2CaO·SiO$_2$ 疏松软化，所以它们的含量增加均能降低炉渣黏度。

g　成渣过程和加快石灰熔化途径

（1）成渣过程。开吹后，铁水中铁、硅、锰、磷等元素氧化生成 FeO、SiO$_2$、MnO、P$_2$O$_5$ 等简单氧化物，与原材料中混入的泥土、杂质和被侵蚀的炉衬以及渣料中的组分，如 CaO、MgO、MnO、FeO、SiO$_2$ 及 CaF$_2$ 等在炼钢炉内高温条件下发生反应，生成各种复合矿物，如 2CaO·SiO$_2$、MgO·SiO$_2$、MnO·SiO$_2$、CaO·Fe$_2$O$_3$、2CaO·Fe$_2$O$_3$、2CaO·MgO·2SiO$_2$ 以及 RO 相等，从而形成了炼钢炉渣。

（2）转炉炼钢的一个特点是炼钢速度快，所以快速成渣是转炉快速炼钢的一个核心问题，加快石灰的熔化是快速成渣的关键。

1）加快石灰熔化的根本办法是提高石灰质量。所谓石灰质量主要是指石灰中 CaO、SiO$_2$、S 等的含量、生过烧率、块度及活性度等。石灰的质量好坏直接影响成渣速度和炼渣质量，涉及操作、钢质、炉龄和冶炼时间等，应该引起充分重视。目前最好采用活性石灰，它的特点是品位高，反应能力强（孔隙率大、体积密度小、比表面积大、晶粒细）。

2）适当增加助熔剂用量。适量的萤石（CaF$_2$）有助于石灰熔化；适当增加氧化铁皮用量，增加(FeO)含量，有助于化渣；适当增加(MnO)含量，有利于改善炉渣流动性，有助于石灰加速熔化；渣中有少量的(MgO)，组成低熔点的矿物即钙镁橄榄石 CaO·(Mn·Mg·FeO)·SiO$_2$。

3) 提高开吹温度，加速石灰熔化。前期可以进行适当低枪位操作，提高前期氧化反应速度，快速提温以助化渣；若有条件，可以用矿石代替废钢作为冷却剂促使石灰熔化。

3.2.3.2　常用铁合金的识别

A　目的与目标

能分清各种常用铁合金种类，保证选用时无差错。

B　操作步骤或技能实施

(1) 及时核对铁合金来料成分单及实物。

(2) 各种铁合金应分类堆放，并标明名称、规格和成分。

(3) 根据铁合金特征，在现场用肉眼识别各种常用铁合金（各类铁合金的特征详见知识点）。

C　注意事项

(1) 铁合金实物和成分单要正确对应，不能搞混搞错，否则一旦加错合金品种或者合金成分有误，会造成合金元素加错或者加入数量不准，均会造成钢的成分不准而报废。

(2) 要加强铁合金管理。铁合金必须按品种、规格、成分分类堆放，保证正确选用，否则拿错（用错）合金亦会导致钢种成分不准而报废。

D　知识点

各种常用铁合金的识别方法如下：

(1) 锰铁。锰铁密度较大，为 7.0g/cm^3；颜色较深，近黑褐色；断面呈灰白色，其棱角有缺口，相互碰撞时会有火花产生。它既可用作脱氧剂，亦可作为合金剂。使用块度根据需要而定，中、小型转炉块度一般在 10~50mm。

(2) 硅铁。硅铁既作脱氧剂，又作合金剂。硅铁密度较轻，为 3.5g/cm^3；青灰色；易破碎，其断面疏松，有气孔，有光泽；一般以散状块料供应，使用块度根据需要而定，中、小型转炉一般要求为 10~50mm。其中，高硅铁呈青灰色，密度小 3.5g/cm^3；低硅铁呈银灰色，密度大 5.15g/cm^3。硅含量在 50%~60% 左右的硅铁极易粉化，并放出有害气体，一般不生产也不使用这种硅铁。

(3) 硅锰合金。手感较重，密度为 6.3g/cm^3，质地较硬，断面棱角较圆滑，相撞无火花产生。颜色在锰铁与硅铁之间（偏深色），是一种常用的复合合金剂，使用块度根据需要而定，中、小型转炉一般要求在 10~50mm。

(4) 铝。铝是所有常用合金中密度最小的，仅为 2.8g/cm^3，是一种银白色轻金属，有较好的延展性，是强脱氧元素，用于终脱氧，也可用作合金剂。一般制成条形（长约200mm，宽约 50~80mm 不等）或环形供应。如某厂铝块，$w(Al) \geq 98.0\%$，块重为0.8~1.2kg/块；某厂铝粉，$w(Al) \geq 90.0\%$，$w(Si) \leq 1\%$，粒度为 5~10mm，袋装，单重为30kg/袋。

(5) 硅铝钡合金。硅铝钡合金技术条件（根据 YB/T 066—1995）见表 3-12。硅铝钡合金要求：干净、干燥、无杂质、不得混料；硅铝钡合金的包装为袋装，5kg/袋；粒度

10 ~ 50mm。

表 3 – 12　某厂硅铝钡合金技术条件　　　　　　　　　(.%)

项　目	牌　号	$w(Si)$	$w(Ba)$	$w(Al)$	$w(C)$	$w(P)$	$w(S)$
指标	FeAl2Ba15Si40	≥40	≥15.5	≥12.0	≤0.20	≤0.04	≤0.03

（6）锰铝铁合金。锰铝铁合金技术条件见表 3 – 13。锰铝铁合金要求：干净、干燥、无杂质、不得混料；粒度 10 ~ 50mm。

表 3 – 13　某厂锰铝铁合金技术条件　　　　　　　　　(%)

项　目	$w(Al)$	$w(Mn)$	$w(Si)$	$w(C)$	$w(P)$	$w(S)$
指标	20 ~ 26	30 ~ 35	≤2	≤2	≤0.2	≤0.03

E　铁合金用途

（1）用作脱氧剂。炼钢过程主要是一个氧化过程，冶炼时必须供给熔池足够的氧，而到冶炼终点时又必须将溶解于钢水中的氧去除以保证钢的质量，为此需要向钢水中加入脱氧剂，使之与钢中溶解氧生成不溶于钢水的氧化物以达到清除钢水中过剩溶解氧的目的。

（2）用作合金剂。如前所述，炼钢过程基本是一个氧化过程，到冶炼终点时，钢水中原有的锰元素被氧化得所剩无几，而硅元素更是差不多氧化殆尽，钢种所规定的各种化学成分必须在出钢前或出钢过程中加以调整，这个过程称为合金化。合金化是通过向钢水中加入铁合金来完成的。

（3）部分铁合金可以兼作脱氧剂和合金剂，如锰铁、硅铁、铝等。

3.2.3.3　常用铁合金的选用

A　目的与目标

根据冶炼钢种的不同要求，正确选用铁合金。

B　操作步骤或技能实施

（1）知道所炼钢种的标准成分及内控要求。

（2）根据钢中该元素的残余含量，确定该元素的需加入量。

（3）选择所用铁合金种类（碳含量及合金元素的含量）。

（4）确定合金回收率，并计算出该合金加入量。

（5）核对所选用的合金种类及加入量。

C　注意事项

（1）冶炼沸腾钢一般选用锰铁。

（2）冶炼镇静碳钢一般选用锰铁和硅铁。

（3）冶炼合金钢，选用相应合金元素的铁合金。如冶炼 40Cr 选用铬铁；冶炼 50CrV 则选用铬铁和钒铁。

（4）铝一般用于终脱氧。只有冶炼含铝钢时铝才作为合金剂选用。

（5）选用某一合金，采用低碳、中碳还是高碳合金，要视钢中碳含量与所炼钢种规格之间的差值。在可能的情况下，还应考虑炼钢成本，尽量选用价格便宜的高碳铁合金。

（6）提高钢的内在质量，常采用复合脱氧剂，如 Mn – Si、Ca – Si 等。

（7）凡需加多种铁合金时一般先加脱氧能力较弱的合金，再加脱氧能力较强的合金，依次类推。例如生产中常见是先加 Fe – Mn，然后加 Fe – Si、Mn – Si，最后加铝。

D　知识点

常用铁合金的使用要求为：

（1）合金使用前必须核对合金种类、成分单及实物，切忌搞错用错。

（2）合金回收率的影响因素很多，一般有合金的氧化能力、冶炼温度、钢水及炉渣氧化性、炉渣数量及其黏度等。使用前必须根据以上因素的综合影响正确确定合金元素回收率，并在计算合金用量时应视具体情况对计算结果酌情进行调整。

（3）所加铁合金必须保证其块度要求。块度太小在加入过程中易被炉渣氧化，降低回收率；块度太大加入钢中后难以熔化，易造成成分偏析甚至不准。块度要求应根据铁合金加入方法、加入时期、合金种类及炉子吨位大小而异。具体见相应的操作规程。

（4）铁合金在加入前一般都要经过烘烤，以保证其干燥和加入后熔池有较小的温降（特别是加入量较大的合金）。例如硅铁使用前必须烘烤到表面发红，否则会增加钢中的气体含量。

复习思考题

3 – 1　转炉炼钢用原材料有哪些，为什么要用精料？

3 – 2　转炉炼钢对铁水成分和温度有什么要求？

3 – 3　对铁水带渣量有什么要求，为什么？

3 – 4　转炉炼钢用废钢的来源有哪些，对废钢的要求是什么？

3 – 5　转炉炼钢对入炉生铁块的要求是什么？

3 – 6　如何检查和识别混入废钢铁中的有害杂质，有害杂质对冶炼及钢质有什么危害？

3 – 7　如何识别常用铁合金？

3 – 8　常用铁合金的成分要求有哪些？

3 – 9　如何根据冶炼钢种的不同选用铁合金？

3 – 10　如何进行铁合金管理？

3 – 11　转炉炼钢对增碳剂有什么要求？

3 – 12　转炉炼钢对石灰有什么要求？

3 – 13　什么是活性石灰，活性石灰有哪些特点？

3 – 14　转炉炼钢对石灰的要求有哪些？

3 – 15　转炉用萤石的作用是什么，对萤石有什么要求？

3 – 16　转炉用白云石的作用是什么，对白云石有什么要求？

3 – 17　转炉炼钢常用哪些冷却剂？

3 – 18　转炉炼钢对铁矿石有什么要求？

3 – 19　转炉炼钢对氧化铁皮有什么要求？

3 – 20　转炉炼钢用合成造渣剂的作用是什么？

3 – 21　如何识别锰铁、硅铁、硅锰、硅钙、铝铁与铅？

3 – 22　怎样选用脱氧剂？

任务4 顶吹转炉冶炼操作

4.1 任务描述

（1）转炉炼钢工（班长）根据车间生产值班调度下达的生产任务，编制原料配比方案和工艺操作方案。

（2）与原料工段协调完成铁水、废钢及其他辅料的供应。

（3）组织本班组员工按照操作标准，安全地完成铁水及废钢的加入、吹氧冶炼、取样测温、出钢合金化、溅渣护炉、出渣等一套完整的冶炼操作。

（4）在进行冶炼操作这个关键环节时，与吹氧工配合，在熟练使用转炉炼钢系统设备的基础上，运用计算机操作系统控制转炉的散装料系统设备、供氧系统设备、除尘系统设备，及时、准确地调整氧枪高度、炉渣成分、冶炼温度、钢液成分，完成煤气回收任务，按所炼钢种要求进行出钢合金化操作，保证炼出合格的钢水，并填写完整的冶炼记录。

（5）按计划做好炉衬的维护。

4.2 相关知识

4.2.1 一炉钢的操作过程

要想找出吹炼过程中金属成分和炉渣成分的变化规律，首先就必须熟悉一炉钢的操作、工艺过程。图4-1示出氧气顶吹转炉吹炼一炉钢的操作过程与相应的工艺制度。

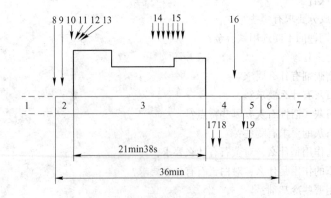

图4-1 氧气顶吹转炉吹炼一炉钢的操作实例

1—上炉排渣；2—装料；3—吹炼；4—出钢准备；5—出钢；6—排渣；7—下炉装料；8—废钢（15000kg）；9—铁水（72500kg）；10—石灰石（4200kg）；11—铁皮（700kg）；12—萤石（180kg）；13—铁矿石（600kg）；14—铁矿石（200kg×7次）；15—石灰（200kg×5次）；16—锰铁；17—取样；18—测温；19—锰铁、铝

由图 4-1 可以清楚地看出，氧气顶吹转炉炼钢的工艺操作过程可分为以下几步进行：

（1）上炉钢出完并倒完炉渣后，迅速检查炉体，必要时进行补炉，然后堵好出钢口，及时加料。

（2）在装入废钢和兑入铁水后，把炉体摇正。在下降氧枪的同时，由炉口上方的辅助材料溜槽向炉中加入第一批渣料（石灰、萤石、氧化铁皮、铁矿石），其量为总量的 1/2~2/3。当氧枪降至规定的枪位时，吹炼过程正式开始。当氧气流与熔池面接触时，碳、硅、锰开始氧化，称为点火。点火后约几分钟，炉渣形成并覆盖于熔池面上。随着 Si、Mn、C、P 的氧化，熔池温度升高，火焰亮度增加，炉渣起泡，并有小铁粒从炉口喷溅出来，此时应当适当降低氧枪高度。

（3）吹炼中期脱碳反应剧烈，渣中氧化铁含量降低，致使炉渣的熔点增高和黏度增大，并可能出现稠渣（即返干）现象。此时应适当提高氧枪枪位，并可分批加入铁矿石和第二批造渣材料（其余的 1/3），以提高炉渣中的氧化铁含量及调整炉渣。第三批造渣料为萤石，用以调整炉渣的流动性。但是否加入第三批造渣材料，其加入量如何，要视各厂生产的情况而定。

（4）吹炼后期由于熔池金属中碳含量大大降低，使脱碳反应减弱，炉内火焰变得短而透明。最后根据火焰状况、供氧数量和吹炼时间等因素，按所炼钢种的成分和温度要求确定吹炼终点，并且提高氧枪停止供氧（称为拉碳），倒炉，经测温、取样后，根据分析结果决定出钢或补吹时间。

（5）当钢水成分和温度均已合格时，打开出钢口，即可倒炉出钢。在出钢过程中，向钢包内加入铁合金，进行脱氧和合金化（有时可在打开出钢口前向炉内投入部分铁合金）。出钢完毕，将炉渣倒入渣罐。

通常将相邻两炉之间的间隔时间（即从装入钢铁材料到倒渣完毕）称为冶炼周期或冶炼一炉钢的时间，一般为 20~40min。其中吹入氧气的时间称为供氧时间或纯吹炼时间。它与炉子吨位和工艺有关。

4.2.2 装入制度

4.2.2.1 装入制度的内容及依据

装入制度就是指确定转炉合理的装入量以及合适的铁水废钢比。转炉的装入量是指主原料的装入数量，它包括铁水和废钢的装入数量。

实践证明，每座转炉都必须有一个合适的装入量，装入量过大或过小都不能得到好的技术经济指标。若装入量过大，将导致吹炼过程严重喷溅，造渣困难，冶炼时间延长，吹损增加，炉衬寿命降低；装入量过小时，不仅产量下降，而且由于熔池变浅，控制不当，炉底容易受氧气流股的冲击作用而过早损坏，甚至使炉底烧穿，进而造成漏钢事故，对钢的质量也有不良影响。

在确定合理的装入量时，必须考虑以下因素：

（1）要有合适的炉容比。炉容比一般是指转炉新砌砖后，炉内自由空间的容积 V 与金属装入量 T 之比，以 V/T 表示，单位为 m^3/t。转炉生产中，炉渣喷溅和生产率与炉容比密切相关。合适的炉容比是从生产实践中总结出来的，它与铁水成分、喷头结构、供氧强度等因素有关。例如，铁水中 Si、P 含量较高，则吹炼过程中渣量大，炉容比应大一些，否则易使喷溅增加。使用供氧强度大的多孔喷头时，应使炉容比大些，否则容易损坏炉衬。目前，大多数顶吹转炉的炉容比应在 0.7~1.1 之间，表 4-1 所示为国内外顶吹转炉的炉容比统计情况。

表 4-1　国内外顶吹转炉的炉容比

炉容量/t	≤30	50	100~150	150~200	200~300	>300
炉容比/$m^3 \cdot t^{-1}$	0.92~1.15	0.95~1.05	0.85~1.05	0.7~1.09	0.7~1.10	0.68~0.94

大转炉的炉容比可以小些，小转炉的炉容比要稍大些。目前我国一些钢厂顶吹转炉的炉容比见表 4-2。

表 4-2　我国一些钢厂顶吹转炉的炉容比

厂　名	首钢一炼	太钢二炼	首钢三炼	攀钢	本钢二炼	鞍钢三炼	首钢二炼	宝钢一炼
吨位/t	30	50	80	120	120	150	210	300
炉容比/$m^3 \cdot t^{-1}$	0.86	0.97	0.73	0.90	0.91	0.86	0.92	1.05

（2）要有合适的熔池深度。为了保证生产安全和延长炉底寿命，要保证熔池具有一定的深度。不同公称吨位转炉的熔池深度如表 4-3 所示。熔池深度 H 必须大于氧气射流对熔池的最大穿透深度 h，一般认为，对于单孔喷枪，$h/H \leqslant 0.7$ 是合理的。

表 4-3　不同公称吨位转炉的熔池深度

公称吨位/t	30	50	80	100	210	300
熔池深度/mm	800	1050	1190	1250	1650	1949

（3）对于模铸车间，装入量应与锭型配合好。装入量减去吹损及浇注必要损失后的钢水量，应是各种锭型的整数倍，应尽量减少注余钢水量。装入量可按式（4-1）进行计算：

$$装入量 = \frac{钢锭单重 \times 钢锭支数 + 浇注必要损失}{钢水收得率(\%)} - 合金用量 \times 合金吸收率(\%)$$

$$(4-1)$$

注：有关单位采用 t。

此外，确定装入量时，还要受到钢包的容积、转炉的倾动机构能力、浇注吊车的起重能力等因素的制约。所以在制定装入制度时，既要发挥现有设备的潜力，又要防止片面的、不顾实际的盲目超装，以免造成浪费和事故。

4.2.2.2　装入制度的类型

氧气顶吹转炉的装入制度有定量装入制度、定深装入制度和分阶段定量装入制度。其中，定深装入制度即指每炉熔池深度保持不变，由于其生产组织困难，现已很少使用。定量装入制度和分阶段定量装入制度在国内外得到广泛应用。

A　定量装入制度

定量装入制度就是指在整个炉役期间，每炉的装入量保持不变。这种装入制度的特点是：便于生产组织，操作稳定，有利于实现过程自动控制；但炉役前期熔池深，后期熔池变浅，只适合大吨位转炉。国内外大型转炉已广泛采用定量装入制度。

B 分阶段定量装入制度

分阶段定量装入制度是指在一个炉役期间，按炉膛扩大的程度将其划分为几个阶段，每个阶段定量装入。这样既大体上保持了整个炉役中具有比较合适的熔池深度，又保持了各个阶段中装入量的相对稳定；既能增加装入量，又便于组织生产。分阶段定量装入制度是适应性较强的一种装入制度，我国中、小型转炉炼钢厂普遍采用这种装入制度。表4-4所示为首钢30t转炉分阶段定量装入制度。

表4-4 首钢30t转炉分阶段定量装入制度

炉龄区间	1~50	51~100	101~400				>401			
装入量/t	35		40.5	41	42.5	42.5	46	46	48.5	43.5
出钢量/t	32.4		36.8	36.9	39.1	39	42.1	41	44.64	40
锭型	沸腾 5.2t		沸腾 5.2t	大头 4.1t	挂板 5.2t	板坯	沸腾 5.2t	大头 4.1t	挂板 5.2t	板坯
炉容比/m³·t⁻¹	0.86		0.78	0.78	0.74	0.74	0.82	0.84	0.80	0.85
模铸根数/根	6		7	9	7	—	8	10	8	—

注：沸腾表示沸腾钢，挂板表示普通镇静钢，大头表示带保温帽钢锭。

4.2.2.3 装入操作

A 铁水、废钢的装入顺序

（1）先兑铁水，后装废钢。这种装入顺序可以避免废钢直接撞击炉衬，但炉内留有液态残渣时，兑铁易发生喷溅。

（2）先装废钢，后兑铁水。采用这种装入顺序，废钢直接撞击炉衬，但目前国内各钢厂普遍采用溅渣护炉技术。运用此法可防止兑铁喷溅，但补炉后的第一炉钢可采用前法。

B 铁水废钢比的准确控制

铁水、废钢装入比例的确定，从理论上来讲应根据热平衡计算而定。但在生产条件下，一般是根据铁水成分、温度、炉龄期长短、废钢预热等情况，按经验确定铁水配入的下限值和废钢加入的上限值。在正常生产条件下，废钢加入量变化不大，各炉次废钢加入量的变化受上下炉次间隔时间、铁水成分、温度等的影响。目前，我国大多数转炉生产中铁水比一般波动在75%~90%之间，近几年我国转炉废钢加入量平均为100~150kg/t。

C 注意安全，防止污染

兑铁水前转炉内应无液态残渣，并应疏散周围人员，以防造成人员伤害和发生设备事故。如果没有二次除尘设备，兑铁水时转炉倾动角度应小些，尽量使烟尘进入烟道。

4.2.3 造渣制度

氧气顶吹转炉的供氧时间仅有十几分钟，在此期间必须形成具有一定碱度、氧化性、流动性、合适 MgO 含量、正常泡沫化的熔渣，以保证炼出合格的优质钢水，并减少对炉衬的侵蚀。

转炉炼钢造渣的目的是：去除磷和硫，减少喷溅，保护炉衬，减少终点氧。

造渣制度的内容就是要确定合适的造渣方法、渣料的加入数量和时间以及如何加速成渣。

4.2.3.1　炉渣的形成

氧气转炉炼钢过程时间很短，必须做到快速成渣，使炉渣尽快具有适当的碱度、氧化性和流动性，以便迅速地把铁水中的磷、硫等杂质去除到所炼钢种的要求以下。

A　炉渣的形成

炉渣一般是由铁水中的 Si、P、Mn、Fe 氧化以及加入的石灰溶解而形成，另外还有少量的其他渣料（白云石、萤石等）、带入转炉内的高炉渣、侵蚀的炉衬等。炉渣的氧化性和化学成分在很大程度上控制了吹炼过程中的反应速度。如果吹炼要在脱碳的同时脱磷，则必须控制(FeO)含量在一定范围内，以保证石灰不断溶解，形成一定碱度、一定数量的泡沫化炉渣。

开吹后，铁水中 Si、Mn、Fe 等元素氧化生成 FeO、SiO_2、MnO 等氧化物并进入渣中，这些氧化物相互作用生成许多矿物质。吹炼前期，渣中主要矿物组成为各类橄榄石 $(Fe, Mn, Mg, Ca)SiO_4$ 和玻璃体 SiO_2。随着炉渣中石灰的溶解，由于 CaO 与 SiO_2 的亲和力比其他氧化物大，CaO 逐渐取代橄榄石中的其他氧化物，形成硅酸钙。随碱度增加，进而形成 $CaO \cdot SiO_2$、$3CaO \cdot 2SiO_2$、$2CaO \cdot SiO_2$、$3CaO \cdot SiO_2$，其中最稳定的是 $2CaO \cdot SiO_2$。到吹炼后期，C–O 反应减弱，(FeO)含量有所提高，石灰进一步溶解，渣中可能产生铁酸钙。表 4–5 列出炉渣中的化合物及其熔点。

表 4–5　炉渣中的化合物及其熔点

化合物	矿物名称	熔点/℃	化合物	矿物名称	熔点/℃
$CaO \cdot SiO_2$	硅酸钙	1550	$CaO \cdot MgO \cdot SiO_2$	钙镁橄榄石	1390
$MnO \cdot SiO_2$	硅酸锰	1285	$CaO \cdot FeO \cdot SiO_2$	钙铁橄榄石	1205
$MgO \cdot SiO_2$	硅酸镁	1557	$2CaO \cdot MgO \cdot 2SiO_2$	镁黄长石	1450
$2CaO \cdot SiO_2$	硅酸二钙	2130	$3CaO \cdot MgO \cdot SiO_2$	镁蔷薇辉石	1550
$FeO \cdot SiO_2$	铁橄榄石	1205	$2CaO \cdot P_2O_5$	磷酸二钙	1320
$2MnO \cdot SiO_2$	锰橄榄石	1345	$CaO \cdot Fe_2O_3$	铁酸钙	1230
$2MgO \cdot SiO_2$	镁橄榄石	1890	$2CaO \cdot Fe_2O_3$	正铁酸钙	1420

B　石灰的溶解

石灰的溶解在成渣过程中起着决定性的作用，图 4–2 示出吹炼过程中渣量和石灰溶解量的变化情况。由图可见，在 25% 的吹炼时间内，渣主要靠元素 Si、Mn、P 和 Fe 的氧化形成。在此后的时间里，成渣主要是靠石灰的溶解。特别是在 60% 的吹炼时间以后，由于炉温升高，石灰溶解加快，使渣大量形成。

石灰在炉渣中的溶解是复杂的多相反应，其过程分为以下三步：

第一步，液态炉渣经过石灰块外部扩散边界层向反应区迁移，并沿气孔向石灰块内部迁移。

第二步，炉渣与石灰在反应区进行化学反应，形成新相。该反应不仅在石灰块外表面进行，而且在内部气孔表面上进行。其反应式为：

$$(FeO) + (SiO_2) + CaO \longrightarrow (FeO_x) + (CaO \cdot FeO \cdot SiO_2)$$

$$(Fe_2O_3) + 2CaO \longrightarrow (2CaO \cdot Fe_2O_3)$$

$$(CaO \cdot FeO \cdot SiO_2) + CaO \longrightarrow (2CaO \cdot SiO_2) + (FeO)$$

第三步，反应产物离开反应区向炉渣熔体中转移。炉渣由表及里逐渐向石灰块内部渗透，表面有反应产物形成。通常在顶吹转炉和底吹转炉吹炼前期，从炉内取出的石灰块表面存在着高熔点、致密坚硬的 $2CaO \cdot SiO_2$ 外壳，它阻碍石灰的溶解。但在复吹转炉中，从炉内取出的石灰块样均没有发现 $2CaO \cdot SiO_2$ 外壳，其原因可认为是底吹气体加强了熔池搅拌，避免了顶吹转炉中渣料被吹到炉膛四周的不活动区，从而加快了 (FeO) 向石灰的渗透。

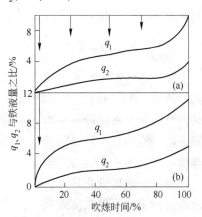

图 4-2 吹炼过程中渣量 q_1 和
石灰溶解量 q_2 的变化
(a) 废钢冷却；(b) 矿石冷却

由以上分析可知，影响石灰溶解的主要因素有：

（1）炉渣成分。实践证明，炉渣成分对石灰溶解速度有很大影响。有研究表明，石灰溶解速度与炉渣成分之间的统计关系为：

$$v_{CaO} = k(w(CaO) + 1.35w(MgO) + 2.75w(FeO) + 1.90w(MnO) - 39.1) \qquad (4-2)$$

式中　v_{CaO}——石灰在渣中的溶解速度，$kg/(m^2 \cdot s)$；

　　　k——比例系数；

　　$w(i)$——渣中氧化物含量，%。

由式（4-2）可见，(FeO) 对石灰溶解速度的影响最大，它是石灰溶解的基本熔剂。其原因是：

1）(FeO) 能显著降低炉渣黏度，加速石灰溶解过程的传质。

2）(FeO) 能改善炉渣对石灰的润湿和向石灰孔隙中的渗透。

3）(FeO) 的离子半径不大（$r_{Fe^{2+}} = 0.083nm$，$r_{Fe^{3+}} = 0.067nm$，$r_{O^{2-}} = 0.132nm$），且与 CaO 同属于立方晶系，这些都有利于其向石灰晶格中迁移并生成低熔点物质。

4）(FeO) 能减少石灰块表面 $2CaO \cdot SiO_2$ 的生成，并使生成的 $2CaO \cdot SiO_2$ 变疏松，有利于石灰溶解。

渣中 (MnO) 对石灰溶解速度的影响仅次于 (FeO)，故在生产中可在渣料中配加锰矿。向炉渣中加入 6% 左右的 (MgO) 也对石灰溶解有利，因为 $CaO - MgO - SiO_2$ 系化合物的熔点都比 $2CaO \cdot SiO_2$ 低。

（2）温度。熔池温度高（高于炉渣熔点以上），可以使炉渣黏度降低，加速炉渣向石灰块内的渗透，使生成的石灰块外壳化合物迅速熔融而脱落成渣。转炉冶炼的实践已经证明，在熔池反应区，由于温度高且 (FeO) 多，使石灰的溶解加速进行。

（3）熔池的搅拌。加快熔池的搅拌可以显著改善石灰溶解的传质过程，增加反应界面，提高石灰溶解速度。复吹转炉的生产实践也已证明，由于熔池搅拌加强，使石灰溶解和成渣速度都比顶吹转炉提高。

（4）石灰的质量。表面疏松、气孔率高、反应能力强的活性石灰，有利于炉渣向石灰块内渗透，也扩大了反应界面，加速了石灰溶解过程。目前，在世界各国转炉炼钢中都提倡使用活性石灰，以利于快速渣、成好渣。

由此可见，炉渣的成渣过程就是石灰的溶解过程，石灰熔点高、(FeO)含量高、温度高和搅拌激烈是加快石灰溶解的必要条件。

4.2.3.2　泡沫渣

在吹炼过程中，由于氧气流股对熔池的作用，产生了许多金属液滴。这些金属液滴落入炉渣后，与 FeO 作用生成大量的 CO 气泡并分散于熔渣之中，形成了气 – 熔渣 – 金属密切混合的乳浊液。分散在熔渣中的小气泡的总体积往往超过熔渣本身的体积。熔渣成为薄膜，将气泡包住并使其隔开，引起熔渣发泡膨胀，形成泡沫渣。在正常情况下，泡沫渣的厚度一般为 $1 \sim 2m$ 甚至 $3m$。

由于炉内的乳化现象，大大发展了气 – 熔渣 – 金属界面，加快了炉内化学反应速度，从而达到了良好的吹炼效果。若控制不当，严重的泡沫渣也会导致事故。

A　影响泡沫渣形成的因素

氧气顶吹转炉吹炼过程中，泡沫渣内气体来源于供给炉内的氧气和碳氧化生成的 CO 气体，而且主要是 CO 气体。这些气体能否稳定地存在于熔渣中，还与熔渣的物理性质有关。

SiO_2 或 P_2O_5 都是表面活性物质，能够降低熔渣的表面张力，它们生成的吸附薄膜常常成为稳定泡沫的重要因素。但单独的 SiO_2 或 P_2O_5 对稳定气泡的作用不大，若两者同时存在，效果最好。因为 SiO_2 能增加薄膜的黏性，而 P_2O_5 能增加薄膜的弹性，这都会阻碍小气泡的聚合和破裂，有助于气泡稳定在熔渣中。FeO、Fe_2O_3 和 CaF_2 含量的增加也能降低熔渣的表面张力，有利于泡沫渣的形成。

熔渣中固体悬浮物对稳定气泡也有一定作用。当熔渣中存在着 $2CaO \cdot SiO_2$、$3CaO \cdot P_2O_5$、CaO 和 MgO 等固体微粒时，它们附着在小气泡表面上，能使气泡表面薄膜的韧性增强、黏性增大，也阻碍了小气泡的聚合和破裂，从而使泡沫渣的稳定期延长。当熔渣中析出大量的固体颗粒时，气泡膜即变脆而破裂，熔渣就出现了返干现象。所以熔渣的黏度对熔渣的泡沫化有一定影响，但也不是说熔渣越黏越利于泡沫化。另外，低温有利于熔渣泡沫的稳定。

总之，影响熔渣泡沫化的因素是多方面的，不能单独强调某一方面，而应综合各方面因素加以分析。

B　吹炼过程中泡沫渣的形成及控制

吹炼前期熔渣碱度低，并含有一定数量的 FeO、SiO_2、P_2O_5 等，主要是这些物质的吸附作用稳定了气泡。

吹炼中期碳激烈氧化，产生大量的 CO 气体，由于熔渣碱度提高，形成了硅酸盐及磷酸盐等化合物，SiO_2 和 P_2O_5 的活度降低，SiO_2 和 P_2O_5 的吸附作用逐渐消失，稳定气泡主要依靠固体悬浮微粒。此时如果能正确操作，避免或减轻熔渣的返干现象，就能控制合适的泡沫渣。

吹炼后期脱碳速度降低,只要熔渣碱度不过高,稳定泡沫的因素就会大大减弱,一般不会产生严重的泡沫渣。

若吹炼过程中氧压低、枪位过高,渣中TFe含量大量增加,使泡沫渣发展,严重的还会产生泡沫性喷溅或溢渣;相反,若枪位过低,尤其是在碳氧化激烈的中期,渣中TFe含量低,又会导致熔渣的返干而造成金属喷溅。所以,只有控制得当才能够保持正常的泡沫渣。

4.2.3.3 造渣方法

在生产实践中,一般根据铁水成分及吹炼钢种的要求来确定造渣方法。常用的造渣方法有单渣操作、双渣操作、留渣操作等。

A 单渣操作

单渣操作就是在冶炼过程中只造一次渣,中途不倒渣、不扒渣,直到终点出钢。

当铁水Si、P、S含量较低,或钢种对P、S含量要求不严格,或冶炼低碳钢种时,均可以采用单渣操作。

单渣操作工艺比较简单,吹炼时间短,劳动条件好,易于实现自动控制。单渣操作的脱磷率在90%左右,脱硫率在35%左右。

B 双渣操作

在冶炼中途分一次或几次除去$1/2 \sim 2/3$的熔渣,然后加入渣料重新造渣的操作方法称双渣法。当铁水硅含量较高或磷含量大于0.5%,或虽然磷含量不高但吹炼优质钢,或吹炼中、高碳钢种时,一般采用双渣操作。

最早采用双渣操作是为了脱磷,现在除了冶炼低锰钢外已很少采用。但当前有的转炉终点不能一次拉碳,需多次倒炉并添加渣料后吹,这是一种变相的双渣操作,实际上对钢的质量、消耗以及炉衬都十分不利。

C 留渣操作

留渣操作就是将上炉终点熔渣的一部分或全部留给下炉使用。终点熔渣一般有较高的碱度和(FeO)含量,而且温度高,对铁水具有一定的脱磷和脱硫能力。将其留到下一炉有利于初期渣及早形成,并且能提高前期去除P、S的效率,有利于保护炉衬,节省石灰用量。

在留渣操作时,兑铁水前首先要加石灰稠化熔渣,避免兑铁水时产生喷溅而造成事故。

溅渣护炉技术在某种程度上可以看做是留渣操作的特例。

根据以上的分析比较,单渣操作是简单稳定的,有利于自动控制。因此,对于Si、S、P含量较高的铁水,最好经过铁水预处理,使其在进入转炉之前就符合炼钢要求。这样生产才能稳定,有利于提高劳动生产率,实现过程自动控制。

4.2.3.4 渣料加入量的确定

加入炉内的渣料主要指石灰和白云石,还有少量助熔剂。

A　石灰加入量的确定

石灰加入量主要根据铁水中 Si、P 含量和炉渣碱度来确定。

a　炉渣碱度的确定

碱度高低主要根据铁水成分而定，一般来说，P、S 含量低的铁水，炉渣碱度控制在 2.8 ~ 3.2；P、S 含量中等的铁水，炉渣碱度控制在 3.2 ~ 3.5；P、S 含量较高的铁水，炉渣碱度控制在 3.5 ~ 4.0。

b　石灰加入量的计算

(1) 铁水 $w[P] < 0.30\%$ 时，石灰加入量 $W(kg/t)$ 可用式(4-3)计算：

$$W = \frac{2.14 w[Si]}{w(CaO)_{有效}} \cdot R \times 1000 \qquad (4-3)$$

式中　2.14——SiO_2 的相对分子质量与 Si 的相对原子质量之比（如 1kg 的 Si 氧化后生成 2.14kg 的 SiO_2）；

　　　$w[Si]$——铁水中硅的质量分数，%；

$w(CaO)_{有效}$——石灰中有效 CaO 含量，$w(CaO)_{有效} = w(CaO)_{石灰} - R \cdot w(SiO_2)_{石灰}$；

　　　R——碱度，$R = w(CaO)/w(SiO_2)$。

(2) 铁水 $w[P] > 0.30\%$ 时，$R = \dfrac{w(CaO)}{w(SiO_2) + w(P_2O_5)}$，则石灰加入量用式(4-4)计算：

$$W = \frac{2.2(w[Si] + w[P])}{w(CaO)_{有效}} \cdot R \times 1000 \qquad (4-4)$$

式中　2.2——相对分子质量之比，$2.2 = \dfrac{1}{2}\left[\left(\dfrac{M_{SiO_2}}{M_{Si}}\right) + \left(\dfrac{P_{P_2O_5}}{M_{P_2}}\right)\right]$；

　　　$w[P]$——铁水中磷的质量分数，%。

B　白云石加入量的确定

白云石加入量根据炉渣中所要求的 MgO 含量来确定，一般炉渣中 MgO 含量控制在 6% ~ 8%。炉渣中的 MgO 由石灰、白云石和炉衬侵蚀的 MgO 带入，故在确定白云石加入量时要考虑它们的相互影响。

(1) 白云石应加入量 $W_白(kg/t)$。计算如下：

$$W_白 = \frac{Z \cdot w(MgO)_渣}{w(MgO)_白} \times 1000$$

式中　　　Z——渣量，%；

$w(MgO)_渣$——炉渣中 MgO 的质量分数，%；

$w(MgO)_白$——白云石中 MgO 含量，%。

(2) 白云石实际加入量 $W'_白$。白云石实际加入量中，应减去石灰中带入的 MgO 量所折算的白云石数量 $W_灰$ 和炉衬侵蚀进入渣中的 MgO 量所折算的白云石数量 $W_衬$：

$$W'_白 = W_白 - W_灰 - W_衬$$

下面通过实例计算说明其应用。设渣量为金属装入量的 12%，炉衬侵蚀量为装入量的 1%，炉衬中含 MgO 40%。铁水成分为：Si 0.7%，P 0.2%，S 0.05%；石灰成分为：CaO 90%，MgO 3%，SiO_2 2%；白云石成分为：CaO 40%，MgO 35%，SiO_2 3%。终渣要求(MgO)含量为 8%，碱度为 3.5。

1）白云石应加入量：

$$W_白 = \frac{12\% \times 8\%}{35\%} \times 1000 = 27.4 \text{kg/t}$$

2）炉衬侵蚀进入渣中的 MgO 所折算的白云石数量：

$$W_衬 = \frac{1\% \times 40\%}{35\%} \times 1000 = 11.4 \text{kg/t}$$

3）石灰中带入的 MgO 所折算的白云石数量：

$$W_灰 = \frac{w(\text{MgO})_灰}{w(\text{MgO})_白} = \frac{2.14 \times 0.7\%}{90\% - 3.5 \times 2\%} \times 3.5 \times 1000 \times \frac{3\%}{35\%} = 5.4 \text{kg/t}$$

4）白云石实际加入量：

$$W'_白 = 27.4 - 11.4 - 5.4 = 10.6 \text{kg/t}$$

（3）白云石带入渣中的 CaO 所折算的石灰数量。计算如下：

白云石带入渣中的 CaO 所折算的石灰数量 $= 10.6 \times 40\%/90\% = 4.7 \text{kg/t}$

（4）石灰实际加入量。计算如下：

$$石灰实际加入量 = W - 白云石折算的石灰量 = \frac{2.14 \times 0.7\%}{90\% - 3.5 \times 2\%} \times 3.5 \times 1000 - 4.7$$

$$= 58.5 \text{kg/t}$$

（5）白云石与石灰入炉比例。计算如下：

白云石实际加入量/石灰实际加入量 $= 10.6/58.5 = 0.18$

在工厂生产实际中，由于石灰质量不同，白云石与石灰入炉量之比可达 0.20 ~ 0.30。

C 助熔剂加入量的确定

转炉造渣中常用的助熔剂是氧化铁皮和萤石。萤石化渣快，效果明显，但量过多对炉衬有侵蚀作用；另外，我国萤石资源短缺，价格较高，所以应尽量少用或不用。原冶金部转炉操作规程中规定，萤石用量应小于 4kg/t。

氧化铁皮或铁矿石也能调节渣中 FeO 含量，起到化渣作用，但它对熔池有较大的冷却效应，应视炉内温度高低确定其加入量。一般铁矿石或氧化铁皮的加入量为装入量的 2% ~ 5%。

4.2.3.5 渣料加入时间

渣料的加入数量和加入时间对化渣速度有直接的影响，因而应根据各厂原料条件来确定。通常情况下，渣料分两批或三批加入。第一批渣料在兑铁水前或开吹时加入，加入量为总渣量的 1/2 ~ 2/3，并将白云石全部加入炉内。第二批渣料加入时间是在第一批渣料化好，铁水中硅、锰氧化基本结束后分小批加入，其加入量为总渣量的 1/3 ~ 1/2。若是双渣操作，则是倒渣后加入第二批渣料。第二批渣料通常是分小批多次加入，多次加入对石灰溶解有利，也可用小批渣料来控制炉内泡沫渣的溢出。第三批渣料视炉内磷、硫的去除情况来决定是否加入，其加入数量和时间均应根据吹炼实际情况而定。无论加几批渣，最后一小批渣料必须在拉碳倒炉前 3min 加完，否则来不及化渣。

所以单渣操作时，渣料一般都是分两批加入，具体数量各厂不同。首钢一炼钢厂和上钢一厂渣料的加入数量和加入时间，列于表 4 - 6 中。

第一批渣料是总量的一半或一半以上，其余的第二批加入。如果需要调整熔渣或炉温，

表4-6　渣料的加入数量和加入时间

厂名	批数	渣料加入量占总加入量的比例					加　入　时　间
		石灰	矿石	萤石	铁皮	生白云石	
首钢一炼钢厂	一	1/2 ~ 2/3	1/3	1/3		2/3 ~ 1	开吹时加入
	二	1/3 ~ 1/2	2/3	2/3		0 ~ 1/3	开吹3~6min加完
	三	根据情况调整					终点前3min加完
上钢一厂	一	1/2	全部	1/2	1/2	全部	开吹前一次加入
	二	1/2	0	1/2	1/2	0	开吹后5~6min开始加入，11~12min加完
	三	根据需要调整					终点前3~4min加完

才有所谓的第三批渣料。

在正常情况下，第一批渣料是在开吹的同时加入。第二批渣料一般在 Si、Mn 氧化基本结束，第一批渣料基本化好，碳焰初起时加入较为合适。第二批渣料可以一次加入，也可以分小批多次加入。分小批多次加入不会过分冷却熔池，对石灰渣化有利，也有利于碳的均衡氧化。但最后一小批料必须在终点拉碳前一定时间加完，否则渣料来不及熔化就要出钢。30t 转炉规定，终点前 3~4min 加完最后一批渣料。

如果炉渣熔化得好，炉内 CO 气泡排出受到金属液和炉渣的阻碍，发出的声音比较闷；而当炉渣熔化不好时，CO 气泡从石灰块的缝隙穿过排出，声音比较尖锐。采用声呐装置接收这种声音信息可以判断炉内炉渣的熔化情况，并将信息送入计算机处理，进而指导枪位的控制。

人工判断炉渣化好的特征是：炉内声音柔和，喷出物不带铁、无火花、呈片状，落在炉壳上不黏附。否则噪声尖锐，火焰散，喷出石灰和金属粒并带火花。

第二批渣料加得过早和过晚均对吹炼不利。若加得过早，炉内温度低，第一批渣料还没有化好又加入冷料，熔渣就更不容易形成，有时还会造成石灰结坨，影响炉温的提高；若加得过晚，正值碳的激烈氧化期，TFe 含量低。当第二批渣料加入后炉温骤然降低，不仅渣料不易熔化，还抑制了碳氧反应，会产生金属喷溅，当炉温再度提高后就会造成大喷溅。

第三批渣料的加入时间要根据炉渣化得好坏及炉温的高低而定。炉渣化得不好时，可适当加入少量萤石进行调整。炉温较高时，可加入适量的冷却剂调整。

4.2.4　供氧制度

将 0.7~1.5MPa 的高压氧气通过水冷氧枪从炉顶上方送入炉内，使氧气流股直接与钢水熔池作用，完成吹炼任务。供氧制度是指在供氧喷头结构一定的条件下，使氧气流股最合理地供给熔池，创造炉内良好的物理化学条件。因此，制定供氧制度时应考虑喷头结构、供氧压力、供氧强度和氧枪高度控制等因素。

4.2.4.1　氧枪喷头

转炉供氧的射流特征是通过氧枪喷头来实现的，因此，喷头结构的合理选择是转炉供氧的关键。氧枪喷头有单孔、多孔和双流道等多种结构。对喷头的选择要求为：

（1）应获得超声速流股，有利于氧气利用率的提高；

（2）应获得合理的冲击面积，使熔池液面化渣快，对炉衬冲刷少；

（3）有利于提高炉内的热效率；

（4）便于加工制造，有一定的使用寿命。

4.2.4.2　供氧制度中的几个工艺参数

A　氧气流量

氧气流量 Q 是指在单位时间内向熔池供氧的数量（常用标准状态下的体积量度），其单位为 m^3/min 或 m^3/h。氧气流量是根据吹炼每吨金属料所需要的氧气量、金属装入量、供氧时间等因素来确定的，即：

$$Q = \frac{V}{t} \tag{4-5}$$

式中　Q——氧气流量（标态），m^3/min 或 m^3/h；

　　　V——一炉钢的氧耗量，m^3；

　　　t——供氧时间，min 或 h。

一般供氧时间为 $14 \sim 22min$，大转炉吹氧时间稍长些。

[**例4-1**] 转炉装入量为 132t，吹炼 15min，氧耗量（标态）为 6068m^3，此时氧气流量为多少？

　　解　　　　　　　　　　　　$V = 6068m^3$，$t = 15min$

$$Q = \frac{V}{t} = \frac{6068}{15} = 404.53m^3/min = 24272m^3/h$$

即此时氧气流量为 24272m^3/h。

B　供氧强度

供氧强度 I 是指单位时间内每吨金属的氧耗量，可由式(4-6)确定：

$$I = \frac{Q}{T} \tag{4-6}$$

式中　I——供氧强度（标态），$m^3/(t \cdot min)$；

　　　Q——氧气流量，m^3/min；

　　　T——一炉钢的金属装入量，t。

[**例4-2**] 根据 [例4-1] 条件，求此时的供氧强度。若将供氧强度提至 3.6$m^3/(t \cdot min)$，每炉钢吹炼时间可缩短多少？

　　解　　　　　　　　$V = 6068m^3$，$T = 132t$，$t = 15min$

$$I = \frac{Q}{T} = \frac{V}{t \cdot T} = \frac{6068}{15 \times 132} = 3.06m^3/min$$

$$t = \frac{V}{I \cdot T} = \frac{6068}{3.6 \times 132} = 12.769min$$

每炉钢吹炼时间缩短值 $\Delta t = 15 - 12.769 = 2.231min = 2min14s$

即供氧强度为 3.06$m^3/(t \cdot min)$。提高供氧强度后，每炉钢吹炼时间可缩短 2min14s。

顶吹转炉炼钢的氧气流量和供氧强度主要取决于喷溅情况，通常应在基本上不产生喷溅的情况下控制在高限。目前国内 $30 \sim 50t$ 转炉的供氧强度为 $2.8 \sim 4.0m^3/(t \cdot min)$，$120 \sim 150t$ 转炉的供氧强度为 $2.3 \sim 3.5m^3/(t \cdot min)$，大于 150t 转炉的供氧强度一般为 $2.5 \sim$

$4.0m^3/(t \cdot min)$。如日本 300t 转炉采用五孔喷嘴，供氧强度达到 $4.44m^3/(t \cdot min)$；德国 350t 转炉采用七孔喷嘴，供氧强度为 $4.29m^3/(t \cdot min)$；有个别转炉可达 $5 \sim 6m^3/(t \cdot min)$。

C　1t 金属氧耗量

吹炼 1t 金属料所需要的氧气量可以通过计算求出来。其步骤是：首先计算出熔池各元素氧化所需的氧气量和其他氧耗量，然后再减去铁矿石或氧化铁皮带给熔池的氧量。现举例说明。

[**例 4 - 3**] 金属装入量中铁水占 90%，废钢占 10%。吹炼钢种是 Q235B，渣量是金属装入量的 7.777%。吹炼过程中，金属料中 90% 的碳氧化生成 CO，10% 的碳氧化生成 CO_2。求 100kg 金属料中 $w[C] = 1\%$ 时，氧化消耗的氧气量。

解　12g 的 C 生成 CO 消耗 16g 氧气，生成 CO_2 消耗 32g 氧气。设 100kg 金属料 $w[C] = 1\%$ 时生成 CO 消耗的氧气量为 x，生成 CO_2 消耗的氧气量为 y。

$$[C] + \frac{1}{2}\{O_2\} = \{CO\}$$

$$12g \qquad 16g$$

$$1\% \times 100 \times 90\% \text{ kg} \qquad x$$

$$x = \frac{1\% \times 100 \times 90\% \times 16}{12} = 1.200 \text{kg}$$

$$[C] + \{O_2\} = \{CO_2\}$$

$$12g \qquad 32g$$

$$1\% \times 100 \times 10\% \text{ kg} \qquad y$$

$$y = \frac{1\% \times 100 \times 10\% \times 32}{12} = 0.267 \text{kg}$$

则氧化 $w[C] = 1\%$ 的氧耗量 $= 1.200 + 0.267 = 1.467 \text{kg}$

即 100kg 金属料中 $w[C] = 1\%$ 时氧化消耗的氧气量为 1.467kg。

同理可以算出 100kg 金属料中 $w[Si] = 1\%$、$w[Mn] = 1\%$、$w[P] = 1\%$、$w[S] = 1\%$、$w[Fe] = 1\%$ 的氧耗量。渣中 $w(FeO) = 9\%$，$w(Fe_2O_3) = 3\%$。吹炼过程中被氧化进入炉渣的 Fe 元素数量为：FeO 中 $w[Fe] = 0.544\%$，Fe_2O_3 中 $w[Fe] = 0.163\%$。100kg 金属料中各元素氧化量和氧耗量见表 4 - 7。

表 4 - 7　100kg 金属料中各元素氧化量和氧耗量

项　目	质量分数/%						
	C	Si	Mn	P	S	Fe	
铁水	4.3	0.50	0.30	0.04	0.04		
废钢	0.10	0.25	0.40	0.02	0.02		
平均	3.88	0.475	0.31	0.038	0.038		
终点	0.15	痕迹	0.124	0.004	0.025	FeO	Fe_2O_3
烧损量/kg	3.73	0.475	0.186	0.034	0.013	0.544	0.163
每 1% 元素消耗的氧气量/kg	1.467	1.143	0.291	1.290	$1/3$[①]	0.286	0.429

① 气化脱硫量占总脱硫量的 1/3。

这样，

每 100kg 金属料需氧量 $= 1.467 \times \Delta w[C]_\% + 1.143 \times \Delta w[Si]_\% + 0.291 \times \Delta w[Mn]_\% + 1.290 \times \Delta w[P]_\% + \frac{1}{3} \times \Delta w[S]_\% + 0.286 \times \Delta w[Fe]_{\%(FeO)} + 0.429 \times \Delta w[Fe]_{\%(Fe_2O_3)}$

式中，$\Delta w[C]_\%$、$\Delta w[Si]_\%$、$\Delta w[Mn]_\%$、$\Delta w[P]_\%$、$\Delta w[S]_\%$、$\Delta w[Fe]_\%$ 分别是钢中 C、Si、Mn、P、S、Fe 的氧化量，用质量百分数表示。

已知铁水 $w[C] = 4.3\%$，占装入量的 90%；废钢 $w[C] = 0.1\%$，占装入量的 10%，则：

平均碳含量 $= 4.3\% \times 90\% + 0.1\% \times 10\% = 3.88\%$

同样可以算出 Si、Mn、P、S 的平均含量，见表 4-7。将表 4-7 中数据代入上式得：

每 100kg 金属料氧耗量 $= 1.467 \times 3.73 + 1.143 \times 0.475 + 0.291 \times 0.186 + 1.290 \times 0.034 + \frac{1}{3} \times 0.013 + 0.286 \times 0.544 + 0.429 \times 0.163 = 6.343kg$

这是氧耗量的主要部分。另外还有一部分氧耗量随着生产条件的变化而有差异，如炉气中部分 CO 燃烧生成 CO_2 所需要的氧气量、炉气中含有的一部分自由氧、烟尘中的氧含量以及喷溅物中的氧含量等。其数量随枪位、氧压、供氧强度、喷嘴结构、转炉炉容比、原材料条件等的变化而波动，波动范围较大。例如，炉气中 CO_2 含量的波动范围是 $\varphi(CO_2) = 5\% \sim 30\%$，自由氧含量 $\varphi(O_2) = 0.1\% \sim 2.0\%$。这部分的氧耗量是无法精确计算的，因此用一个氧气的利用系数加以修正。根据生产经验，氧气的利用系数一般在 80% ~ 90% 范围内。

综上，每 100kg 金属料的氧耗量 $= \dfrac{6.343}{80\% \sim 90\%} = 7.929 \sim 7.048kg$。

当采用铁矿石或氧化铁皮为冷却剂时，将带入熔池一部分氧，这部分氧量与矿石的成分和加入的数量有关。若矿石用量是金属量的 0.418%，根据矿石成分计算，每 100kg 金属料由矿石带入熔池的氧为 0.096kg，若全部用来氧化杂质，则每 100kg 金属料的氧耗量是：

$$(7.929 \sim 7.048) - 0.096 = 7.833 \sim 6.952kg$$

氧气纯度为 99.6%，其密度为 $1.429kg/m^3$，则每吨金属料的氧耗量（标态）是：

$$\frac{7.833 \sim 6.952}{99.6\% \times 1.429} \times \frac{1000}{100} = 55.03 \sim 48.84 m^3/t$$

平均为 $51.94 m^3/t$。计算的结果与各厂实际氧耗量（标态）$50 \sim 60 m^3/t$ 大致相同。

D 供氧时间

供氧时间是根据经验确定的，主要考虑转炉吨位大小、原料条件、造渣制度、吹炼钢种等情况来综合确定。小型转炉单渣操作供氧时间一般为 12 ~ 14min，中、大型转炉单渣操作供氧时间一般为 18 ~ 22min。

E 氧压

供氧制度中规定的工作氧压是测定点的氧压，以 $p_用$ 表示，它不是喷嘴前氧压，更不是出口氧压，测定点到喷嘴前还有一段距离，有一定的氧压损失（如图 4-3 所示）。一

般允许 $p_{用}$ 偏离设计氧压 ±20%，目前国内一些小型转炉的工作氧压为（5~8）×10⁵Pa，一些大型转炉则为（8.5~11）×10⁵Pa。

喷嘴前氧压用 p_0 表示，出口氧压用 p 表示。p_0 和 p 都是喷嘴设计的重要参数。出口氧压应稍高于或等于周围炉气的气压。如果出口氧压小于或高出周围气压很多，出口后的氧气流股就会收缩或膨胀，使得氧流很不稳定，并且能量损失较大，不利于吹炼。所以，通常选用 $p = 0.118 \sim 0.123$ MPa。

喷嘴前氧压 p_0 值的选用应考虑以下因素：

（1）氧气流股出口速度要达到超声速（450~530m/s），即 $Ma = 1.8 \sim 2.1$。

（2）出口氧压应稍高于炉膛内气压。从图 4-4 中可以看出，当 $p_0 > 0.784$ MPa 时，随氧压的增加，氧流出口速度显著增加；当 $p_0 > 1.176$ MPa 以后，氧压增加，氧流出口速度增加得不多。所以，通常喷嘴前氧压选择为 0.784~1.176MPa。

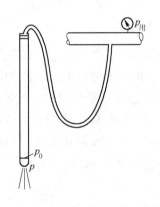

图 4-3　氧枪氧压测定点示意图

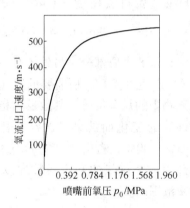

图 4-4　喷嘴前氧压与氧流出口
速度的关系

喷嘴前氧压与流量有一定关系，若已知氧气流量和喷嘴尺寸，p_0 是可以根据经验公式计算出来的。当喷嘴结构及氧气流量确定以后，氧压也就确定了。

F　枪位

枪位是指由氧枪喷头出口到静止熔池表面之间的距离。

枪位的高低与炉内反应密切相关。根据氧气射流的特性可知，当氧压一定时，枪位越低，氧气射流对熔池的冲击动能越大，熔池搅拌越强，氧气利用率越高，其结果是加速了炉内脱硅、脱碳反应，使渣中(FeO)含量降低，表 4-8、表 4-9 中的数据说明了这种结果。同时，由于脱碳速度快，缩短了反应时间，热损失相对减少，使熔池升温迅速。但枪位过低则不利于成渣，也可能冲击炉底；而枪位过高将使熔池的搅拌能力减弱，造成熔池

表 4-8　不同枪位时渣中(FeO)含量　　　　　　　　　　（%）

	时间/min	≤4	4~12	12~15
枪位/m	0.7	15~36	7~15	10~15
	0.8	25~35	11~25	11~20
	0.9	27~43	13~27	13~25

表4-9 不同枪位时的脱碳速度 （%/min）

	吹炼时间/min	3	5	7	9	11	13
枪位高度/m	0.90	0.312				0.294	0.330
	0.95						
	1.00	0.294		0.376	0.414		0.285
	1.05		0.320				
	1.10	0.298		0.323	0.364		0.226
	1.15					0.246	
	1.20			0.253	0.418		0.145
	1.25		0.310			0.200	

表面铁的氧化，使渣中（FeO）含量增加，导致炉渣严重泡沫化而引起喷溅。由此可见，只有合适的枪位才能获得良好的吹炼效果。

在确定合适的枪位时主要考虑两个因素：一是要有一定的冲击面积；二是在保证炉底不被损坏的条件下，有一定的冲击深度。氧枪高度可按经验确定一个控制范围，然后根据生产中的实际吹炼效果加以调整。由于喷嘴在加工过程中临界直径的尺寸很难做到非常准确，而生产中装入量又有波动，所以过分地追求氧枪高度的精确计算是没有意义的。

喷枪高度范围的经验公式为：

$$H = (25 \sim 55) d_{喉} \tag{4-7}$$

式中　H——喷嘴距熔池面的高度，mm；

　　　$d_{喉}$——喷嘴喉口直径，mm。

由于三孔喷嘴的氧气流股的铺散面积比单孔喷嘴要大，三孔喷枪的枪位可比单孔喷枪低一些。

喷枪高度范围确定后，常用流股的穿透深度来核算所确定的喷枪高度。为了保证炉底不受损坏，要求氧气流股的穿透深度 $h_{穿}$ 与熔池深度 $h_{熔}$ 之比要小于一定的比值。对单孔喷枪，$h_{穿}/h_{熔} \leqslant 0.70$；对多孔喷枪，$h_{穿}/h_{熔} \leqslant 0.25 \sim 0.40$。

通常，枪位根据如下因素确定：

（1）吹炼的不同时期。由于吹炼各时期的炉渣成分、金属成分和熔池温度明显不同，它们的变化规律也不同，因此枪位应相应地有所不同。

1）吹炼前期的特点是硅迅速氧化，渣中（SiO_2）含量大，熔池温度不高。此时要求快速熔化加入的石灰，尽快形成碱度不低于 $1.5 \sim 1.7$ 的活跃炉渣，以免酸性渣严重侵蚀炉衬，并尽量增加前期的脱磷、脱硫率。所以在温度正常时，除适当加入萤石或氧化铁皮等助熔剂外，一般应采用较高的枪位，使渣中 $\sum w(FeO)$ 稳定在 $25\% \sim 30\%$ 的水平。如果枪位过低，渣中 $\sum w(FeO)$ 低，则会在石灰块表面形成高熔点（2130℃）的 $2CaO \cdot SiO_2$，阻碍石灰的溶解；还会因熔池未能被炉渣良好覆盖，产生金属喷溅。当然，前期枪位也不应过高，以免产生严重喷溅。加入的石灰化完后，如果不继续加入石灰，就应适当降枪，使渣中 $\sum w(FeO)$ 适当降低，以免在硅、锰氧化结束和熔池温度上升后强烈脱碳时产生严重喷溅。

2）吹炼中期的特点是强烈脱碳。这时不仅吹入的氧全部消耗于碳的氧化，而且渣中的氧化铁也被消耗于脱碳。渣中 $\sum w(\text{FeO})$ 降低将使渣的熔点升高，使炉渣显著变黏，影响磷、硫的继续去除，甚至发生回磷。这种炉渣变黏的现象称为炉渣返干。为防止中期炉渣返干而又不产生喷溅，枪位应控制在使渣中 $\sum w(\text{FeO})$ 保持在 10% ~ 15% 的范围内。最佳枪位应当是使炉渣刚到炉口而又不喷出。

3）吹炼后期因脱碳减慢，产生喷溅的威胁较小，这时的基本任务是要进一步调整好炉渣的氧化性和流动性，继续去除磷和硫，准确控制终点。吹炼硅钢等碳含量很低的钢种时，还应注意加强熔池搅拌，以加速后期脱碳、均匀熔池温度和成分以及降低终渣 $\sum w(\text{FeO})$。为此，在过程化渣不太好或中期炉渣返干较严重时，后期应首先适当提枪化渣，而在接近终点时再适当降枪，以加强熔池搅拌，均匀熔池温度和成分，降低镇静钢和低碳钢的终渣 $\sum w(\text{FeO})$，提高金属及合金收得率，并减轻对炉衬的侵蚀。吹炼沸腾钢和半镇静钢时，则应按要求控制终渣的 $\sum w(\text{FeO})$。

（2）熔池深度。熔池越深，相应的渣层越厚，吹炼过程中熔池面上涨越高，故枪位也应在不致引起喷溅的条件下相应提高，以免化渣困难和使枪龄缩短。因此，影响熔池深度的各种因素发生变化时，都应相应改变枪位。通常，在其他条件不变时，装入量增多，枪位应相应提高；随着炉龄的增长，熔池变浅，枪位应相应降低；随着炉容量的增大，熔池深度增加，枪位应相应提高（同时氧压也要提高）等。

（3）造渣材料的加入量及其质量。当铁水中磷、硫含量高，或吹炼低硫钢，或石灰质量低劣、加入量很大时，不但由于渣量增大使熔池面显著上升，而且由于化渣困难，化渣时枪位应相应提高。相反，在铁水中硫、磷含量很低，加入的渣料很少以及采用合成造渣材料等情况下，化渣时枪位可以降低，甚至可以采用不变枪位的恒枪操作。

（4）铁水温度和成分。在铁水温度低或开新炉时，开吹后应先低枪提温，然后再提枪化渣，以免使渣中积聚过多的(FeO)而导致强烈脱碳时发生喷溅。为了避免严重喷溅，铁水硅含量很高（高于 1.2%）时，前期枪位不宜过高。

（5）喷头结构。在一定的氧气流量下增多喷孔数目，使射流分散，穿透深度减小，冲击面积相应增大，因而枪位应相应降低。通常，三孔氧枪的枪位为单孔氧枪的 55% ~ 75%。直筒型喷头的穿透深度比拉瓦尔型小，因而枪位应低些。

此外，枪位还与工作氧压有关，增大氧压使射流的射程增长，因而枪位应相应提高。

4.2.4.3　氧枪操作

目前氧枪操作有两种类型：一种是恒压变枪操作，即在一炉钢的吹炼过程中保持供氧压力基本不变，通过氧枪枪位的高低变化来改变氧气流股与熔池的相互作用，以控制吹炼过程；另一种是恒枪变压操作，即在一炉钢的吹炼过程中保持氧枪枪位基本不动，通过调节供氧压力来控制吹炼过程。目前，我国大多数工厂是采用分阶段恒压变枪操作，但由于各厂的转炉吨位、喷嘴结构、原材料条件及所炼钢种等情况不同，氧枪操作也不完全一样。下面以恒压变枪操作为例，介绍几种氧枪操作的方式。

A　高 - 低 - 高的六段式操作

图 4 - 5 表明，六段式操作开吹枪位较高，及早形成初期渣；二批料加入后适时降枪，吹炼中期炉渣返干时又提枪化渣；吹炼后期先提枪化渣后降枪；终点拉碳出钢。

B 高－低－高的五段式操作

五段式操作的前期与六段式操作基本一致，熔渣返干时可加入适量助熔剂调整熔渣的流动性，以缩短吹炼时间，见图4－6。

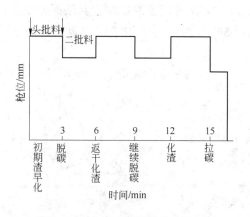

图4－5 六段式氧枪操作示意图   图4－6 五段式氧枪操作示意图

C 高－低－高－低的四段式操作

在铁水温度较高或渣料集中在吹炼前期加入时，可采用四段式枪位操作。开吹时采用高枪位化渣，使渣中(FeO)含量达25%～30%，促进石灰熔化，尽快形成具有一定碱度的炉渣，增大前期脱磷、脱硫率，同时也避免了酸性渣对炉衬的侵蚀。在炉渣化好后降枪脱碳，为避免在碳氧化剧烈反应期出现返干现象，适时提高枪位，使渣中(FeO)含量保持在10%～15%，以利于磷、硫继续去除。在接近终点时再降枪加强熔池搅拌，继续脱碳和均匀熔池成分和温度，降低终渣(FeO)含量。

4.2.5 温度制度

温度制度是指吹炼的过程温度和终点温度控制。

过程温度控制的意义在于，温度对于转炉吹炼过程既是重要的热力学参数，又是重要的动力学参数；它既对各个化学反应的反应方向、反应程度和各元素之间的相对反应速度有重大影响，又对熔池的传质和传热速度有重大影响。因此，为了快而多地去除钢中的有害杂质、保护或提取某些有益元素、加快吹炼过程成渣速度、加快废钢熔化、减少喷溅、提高炉龄等，必须控制好吹炼过程温度。

此外，吹炼任何钢种都有其要求的出钢温度。出钢温度过低，会造成回炉、包底凝钢、水口冻结及铸坯(或钢锭)的各种低温缺陷和废品；出钢温度过高，则会增加钢中气体、非金属夹杂物的含量，还会增加铁的烧损，影响钢的质量，造成铸坯的各种高温缺陷和废品，甚至导致漏钢事故的发生，同时也会影响炉衬和氧枪的寿命。因此，终点温度控制是炼钢操作的关键性环节，而过程温度控制则是终点温度控制的基础。

由于氧气转炉采用纯氧吹炼，大大减少了废气量及其所带走的显热，因而具有很高的热效率。铁水所带入的物理热和化学热除了把金属加热到出钢温度外，还有大量的富余热量。因此，在吹炼过程中需要加入一定数量的冷却剂，以便把终点温度控制在出钢温度的范围内；同时还要求在吹炼过程中使熔池温度均衡地升高，并在到达终点时使钢液温度和化学成分同时进入钢种所规定的范围内。

4.2.5.1　出钢温度的确定

出钢温度的高低受钢种、铸坯断面大小和浇注方法等因素的影响，其依据原则是：

（1）保证浇注温度高于所炼钢种凝固温度50～100℃（小炉子偏上限，大炉子偏下限）；

（2）考虑出钢过程和钢水运输、镇静时间、钢液吹氩时的温降，一般为40～80℃；

（3）考虑浇注过程的温降。

出钢温度$t_{出}$可用式(4-8)计算：

$$t_{出} = t_{凝} + \Delta t_1 + \Delta t_2 + \Delta t_3 \tag{4-8}$$

式中　$t_{凝}$——钢水凝固温度，可用式(4-9)计算；

　　　Δt_1——钢水过热度；

　　　Δt_2——出钢、运输、镇静、吹氩过程的温降；

　　　Δt_3——浇注过程的温降。

$$t_{凝} = 1539 - \Sigma w[i]_\% \Delta t_i \tag{4-9}$$

式中　$w[i]_\%$——钢水中元素i的质量百分数；

　　　Δt_i——1%的元素i使纯铁凝固温度降低的值，其数据见表4-10。

表4-10　1%的元素i使纯铁凝固温度降低的值

元　素	适用范围/%	Δt_i/℃	元　素	适用范围/%	Δt_i/℃
C	<1.0	65	V	<1.0	2
Si	<3.0	8	Ti		18
Mn	<1.5	5	Cu	<0.3	5
P	<0.7	30	H_2	<0.003	1300
S	<0.08	25	N_2	<0.03	80
Al	<1.0	3	O_2	<0.03	90

现以Q235F钢为例来计算出钢温度。成品钢水成分为C 0.2%、Si 0.02%、Mn 0.4%、P 0.03%、S 0.02%，钢水中气体降温7℃，则：

$$t_{凝} = 1539 - (0.2 \times 65 + 0.02 \times 8 + 0.4 \times 5 + 0.03 \times 30 + 0.02 \times 25 + 7) = 1515℃$$

取$\Delta t_1 = 70℃$、$\Delta t_2 = 50℃$、$\Delta t_3 = 30℃$，则：

$$t_{出} = 1515 + 70 + 50 + 30 = 1665℃$$

4.2.5.2　热量来源与热量支出

铁水带入炉内的物理热和化学热，除能满足出钢温度的要求（包括吹炼过程中使金属升温300～400℃的热量、将造渣材料和炉衬加热到出钢温度的热量、高温炉气和喷溅物带走的热量以及其他热损失）外，还有富余。因此，需要加入一定数量的冷却剂，才能将终点温度控制在规定的范围内。为了确定冷却剂的加入数量，应先知道富余热量，为此，应先计算热量的收入与支出。

A　热量来源

氧气转炉炼钢的热量来源主要是铁水的物理热和化学热。物理热是指铁水带入的热量，它与铁水温度有直接关系；化学热是指铁水中各种元素氧化后放出的热量，它与铁水化学成分直接相关。

在炼钢温度下，各元素氧化放出的热量各不相同，它可以通过各元素氧化放出的热效应来计算确定。例如，铁水温度为1200℃，吹入的氧气温度为25℃，碳氧反应生成CO时：

$$[C]_{1473K} + \frac{1}{2}\{O_2\}_{298K} = \{CO\}_{1473K} \qquad \Delta H_{1473K} = -135600 \text{J/mol}$$

则1kg[C]氧化生成CO时放出的热量为135600/12≈11300kJ。

元素氧化放出的热量不仅用于加热熔池的金属液和炉渣，同时也用于炉衬的吸热升温。现以100kg金属料为例，计算各元素的氧化放热使熔池升温的数值。设炉渣量为金属料装入量的15%，受熔池加热的炉衬为金属料装入量的10%，计算热平衡的公式如下：

$$Q = \sum (Mc)\Delta t \qquad\qquad (4-10)$$

式中　Q——1kg元素氧化放出的热量，kJ；

　　　M——受热金属液、炉衬和炉渣的质量，kg；

　　　c——各物质的比热容，已知钢液的比热容 $c_L = 0.84 \sim 1.0$kJ/(kg·℃)，炉渣和炉衬的比热容 $c_S = 1.23$kJ/(kg·℃)；

　　　Δt——1kg元素氧化放热使熔池升温的数值，℃。

根据式(4-10)计算在1200℃下C-O反应生成CO时，氧化1kg[C]可使熔池温度升高的数值为：

$$\Delta t = \frac{11300}{100 \times 1.0 + 15 \times 1.23 + 10 \times 1.23} = 84℃$$

1kg元素是100kg金属料的1%，因此，根据同样的道理和假设条件，可以计算出其他元素氧化1%时使熔池升温的数值，计算结果见表4-11。

表4-11　氧化1kg元素熔池吸收的热量（kJ）及氧化1%元素使熔池升温的数值（℃）

反　　应	氧气吹炼时的温度/℃		
	1200	1400	1600
[C] + O₂ = CO₂	244/33022	240/32480	236/31935
[C] + ½O₂ = CO	84/11300	83/11161	82/11035
[Fe] + ½O₂ = (FeO)	31/4067	30/4013	29/3963
[Mn] + ½O₂ = (MnO)	47/6333	47/6320	47/6312
[Si] + O₂ + 2(CaO) = (2CaO·SiO₂)	152/20649	142/19270	132/17807
2[P] + 5/2 O₂ + 4(CaO) = (4CaO·P₂O₅)	190/25707	187/24495	173/23324

注：分母表示氧化1kg元素熔池吸收的热量，分子表示氧化1%元素使熔池升温的数值。

由表4-11可见，碳的发热能力随其燃烧完全程度的不同而不同，碳完全燃烧的发热能力比硅、磷高。但在氧气转炉中，一般只有15%左右的碳完全燃烧生成CO_2，而大部分的碳没有完全燃烧。由于铁水中的碳含量高，碳仍然是重要热源。

发热能力大的元素是硅和磷，因为磷是入炉铁水中的控制元素，所以硅是转炉炼钢的主要发热元素。而锰和铁的发热能力不大，不是主要热源。

从高炉生产来看，铁水中碳、锰和磷的含量波动不大，最容易波动的成分是硅，而硅又是转炉炼钢的主要发热元素。因此，要正确地控制温度就必须注意铁水硅含量的变化。

B　富余热量的计算

富余热量是全部用铁水吹炼时，热量总收入与用于将系统加热到规定温度和在不加冷却剂的情况下补偿转炉热损失所必需的热量之差。为了正确控制转炉的终点温度，需要知道富余热量有多少以及这些热量需要加入多少冷却剂。

下面以某厂条件为例进行计算。铁水成分为 C 4.2%、Si 0.7%、Mn 0.4%、P 0.14%，铁水温度为 1250℃；终点成分为 C 0.2%、Mn 0.16%、P 0.03%、Si 痕迹，终点温度为 1650℃。

（1）计算 1250℃时各元素氧化反应的发热量。例如碳氧化生成 CO_2，从表 4 - 11 中可以看出，1200℃下碳氧化 1kg 时熔池的吸热量为 33022kJ，1400℃时为 32480kJ。1250℃与 1200℃时的热量差 x 可由下式求得：

$$(1400 - 1200) : (33022 - 32480) = (1250 - 1200) : x$$

$$x = \frac{50 \times 542}{200} = 135.5\text{kJ}$$

所以 1250℃时碳氧化成 CO_2 的发热量约为 32886（32886 = 33022 - 135.5）kJ/kg。用同样的方法可以计算出其他元素在 1250℃下，每氧化 1kg 熔池所吸收的热量，具体如下：

$$
\begin{array}{ll}
C \longrightarrow CO_2 & 32886\text{kJ} \\
C \longrightarrow CO & 11255\text{kJ} \\
Fe \longrightarrow FeO & 4055\text{kJ} \\
Mn \longrightarrow MnO & 6312\text{kJ} \\
Si \longrightarrow 2CaO \cdot SiO_2 & 20304\text{kJ} \\
P \longrightarrow 4CaO \cdot P_2O_5 & 25320\text{kJ}
\end{array}
$$

（2）根据各元素的烧损量计算熔池吸收热量（100kg 铁水时）。熔池所吸收的热量为 78116kJ，见表 4 - 12。除了考虑将炉气、炉渣加热到 1250℃所消耗的热量外，在吹炼过程中炉子也有一定的热损失，如炉子辐射和对流的热损失以及喷溅引起的热损失等。因此，真正吸收的热量比上面计算的值要小。上述几项热损失一般占 10% 以上，则熔池吸收的热量为：

$$78116 \times 90\% = 70304\text{kJ}$$

表 4 - 12　吹炼过程中各元素氧化被熔池吸收的热量

元素和氧化产物	氧化量/kg	被熔池吸收的热量/kJ	备　　注
$C \longrightarrow CO_2$	0.4	13138	10% 的 C 氧化成 CO_2
$C \longrightarrow CO$	3.6	40794	90% 的 C 氧化成 CO
$Si \longrightarrow 2CaO \cdot SiO_2$	0.7	14226	
$Mn \longrightarrow MnO$	0.24	1519	
$Fe \longrightarrow FeO$	1.4	5648	$15 \times 12\% \times 56/72 = 1.40$
$P \longrightarrow 4CaO \cdot P_2O_5$	0.11	2791	
总　计		78116	

（3）计算熔池从 1250℃ 升温到 1650℃ 所需的热量。熔池从 1250℃ 到 1650℃ 需要升温 400℃，将钢水和熔渣加热 400℃ 以及将炉气加热到 1450℃ 所需的热量为：

$$400 \times 0.837 \times 90 + 400 \times 1.247 \times 15 + 200 \times 1.13 \times 10 = 39874 \ kJ$$

式中　0.837，1.247，1.13——分别为钢液、熔渣和炉气的比热容，kJ/(kg·℃)；

　　　　90，15，10——分别为钢液、熔渣和炉气的质量，kg；

　　　　　　200——炉气的温升，假定炉气的平均温度为 1450℃，则温升为 1450 – 1250 = 200℃。

（4）计算富余热量。根据以上计算，富余热量应为：

$$70304 – 39874 = 30430kJ$$

若以废钢为冷却剂，废钢的加入量为：

$$\frac{30430}{0.70 \times (1500 - 25) + 272 + 0.837 \times (1650 - 1500)} = 21.3kg$$

式中　0.70，0.837——分别为固体废钢和钢液的比热容，kJ/(kg·℃)；

　　　　1500——钢的熔点，℃；

　　　　272——钢的熔化潜热，kJ/kg。

如果装入 30t 铁水，则可加废钢 6.39t，或者加 3t 废钢和 1t 多铁矿。

以上是简单的计算方法，决定其准确程度的关键是确定热损失的大小。

4.2.5.3　冷却剂的种类、特点、冷却效应及加入时间

A　冷却剂的种类、特点

常用的冷却剂有废钢、铁矿石、氧化铁皮等。这些冷却剂可以单独使用，也可以搭配使用。当然，加入的石灰、生白云石、菱镁矿等也能起到冷却剂的作用。

（1）废钢。废钢杂质少，用废钢作冷却剂时，渣量少，喷溅小，冷却效应稳定，因而便于控制熔池温度，可以减少渣料消耗量，降低成本。但加废钢必须用专门设备，占用装料时间，不便于过程温度的调整。

（2）铁矿石。与废钢相比，使用铁矿石作冷却剂不需要占用装料时间，能够增加渣中TFe，有利于化渣，同时还能降低氧气和钢铁料的消耗，吹炼过程调整方便。但是以铁矿石为冷却剂使渣量增大，操作不当时易喷溅，同时铁矿石的成分波动会引起冷却效应的波动。如果采用全矿石冷却时，加入时间不能过晚。

（3）氧化铁皮。与铁矿石相比，氧化铁皮成分稳定、杂质少，因而冷却效果也比较稳定。但氧化铁皮的密度小，在吹炼过程中容易被气流带走。

由此可见，欲准确控制熔池温度，用废钢作为冷却剂效果最好。但为了促进化渣，提高脱磷效率，可以搭配一部分铁矿石或氧化铁皮。目前我国各厂采用定矿石调废钢或定废钢调矿石两种冷却制度。

B　冷却剂的冷却效应

在一定条件下，加入 1kg 冷却剂所消耗的热量即为冷却剂的冷却效应。

冷却剂消耗的热量，包括将冷却剂提高温度所消耗的物理热和冷却剂参加化学反应所消耗的化学热两部分，即：

$$Q_{冷} = Q_{物} + Q_{化} \tag{4-11}$$

而 $Q_物$ 取决于冷却剂的性质以及熔池的温度：

$$Q_物 = c_固(t_熔 - t_0) + \lambda_熔 + c_液(t_出 - t_熔) \qquad (4-12)$$

式中　$c_固$，$c_液$——分别为冷却剂在固态和液态时的比热容，kJ/(kg·℃)；

　　　　$t_熔$——冷却剂的熔化温度，℃；

　　　　t_0——室温，℃；

　　　　$\lambda_熔$——冷却剂的熔化潜热，kJ/kg；

　　　　$t_出$——给定的出钢温度，℃。

$Q_化$ 不仅与冷却剂本身的成分和性质有关，而且与冷却剂在熔池内参加的化学反应有关。不同条件下，同一冷却剂可以有不同的冷却效应。

a　铁矿石的冷却效应

铁矿石的物理冷却吸热是指铁矿石从常温加热至熔化后直至达到出钢温度所吸收的热量，化学冷却吸热是指铁矿石分解吸收的热量。

铁矿石的冷却效应 $Q_矿$ 可以通过式(4-13)计算：

$$Q_矿 = m_矿\left(c_矿 \cdot \Delta t + \lambda_熔 + w_{(Fe_2O_3)} \times \frac{112}{160} \times 6459 + w_{(FeO)} \times \frac{56}{72} \times 4249 \right) \qquad (4-13)$$

式中　$m_矿$——铁矿石质量，kg；

　　　　$c_矿$——铁矿石的比热容，$c_矿 = 1.016$ kJ/(kg·℃)；

　　　　Δt——铁矿石加入熔池后的温升，℃；

　　　　$\lambda_熔$——铁矿石的熔化潜热，$\lambda_熔 = 209$ kJ/kg；

　　　　112——两个铁原子的相对原子质量之和；

　　　　160——Fe_2O_3 的相对分子质量；

6459，4249——分别为炼钢温度下，由液态 Fe_2O_3 和 FeO 还原出 1kg 铁时吸收的热量，kJ/kg。

设铁矿石的成分为 $w(Fe_2O_3) = 81.4\%$、$w(FeO) = 0$。铁矿石一般是在吹炼前期加入的，所以温升取 1325℃。则 1kg 铁矿石的冷却效应是：

$$Q_矿 = 1 \times \left[1.016 \times (1350 - 25) + 209 + 81.4\% \times \frac{112}{160} \times 6459 \right] = 5236 \text{kJ/kg}$$

由上述计算可知，Fe_2O_3 的分解热所占比重很大，铁矿石冷却效应随 Fe_2O_3 含量的变化而变化。

b　废钢的冷却效应

废钢的冷却作用主要靠吸收物理热，即其从常温加热到全部熔化并提高到出钢温度所需要的热量。废钢的冷却效应 $Q_废$ 可用式(4-14)计算：

$$Q_废 = m_废\left[c_固 \cdot (t_熔 - t_0) + \lambda_熔 + c_液(t_出 - t_熔) \right] \qquad (4-14)$$

式中　$c_固$，$c_液$——分别为固态钢和液态钢的比热容，取 0.699kJ/(kg·℃) 和 0.837kJ/(kg·℃)；

　　　　$t_熔$——废钢的熔化温度，$t_熔 = 1500$℃；

　　　　t_0——室温，$t_0 = 25$℃；

　　　　$\lambda_熔$——废钢的熔化潜热，$\lambda_熔 = 272$ kJ/kg；

　　　　$t_出$——出钢时钢水温度，$t_出 = 1680$℃。

1kg 废钢在出钢温度为 1680℃时的冷却效应是：

$$Q_{废} = 1 \times [0.699 \times (1500 - 25) + 272 + 0.837 \times (1680 - 1500)] = 1454kJ/kg$$

c 氧化铁皮的冷却效应

氧化铁皮的冷却效应与铁矿石的计算方法基本一样。如果氧化铁皮的成分是 $w(FeO) = 50\%$、$w(Fe_2O_3) = 40\%$、$w(其他氧化物) = 10\%$，则 1kg 氧化铁皮的冷却效应 $Q_{皮}$ 是：

$$Q_{皮} = 1 \times \left[1.016 \times (1350 - 25) + 209 + 40\% \times \frac{112}{160} \times 6459 + 50\% \times \frac{56}{72} \times 4249\right] = 5016kJ/kg$$

可见，氧化铁皮的冷却效应与铁矿石相近。

用同样的方法可以计算出生白云石、石灰等材料的冷却效应。如果规定废钢的冷却效应为 1.0 时，则铁矿石的冷却效应为 5236/1454 = 3.60，氧化铁皮的冷却效应为 5016/1454 = 3.45。由于冷却剂的成分有变化，冷却效应也在一定的范围内波动。从以上计算可知，1kg 铁矿石的冷却效应大约相当于 3kg 废钢的冷却效应。为了使用方便，将各种常用冷却剂的冷却效应换算值列于表 4 - 13 中。

表 4 - 13 常用冷却剂的冷却效应换算值

冷却剂	重废钢	轻薄废钢	压块	铸铁件	生铁块	金属球团
冷却效应	1.0	1.1	1.6	0.6	0.7	1.5
冷却剂	无烟煤	焦炭	Fe - Si	菱镁矿	萤石	烧结矿
冷却效应	- 2.9	- 3.2	- 5.0	1.5	1.0	3.0
冷却剂	铁矿石	铁皮	石灰石	石灰	白云石	
冷却效应	3.0 ~ 4.0	3.0 ~ 4.0	3.0	1.0	1.5	

C 冷却剂的加入时间

冷却剂的加入时间因吹炼条件不同而略有差别。由于废钢在吹炼过程中加入不方便，影响吹炼时间，通常是在开吹前加入。利用铁矿石或者氧化铁皮作冷却剂时，由于它们同时又是化渣剂，加入时间往往与造渣同时考虑，多采用分批加入的方式。其中关键是选好二批料加入时间，即必须在初期渣已化好、温度适当时加入。

4.2.5.4 生产实际中的温度控制

在生产实际中，温度的控制主要是根据所炼钢种、出钢后间隔时间的长短、补炉材料的消耗等因素来考虑废钢的加入量。对一个工厂来说，由于所用的铁水成分和温度变化不大，渣量变化也不大，故吹炼过程的热消耗较为稳定。若所炼钢种发生改变，出钢后炉子等待铁水、吊运和修补炉衬使间隔时间延长和炉衬降温，必然引起吹炼过程中热消耗发生变化，因而作为冷却剂的废钢加入量也应做相应调整。

A 影响终点温度的因素

在生产条件下影响终点温度的因素很多，必须经综合考虑后再确定冷却剂加入的数量。

(1) 铁水成分。铁水中 Si、P 是强发热元素，当其含量过高时可以增加热量，但也会给冶炼带来诸多问题，因此如果有条件，应进行铁水预处理脱 Si、P。据 30t 转炉测定，当 $w[Si]$ 增加 0.1% 时，可升高炉温 15℃。

(2) 铁水温度。铁水温度的高低关系到带入物理热的多少，所以在其他条件不变的情况下，入炉铁水温度的高低影响终点温度的高低。当铁水温度每升高 10℃时，钢水终点温度可提高 6℃。

（3）铁水装入量。由于铁水装入量的增加或减少均使其物理热和化学热有所变化，在其他条件一定的情况下，铁水比越高，终点温度也越高。30t 转炉铁水量每增加 1t，终点温度可提高 8℃。

（4）炉龄。转炉新炉衬温度低且出钢口小，炉役前期终点温度要比正常吹炼炉次高 20～30℃，这样才能获得相同的浇注温度，所以冷却剂用量要相应减少。炉役后期炉衬薄，炉口大，热损失多，所以除应适当减少冷却剂用量外，还应尽量缩短辅助时间。

（5）终点碳含量。碳是转炉炼钢重要的发热元素。根据某厂的经验，当终点碳含量在 0.24% 以下时，每增减碳含量 0.01%，则出钢温度也相应减增 2～3℃。因此，吹炼低碳钢时应考虑这方面的影响。

（6）炉与炉的间隔时间。间隔时间越长，炉衬散热越多。在一般情况下，炉与炉的间隔时间为 4～10min。间隔时间在 10min 以内时，可以不调整冷却剂用量；超过 10min 时，要相应减少冷却剂的用量。另外，由于补炉而空炉时，应根据补炉料的用量及空炉时间来考虑减少冷却剂用量。据 30t 转炉测定，空炉 1h 可降低终点温度 30℃。

（7）枪位。如果采用低枪位操作，会使炉内化学反应速度加快（尤其是使脱碳速度加快），供氧时间缩短，单位时间内放出的热量增加，热损失相应减少。

（8）喷溅。喷溅会增加热损失，因此对喷溅严重的炉次要特别注意调整冷却剂的用量。

（9）石灰用量。石灰的冷却效应与废钢相近，石灰用量大则渣量大，造成吹炼时间长，影响终点温度。所以当石灰用量过大时，要相应减少其他冷却剂用量。据 30t 转炉测算，每多加 100kg 石灰降低终点温度 5.7℃。

（10）出钢温度。可根据上一炉钢出钢温度的高低来调节本炉的冷却剂用量。

B　确定冷却剂用量的经验数据

通过物料平衡和热平衡计算来确定冷却剂加入数量的方法比较准确，但很复杂，很难快速计算。若采用电子计算机，则可以依据吹炼参数的变化快速进行物料平衡和热平衡计算，准确地控制温度。目前多数厂家都是根据经验数据进行简单的计算，以确定冷却剂调整数量。

知道了各种冷却剂的冷却效应和影响冷却剂用量的主要因素以后，就可以根据上炉情况和对本炉温度有影响的各个因素的变动情况综合考虑来进行调整，确定本炉冷却剂的加入数量。表 4-14 示出 30t 氧气顶吹转炉温度控制的经验数据，表 4-15 示出 210t 转炉操作因素变动对应的调整废钢比。

表 4-14　30t 氧气顶吹转炉温度控制的经验数据

因　　素	变动量	终点温度变化量/℃	调整矿石量/kg
铁水 $w[\mathrm{C}]$	±0.10%	±9.74	±65
铁水 $w[\mathrm{Si}]$	±0.10%	±15	±100
铁水 $w[\mathrm{Mn}]$	±0.10%	±6.14	±41
铁水温度	±10℃	±6	±40
废钢加入量	±1t	∓47	∓310

因　素	变动量	终点温度变化量/℃	调整矿石量/kg
铁水加入量	±1t	±8	±53
停吹温度	±10℃	±10	±66
终点 $w[C]$（小于0.2%）	±0.01%	∓3	∓20
石灰加入量	±100kg	∓5.7	∓38
硅铁加入量	±100kg/炉	±20	±133
铝铁加入量	±7kg/t	±50	±333
合金（硅铁除外）加入量	±7kg/t	∓10	∓67

表 4 - 15　210t 转炉操作因素变动对应的调整废钢比

操作因素	$w[C]$	$w[Si]$	$w[Mn]$	铁水温度	铁水比	停吹温度
变动量	±0.10%	±0.10%	±0.10%	±10℃	±1%	±10℃
调整废钢比/%	±0.53	±1.33	±0.21	±0.88	±0.017	±0.55

操作因素	开 新 炉					检 修 后				停炉后（空炉时间）			
变动量	第一炉	第二炉	第三炉	第四炉	第五炉	第一炉	第二炉	第三炉	第四炉	30min	60min	90min	120min
调整废钢比/%	-3.5	-3.0	-1.5	-0.5	0	-2.5	-1.0	-0.5	0	-0.5	-1.0	-1.5	-2.0

操作因素	停吹 $w[C]$							
变动量	0.04%	0.05%	0.06%	0.07%	0.08%	0.09%	0.10%	0.11%
调整废钢比/%	1.6	0.7	0	-0.6	-1.1	-1.6	-2.0	-2.4

操作因素	停吹 $w[C]$							
变动量	0.12%	0.13%	0.15%	0.16%	0.17%	0.18%	0.19%	0.20%
调整废钢比/%	-2.7	-2.9	-3.3	-3.4	-3.5	-3.6	-3.7	-3.8

例如，计算废钢加入量时应考虑以下几方面因素：

（1）由于铁水成分变化引起废钢加入量的变化。

铁水 $w[C]$ 变化　$a = [($本炉铁水 $w[C] -$ 参考炉铁水 $w[C])/0.1\%] × 0.53\%$

铁水 $w[Si]$ 变化　$b = [($本炉铁水 $w[Si] -$ 参考炉铁水 $w[Si])/0.1\%] × 1.33\%$

铁水 $w[Mn]$ 变化　$c = [($本炉铁水 $w[Mn] -$ 参考炉铁水 $w[Mn])/0.1\%] × 0.21\%$

（2）由于铁水温度变化引起废钢加入量的变化。

$$d = [(本炉铁水温度 - 参考炉铁水温度)/10] × 0.88\%$$

（3）由于铁水加入量变化引起废钢加入量的变化。

$$e = [(本炉铁水比 - 参考炉铁水比)/1\%] × 0.017\%$$

$$f = [(本炉目标停吹温度 - 参考炉目标停吹温度)/10] × 0.55\%$$

故　　　　　本炉废钢加入量 = 上炉废钢加入量 $+ a + b + c + d + e + \cdots$

除表 4 - 14 所列数据以外，还有其他情况下（如铁水入炉后等待吹炼、终点停吹等待出钢、钢包粘钢等）温度控制的修正值，这里就不再一一列举了。但在出钢前若发现温度过高或过低时，应及时在炉内处理，决不能轻易出钢。

各转炉炼钢厂都总结了一些根据炉况控制温度的经验数据，一般冷却剂降温的经验数据见表 4 – 16。

表 4 – 16　冷却剂降温的经验数据

加入1%冷却剂	废钢	矿石	铁皮	石灰	白云石	石灰石
熔池降温/℃	8 ~ 12	30 ~ 40	35 ~ 45	15 ~ 20	20 ~ 25	28 ~ 38

4.2.6　终点控制和出钢

终点控制主要是指终点温度和成分的控制。

4.2.6.1　终点的标志

转炉兑入铁水后，通过供氧、造渣等操作，经过一系列物理化学反应，钢水达到所炼钢种的成分和温度要求的时刻，称为终点。到达终点的具体标志是：

（1）钢中碳含量达到所炼钢种的控制范围；

（2）钢中 P、S 含量达到低于规格下限的一定范围；

（3）出钢温度能保证顺利进行精炼、浇注；

（4）对于沸腾钢，钢水具有一定氧化性。

终点控制是转炉吹炼后期的重要操作。因为硫、磷的脱除通常比脱碳复杂，所以总是尽可能地使硫、磷提早脱除到终点要求的范围。根据到达终点的基本条件可以知道，终点控制实际上是指终点碳含量和终点钢水温度的控制。终点停止吹氧也俗称"拉碳"。

终点控制不当会造成如下一系列危害：

（1）拉碳偏高时，需要补吹（也称后吹），造成渣中 TFe 含量高，金属消耗增加，降低了炉衬寿命。首钢曾对 47 炉补吹操作进行统计，发现补吹后的熔渣中 TFe 和 MgO 含量都有所增加，如表 4 – 17 所示；拉碳偏低时，不得不改变钢种牌号或增碳，这样既延长了吹炼时间，也打乱了车间的正常生产秩序，并会影响钢的质量。

表 4 – 17　补吹前后 $w(FeO)$、$w(Fe_2O_3)$ 和 $w(MgO)$ 的变化　　　　　　（%）

炉渣成分 增加量	$w(FeO)_{补吹后} - w(FeO)_{补吹前}$	$w(Fe_2O_3)_{补吹后} - w(Fe_2O_3)_{补吹前}$	$w(MgO)_{补吹后} - w(MgO)_{补吹前}$
平均增量	1.20	0.81	1.07
最大增量	6.25	2.79	5.58
平均增加百分数	14.80	28.78	18.28

（2）终点温度偏低时，也需要补吹，这样会造成碳含量偏低，必须增碳，渣中 TFe 含量高，对炉衬不利；终点温度偏高时，会使钢水气体含量增高，浪费能源，侵蚀耐火材料，增加夹杂物含量和回磷量，造成钢质量降低。

所以，准确拉碳是终点控制的一项基本操作。

4.2.6.2 终点控制方法

终点碳含量控制的方法有三种，即一次拉碳法、增碳法和高拉补吹法。

A 一次拉碳法

一次拉碳法是指按出钢要求的终点碳和终点温度进行吹炼，当达到要求时提枪。

这种方法要求终点碳含量和温度同时到达目标，否则需补吹或增碳。一次拉碳法要求操作技术水平高，其优点颇多，归纳如下：

(1) 终点渣 TFe 含量低，钢水收得率高，对炉衬侵蚀量小；

(2) 钢水中有害气体少，不加增碳剂，钢水洁净；

(3) 余锰高，合金消耗少；

(4) 氧耗量小，节约增碳剂。

B 增碳法

增碳法是指吹炼平均碳含量不低于 0.08% 的钢种，均吹炼到 $w[C] = 0.05\% \sim 0.06\%$ 时提枪，按钢种规范要求加入增碳剂。

增碳法所用炭粉要求纯度高、硫和灰分含量很低，否则会污染钢水。采用这种方法的优点如下：

(1) 终点容易命中，与拉碳法相比，省去了中途倒渣、取样、校正成分及温度的补吹时间，因而生产率较高；

(2) 吹炼结束时炉渣 $\Sigma w(FeO)$ 高，化渣好，脱磷率高，吹炼过程的造渣操作可以简化，有利于减少喷溅、提高供氧强度和稳定吹炼工艺；

(3) 热量收入较多，可以增加废钢用量。

采用增碳法时应严格保证增碳剂的质量，推荐采用 $w(C) > 95\%$、粒度不大于 10mm 的沥青焦。增碳量超过 0.05% 时，应经过吹 Ar 等处理。

C 高拉补吹法

当冶炼中、高碳钢时，终点按钢种规格稍高一些进行拉碳，待测温、取样后，按分析结果与规格的差值决定补吹时间，这种方法称为高拉补吹法。

由于在中、高碳（$w[C] > 0.40\%$）钢的碳含量范围内，脱碳速度较快，火焰没有明显变化，从火花上也不易判断，终点人工一次拉碳很难准确判断，所以采用高拉补吹的方法。用高拉补吹法冶炼中、高碳钢时，根据火焰和火花的特征，参考供氧时间及氧耗量，按照比所炼钢种碳规格要求稍高一些的标准来拉碳，采用结晶定碳和钢样化学分析，再按这一碳含量范围内的脱碳速度补吹一段时间，以达到要求。高拉补吹方法只适用于中、高碳钢的吹炼。根据某厂 30 t 转炉吹炼的经验数据，补吹时的脱碳速度一般为 0.005%/s。当生产条件变化时，其数据也有变化。

4.2.6.3 终点判断方法

目前我国钢厂还没有全部使用电子计算机控制终点，部分转炉厂家仍然凭借经验操作，人工判断终点。

A 碳的判断

a 看火焰

转炉开吹后，熔池中的碳不断地被氧化，金属液中的碳含量不断降低。碳氧化时生成大量的 CO 气体，高温的 CO 气体从炉口排出时与周围的空气相遇，立即氧化燃烧，形成了火焰。炉口火焰的颜色、亮度、形状、长度是熔池温度及单位时间内 CO 排出量的标志，也是熔池中脱碳速度的量度。

在一炉钢的吹炼过程中，脱碳速度的变化是有规律的，所以能够从火焰的外观来判断炉内的碳含量。

在吹炼前期熔池温度较低，碳氧化得少，所以炉口火焰短，颜色呈暗红色。吹炼中期碳开始激烈氧化，生成 CO 的量大，火焰白亮、长度增加，也显得有力，这时对碳含量进行准确地估计是困难的。当碳含量进一步降低到 0.20% 左右时，由于脱碳速度明显减慢，CO 气体显著减少，这时火焰要收缩、发软、打晃，看起来也稀薄些。炼钢工根据自己的具体体会就可以掌握拉碳时机。

生产中有许多因素影响观察火焰和做出正确的判断，主要有如下几方面：

（1）温度。温度高时，碳氧化速度较快，火焰明亮有力，看起来好像碳含量还很高，但实际上已经不太高了，要防止拉碳偏低。温度低时，碳氧化速度缓慢，火焰收缩较早；另外，由于温度低，钢水流动性不够好，熔池成分不易均匀，看上去碳含量好像不太高，但实际上还较高，要防止拉碳偏高。

（2）炉龄。炉役前期炉膛小，氧气流股对熔池的搅拌力强，化学反应速度快，并且炉口小，火焰显得有力，要防止拉碳偏低。炉役后期炉膛大，搅拌力减弱了，同时炉口变大，火焰显得软，要防止拉碳偏高。

（3）枪位和氧压。枪位低或氧压高时，碳的氧化速度快，炉口火焰有力，此时要防止拉碳偏低；反之，枪位高或氧压低时，火焰相对软些，拉碳容易偏高。

（4）炉渣情况。若炉渣化得好，能均匀覆盖在钢液面上，气体排出时有阻力，因此火焰发软；若炉渣没化好或者有结团，不能很好地覆盖钢液面，气体排出时阻力小，火焰有力。若渣量大，气体排出时阻力也大，火焰发软。

（5）炉口粘钢量。炉口粘钢时，炉口变小，火焰显得硬，要防止拉碳偏低；反之，要防止拉碳偏高。

（6）氧枪情况。喷嘴蚀损后，氧流速度降低，脱碳速度减慢，要防止拉碳偏高。

总之，在判断火焰时，要根据各种影响因素综合考虑，这样才能准确判断终点碳含量。

b　看火花

从炉口被炉气带出的金属小粒，遇到空气后被氧化，其中碳氧化生成 CO 气体，由于体积膨胀，把金属粒爆裂成若干碎片。碳含量越高（$w[C] > 1.0\%$），爆裂程度越大，火花表现为呈火球状和羽毛状，弹跳有力。随碳含量的不断降低，依次爆裂成多叉、三叉、两叉的火花，其弹跳力逐渐减弱。当碳含量很低（$w[C] < 0.10\%$）时，火花几乎消失，跳出来的均是小火星和流线。只有当稍有喷溅带出金属时才能观察到火花，否则无法判断。炼钢工判断终点时，在观察火焰的同时，可以结合炉口喷出的火花情况综合判断。

c　取钢样

在正常吹炼条件下，于吹炼终点拉碳后取钢样，将样勺表面的覆盖渣拨开，根据钢水沸腾情况可判断终点碳含量。

（1）$w[C] = 0.3\% \sim 0.4\%$ 时，钢水沸腾，火花分叉较多且碳花密集，弹跳有力，射程较远。

（2）$w[C]$ = 0.18% ~ 0.25% 时，火花分叉较清晰，一般分为 4 或 5 叉，弹跳有力，弧度较大。

（3）$w[C]$ = 0.12% ~ 0.16% 时，碳花较稀，分叉明晰可辨，分为 3 或 4 叉，落地呈"鸡爪"状，跳出的碳花弧度较小，多呈直线状。

（4）$w[C]$ < 0.10% 时，碳花弹跳无力，基本不分叉，呈球状颗粒。

（5）$w[C]$ 更低时，火花呈麦芒状，短而无力，随风飘摇。

同样，由于钢水的凝固和在此过程中的碳氧反应，造成凝固后钢样表面出现毛刺，根据毛刺的多少也可以凭经验判断碳含量。

以火花判断碳含量时，必须与钢水温度结合起来。如果钢水温度高，在碳含量相同的条件下，火花分叉比温度低时多。因此，在炉温较高时，估计的碳含量可能高于实际碳含量；情况相反时，判断的碳含量会比实际值偏低些。

人工判断终点取样时应注意：样勺要烘烤，粘渣要均匀，钢水必须有渣覆盖，取样部位要有代表性，以便准确判断碳含量。

d　结晶定碳

终点钢水中的主要元素是 Fe 与 C，碳含量影响着钢水的凝固温度；反之，根据凝固温度也可以判断碳含量。如果在钢水凝固过程中连续地测定钢水温度，当到达凝固点时，因为凝固潜热补充了钢水降温散发的热量，所以温度随时间变化的曲线出现了一个水平段，这个水平段所处的温度就是钢水的凝固温度，根据凝固温度可以反推出钢水的碳含量。因此，吹炼中、高碳钢时终点控制采用高拉补吹法，就可使用结晶定碳来确定碳含量。

e　其他判断方法

当喷嘴结构尺寸一定时，采用恒压变枪操作，单位时间内的供氧量是一定的。在装入量、冷却剂加入量和吹炼钢种等条件均无变化时，吹炼 1t 金属所需要的氧气量也是一定的，因此吹炼一炉钢的供氧时间和氧耗量变化也不大。这样就可以将上几炉的供氧时间和氧耗量作为本炉拉碳的参考。当然，每炉钢的情况不可能完全相同，如果生产条件有变化，其参考价值就要降低；即使是生产条件完全相同的相邻炉次，也要与看火焰、看火花等方法结合起来综合判断。

随着科学技术的进步，应用红外、光谱等成分快速测定手段，可以验证由经验判断碳含量的准确性。

B　温度的判断

判断温度的最好方法是连续测温并自动记录熔池温度的变化情况，以便准确地控制炉温，但实践起来比较困难。目前常用的方法是，采用插入式热电偶并结合经验来判断终点温度。

a　热电偶测定温度

目前我国各厂均使用钨 - 铼插入式热电偶，到达吹炼终点时将其直接插入熔池钢水中，从电子电位差计上得到温度的读数。此法迅速可靠，其测量原理如图 4 - 7 所示。两种不同的导体或半导体 A 和 B 称为热电极，将两个热电极的一端连接在一起，称为热端，插入钢水中。由于金属中的自由电子数不同，受热后随温度的升高，自由电子的运动速度

上升，在两个热电极的另一端（即冷端）产生一个电动
势，温度越高，电动势越大。热电偶冷端通过导线与电
位差计相连，通过测量电动势的大小来判定温度的高低。
当热电极的材料确定以后，热电势的大小仅与热、冷两
端点的温度差有关，与线的粗细、长短以及接点处以外
的温度无关。

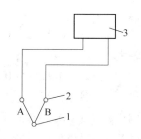

图 4-7　热电偶测温原理
1—热端；2—冷端；3—电位差计

　　b　火焰判断

熔池温度高时，炉口的火焰白亮且浓厚有力，火焰
周围有白烟；熔池温度低时，火焰透明淡薄且略带蓝色，
白烟少，火焰形状有刺无力，喷出的炉渣发红，常伴有未化的石灰粒；熔池温度再低时，
火焰发暗，呈灰色。

　　c　取样判断

取出钢样后，如果样勺内覆盖渣很容易拨开，样勺周围有青烟，钢水白亮，倒入样模
内钢水活跃，结膜时间长，说明钢水温度高；如果覆盖渣不容易拨开，钢水呈暗红色，混
浊发黏，倒入样模内钢水不活跃，结膜时间短，说明钢水温度低。

另外，也可以通过秒表计算样勺内钢水的结膜时间，以此来判断钢水温度的高低。但
是取样时样勺需要烘烤合适，黏渣要均匀，样勺中钢水要有熔渣覆盖，同时取样的位置应
有代表性。

　　d　通过氧枪冷却水温差判断

在吹炼过程中，可以根据氧枪冷却水出口与进口的温差来判断炉内温度的高低。当相
邻炉次枪位相仿、冷却水流量一定时，氧枪冷却水出口与进口的温差和熔池温度有一定的
对应关系。若温差大，反映熔池温度较高；若温差小，则反映熔池温度低。例如，在首钢
30t 转炉的生产条件下，当冷却水温差为 8~10℃ 时，出钢温度在 1640~1680℃ 之间，这
对于 Q235B 钢是比较合适的；若温差小于 8℃，出钢温度偏低；若温差大于 10℃，出钢
温度偏高。

　　e　根据炉膛情况判断

倒炉时观察炉膛情况可以帮助判断炉温。温度高时，炉膛发亮，往往还有泡沫渣涌
出；如果炉内没有泡沫渣涌出，熔渣不活跃，同时炉膛不是特别白亮，说明炉温低。

根据以上几方面温度判断的经验及热电偶的测温数值，可综合确定终点温度。

4.2.6.4　出钢

　　A　出钢持续时间

在转炉出钢过程中，为了减少钢水吸气和有利于合金加入钢包后的搅拌均匀，需要有
适当的出钢持续时间。我国转炉操作规范规定，小于 50t 的转炉出钢持续时间为 1~4min，
50~100t 的转炉为 3~6min，大于 100t 的转炉为 4~8min。出钢持续时间受出钢口内径尺
寸的影响很大，同时，出钢口内径尺寸变化也会影响挡渣出钢效果。为了保证出钢口尺寸
稳定，减少更换和修补出钢口的时间，近年来广泛采用了镁碳质出钢口套砖或整体出钢
口。镁碳质出钢口套砖的应用，减轻了出钢口的冲刷侵蚀，使出钢口内径变化减小；稳定
了出钢持续时间，减少了出钢时的钢流发散和吸气；同时也提高了出钢口的使用寿命，减

轻了工人修补和更换出钢口时的劳动强度。

B 红包出钢

出钢过程中，钢流受到冷空气的强烈冷却并向空气中散热，同时受到钢包耐火材料吸热以及加入铁合金熔化时耗热，使得钢水在出钢过程中的温度总是降低的。

红包出钢就是指在出钢前对钢包进行有效的烘烤，使钢包内衬温度达到 300 ~ 1000℃，以减少钢包内衬的吸热，从而达到降低出钢温度的目的。我国某厂使用的 70t 钢包，经过煤气烘烤使包衬温度达到 800℃左右，取得了如下显著的效果：

（1）采用红包出钢可降低出钢温度 15 ~ 20℃，因而可增加废钢 15kg/t。

（2）出钢温度的降低有利于提高炉龄。实践表明，出钢温度降低 10℃，可提高炉龄 100 炉次左右。

（3）红包出钢可使钢包中钢水的温度波动小，从而稳定浇注操作，提高锭、坯质量。

C 挡渣出钢

转炉炼钢中，钢水的合金化大都在钢包中进行。而转炉内的高氧化性炉渣流入钢包会导致钢液与炉渣发生氧化反应，造成合金元素收得率降低，并使钢水产生回磷和夹杂物增多，同时炉渣也对钢包内衬产生侵蚀。特别是在钢水进行吹氩等精炼处理时，要求钢包中炉渣（FeO）含量低于 2%，这样才有利于提高精炼效果。

挡渣出钢的目的是为了准确地控制钢水成分，有效地减少回磷，提高合金元素收得率，减少合金消耗。采用钢包作为炉外精炼容器，有利于减轻钢包耐火材料的侵蚀，可明显地提高钢包寿命，也可提高转炉出钢口耐火材料的寿命。

a 挡渣出钢的方法

挡渣出钢的方法有挡渣球法、挡渣棒法、挡渣塞法、挡渣帽法、挡渣料法、气动挡渣器法等多种，图 4 - 8 是其中几种方法的示意图。

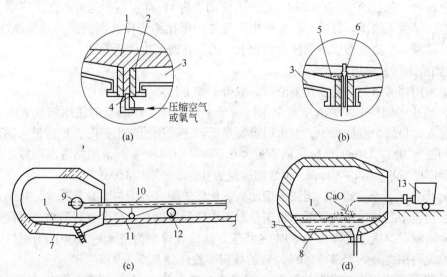

图 4 - 8 几种挡渣方法的示意图

（a）气动挡渣器；（b）挡渣棒；（c）挡渣球加入示意图；（d）石灰挡渣料挡渣

1—炉渣；2—出钢口砖；3—炉衬；4—喷嘴；5—钢 - 渣界面；6—锥形浮动塞棒；7—炉体；

8—钢水；9—挡渣球；10—挡渣小车；11—操作平台；12—平衡球；13—石灰喷射装置

（1）挡渣球。挡渣球法是日本新日铁公司研制成功的挡渣方法。挡渣球的构造如图4-9所示，球的密度介于钢水与熔渣的密度之间。临近出钢结束时将其投放到炉内出钢口附近，随钢水液面的降低，挡渣球下沉而堵住出钢口，避免了随之而出的熔渣进入钢包。挡渣球的合理密度一般为 4.2~4.5g/cm³。挡渣球的形状为球形，其中心一般用铸铁块、生铁屑压合块、小废钢坯等材料作骨架，外部包砌耐火泥料，可采用高铝质耐火混凝土、以耐火砖粉为掺和料的高铝矾土耐火混凝土或镁质耐火泥料。只要满足挡渣的工艺要求，应力求结构简单、成本低廉。考虑到出钢口因受侵蚀而变大的问题，挡渣球直径应比出钢口直径稍大，以起到

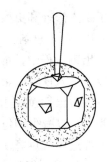

图 4-9　挡渣球的
构造示意图

挡渣作用。挡渣球一般在出钢量达 1/2~2/3 时投入，挡渣命中率高。熔渣过黏可能会影响挡渣球的挡渣效果。熔渣黏度大时，适当提前投入挡渣球，可提高挡渣命中率。

（2）挡渣塞和挡渣棒。挡渣塞、挡渣棒的结构和作用与挡渣球一致，只不过外形不同而已。

（3）挡渣帽。在出钢口外堵以由薄钢板制成的锥形挡渣帽，可挡住出钢开始时的一次渣。武钢、邯钢均采用这种方法。

（4）气动挡渣器。气动挡渣器的原理是：在出钢临近结束时，用机械装置从转炉外部用挡渣塞堵住出钢口，并向炉内吹气，防止熔渣流出。此法已被奥钢联等厂以及我国上钢五厂和首钢采用。

（5）使用覆盖渣。挡渣出钢后，为了使钢水保温和有效处理钢水，应根据需要配制钢包覆盖渣，在出完钢后将其加入钢包中。钢包覆盖渣应具有保温性能良好，磷、硫含量低的特点。如某厂使用的覆盖渣由铝渣粉（30%~35%）、处理木屑（15%~20%）、膨胀石墨、珍珠岩、萤石粉（10%~20%）组成，使用量为 1kg/t 左右，这种渣在浇完钢后仍呈液体状态，易倒入渣罐。目前，在生产中广泛使用碳化稻壳作为覆盖渣，其保温性能好，密度小，重量轻，浇完钢后不黏挂在钢包上，因而在使用中受到欢迎。

b　挡渣出钢及使用覆盖渣的效果

转炉采用挡渣出钢工艺及覆盖渣后，取得了如下良好的效果：

（1）减少了钢包中的炉渣量和钢水回磷量。国内外生产厂家的使用结果表明，挡渣出钢后进入钢包的炉渣量减少，钢水回磷量降低。不采用挡渣出钢时，炉渣进入钢包的渣层厚度一般为 100~150mm，钢水回磷量为 0.004%~0.006%；采用挡渣出钢后，进入钢包的渣层厚度减小为 40~80mm，钢水回磷量为 0.002%~0.0035%。

（2）提高了合金收得率。挡渣出钢使高氧化性炉渣进入钢包的数量减少，从而使加入的合金在钢包中的氧化损失降低。特别是对于中、低碳钢种，合金收得率将大大提高。不采用挡渣出钢时，锰的收得率为 80%~85%，硅的收得率为 70%~80%；采用挡渣出钢后，锰的收得率提高到 85%~90%，硅的收得率提高到 80%~90%。

（3）降低了钢水中的夹杂物含量。钢水中的夹杂物大多来自脱氧产物，特别是对于转炉炼钢在钢包中进行合金化操作的情况更是如此。攀钢对钢包渣中（TFe）含量与夹杂废品情况进行了调查，其结果是：不采用挡渣出钢时，钢包渣中（TFe）含量为 14.50%，经吹氩处理后渣中（TFe）含量为 2.60%，这说明渣中 11.90%（TFe）的氧将合金元素氧化生

成大量氧化物夹杂,使废品率达 2.3%;采用挡渣出钢后,钢包中加入覆盖渣的(TFe)含量为 3.61%,吹氩处理后渣中(TFe)含量为 4.01%,基本无太大变化,其废品率仅为 0.059%。由此可见,防止高氧化性炉渣进入包内,可有效减少钢水中合金元素的氧化,降低钢水中的夹杂物含量。

(4)提高了钢包使用寿命。目前我国的钢包内衬多采用黏土砖和铝镁材料,由于转炉终渣的高碱度和高氧化性将侵蚀钢包内衬,钢包使用寿命降低。采用挡渣出钢后,减少了炉渣进入钢包的数量,同时还加入了低氧化性、低碱度的覆盖渣,这样便减轻了炉渣对钢包的侵蚀,提高了钢包的使用寿命。

4.2.7 脱氧及合金化制度

在转炉炼钢过程中不断地向金属熔池吹氧,到吹炼终点时金属中残留有一定量的溶解氧,如果不将这些氧脱除到一定程度,就不能顺利地进行浇注,也不能得到结构合理的铸坯。而且,残留在固体钢中的氧还会促使钢老化,增加钢的脆性,提高钢的电阻,影响钢的磁性等。

在出钢前或者在出钢、浇注过程中,加入一种或者几种与氧的亲和力比铁强的元素,使金属中的氧含量降低到钢种所要求的范围,这一操作过程称为脱氧。通常在脱氧的同时,使钢中硅、锰以及其他合金元素的含量达到成品钢的规格要求,完成合金化。

4.2.7.1 吹炼终点金属氧含量的影响因素

A 金属成分

对于吹炼过程中,特别是接近吹炼终点时金属中氧含量的变化,国内外做了大量的研究工作。研究的结果表明,转炉熔池中氧含量的控制元素是分解压 $p_{O_2}(MeO)$ 最低而与氧的浓度积 $w[Me] \cdot w[O]$ 最小的元素 Me。在氧气顶吹转炉的吹炼前期这一元素是硅,而在大部分时间里则是碳。

炼钢炉内金属中的实际氧含量 $w[O]_{实}$ 与碳平衡时氧含量 $w[O]_C$ 的差值 $\Delta w[O]$ ($=w[O]_{实}-w[O]_C$) 称为金属的氧化性,如图 4-10 所示。

在氧气顶吹转炉中,低碳范围内 $\Delta w[O]$ 与 $w[C]$ 之间的关系可能如图 4-11 所示。当

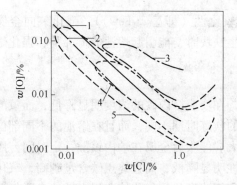

图 4-10 氧气转炉炼钢熔池的 $w[C]-w[O]$ 关系

1—$p_{CO}=1$atm; 2—$p_{CO}=0.4$atm; 3—80t LD;

4—230t Q-BOP; 5—5t Q-BOP

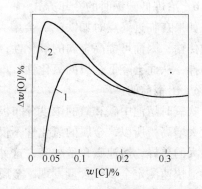

图 4-11 不同锰含量时金属中 $\Delta w[O]$ 与 $w[C]$ 之间的关系

1—0.6%; 2—0.4%

$w[C] = 0.05\% \sim 0.10\%$ 时，$\Delta w[O]$ 一般会出现最大值；进一步降低 $w[C]$ 时，$\Delta w[O]$ 又会有所下降；在 $w[C]$ 极低的情况下，$\Delta w[O]$ 可能会出现负值，即 $w[O]_{实} < w[O]_C$。

造成上述金属氧化性复杂变化规律的可能原因是：当碳含量降低到 $0.15\% \sim 0.20\%$ 时，$\Delta w[O]$ 最初的增长可能与脱碳速度的急剧下降有关。而当碳含量降低到 0.1% 以下时，由于 $w[Mn] > w[C]$，反应 $[Mn] + (FeO) = (MnO) + [Fe]$ 得到发展，脱锰速度 v_{Mn} 可能大于脱碳速度 v_C，所以在熔池的大部分区域里，锰逐步取代碳成为 $\Delta w[O]$ 的控制者。金属中的余锰越高，熔池温度越低，锰开始代替碳控制 $\Delta w[O]$ 的时间越早，因而 $\Delta w[O]$ 开始减小时所对应的金属碳含量也就越高。在碳含量极低（通常为 0.05%）的情况下，$w[O]_{Mn}$ 比 $w[O]_C$ 小很多，从而便可能使 $\Delta w[O]$ 变为负值，此时金属中的碳氧反应仅限于在一次反应区附近的局部高温区进行，而在熔池的大部分地区 $\Delta w[O]$ 受锰的控制。

B　熔池温度

温度对于金属氧化性的影响，在碳含量不同时显示出不同的特征。当金属的碳含量高于 0.2% 时，提高温度可以改善脱碳反应的动力学条件，如降低金属黏度、提高碳向反应区的传质速度等，从而使反应区的耗氧速度增大，故能降低金属的氧化性；当金属的碳含量低于 0.1% 时，脱碳速度已经很小，锰开始控制金属的氧化性，提高温度将减弱锰的抑制作用，增强渣中氧化铁向金属中的传输，故将使金属的氧化性增加。

C　工艺因素

a　供氧

提高枪位（或降低氧压）会增大渣中 $\sum w(FeO)$，但因对熔池的搅拌减弱，熔池中碳和氧的传质减慢，使消耗 [O] 的脱碳反应速度降低，从而导致金属氧化性增加。

增加氧枪喷头孔数，即实行分散供氧，可以促使对熔池的搅拌更加均匀，促进氧在熔池中均匀分布并控制其较少地转入熔渣，因而有助于在到达终点时得到氧化性较低的金属。

供氧强度的影响也随金属碳含量的高低而有所不同。当金属碳含量高时，提高供氧强度可使脱碳速度增大，从而使金属的氧化性降低；当碳含量较低（$w[C] < 0.12\%$）时，碳的扩散成为脱碳反应的限制性环节，提高供氧强度并不能加速脱碳过程，反而会使 $\sum w(FeO)$ 增高，从而使金属的氧化性增加。

b　冶炼低碳钢时的冷却方式

如果在临近终点时加铁矿，会增大熔渣的氧化性（即 $\sum w(FeO)$），强化氧向金属熔池的传输，因而可提高金属的氧化性；而加入生铁块时，能引起熔池的再沸腾，强化熔池的搅拌，从而会降低金属的氧化性。

c　出钢前的镇静

吹氧时熔池中碳和氧的浓度分布极不均匀，在反应区内碳的浓度明显降低，而氧的浓度大大增高。所以，金属的氧化性不仅在不同的吹炼时期不同，而且在熔池的不同部位也有很大的差异，熔池碳含量越高，这种差异越大。停吹后金属在炉内镇静一定时间，用浓差电池快速测定金属氧含量发现，金属的氧化性明显降低，而且终点碳含量越高，氧化性的降低也越发迅速和显著，这显然是熔池内碳和氧浓度的均匀化使金属中碳的自脱氧过程得以继续进行的结果。这一现象在生产中，特别是在脱氧时应该加以重视。一方面，在取样分析时要考虑其代表性；另一方面，为了倒渣和降低金属的氧化性，可在炉内稍作镇静。

综合上述可以看出，脱氧前金属的氧含量主要取决于碳含量，但其一般都高于与碳平衡时的氧含量 $w[O]_c$，且有较宽的波动范围。为了获得正常结构的铸坯和提高钢的质量，必须进行脱氧，使钢中实际残余氧含量 $w[O]_实$ 达到各类钢所要求的正常氧含量范围。

4.2.7.2 脱氧剂的选择原则及其加入量

A 脱氧剂的选择原则

脱氧剂的选择应满足下列原则：

(1) 具有一定的脱氧能力；

(2) 脱氧产物不溶于钢水中，并易于上浮排出；

(3) 来源广，价格低。

根据以上原则，在生产实际中常用的脱氧剂为铝、硅、锰及它们组合而成的硅锰、硅铝合金等，其脱氧能力次序为：$Al > Si > Mn$。

B 脱氧剂的加入量

加入钢液中的脱氧元素，一部分与溶解在金属中和熔渣中的氧（甚至空气中的氧）发生脱氧反应，变成脱氧产物而消耗掉（统称烧损）；剩余部分被钢液所吸收，满足成品钢规格对该元素的要求。脱氧元素被钢液吸收的部分与加入总量之比，称为脱氧元素的收得率 $\eta(\%)$。在生产碳素钢时，如果已知终点钢液成分、钢液量、铁合金成分及其收得率，便可根据成品钢成分计算脱氧剂的加入量，即：

$$脱氧剂加入量(kg/炉) = \frac{w[M]_{规格中限} - w[M]_{终点残余}}{w[M]_{脱氧剂} \cdot \eta} \times 出钢量 \qquad (4-15)$$

生产实践表明，准确地判断和控制脱氧元素收得率，是达到预期脱氧程度和提高成品命中率的关键。然而，脱氧元素收得率受许多因素影响。脱氧前钢液氧含量越高，终渣的氧化性越强，元素的脱氧能力越强，则该元素的烧损量越大、收得率越低。在生产中还必须结合具体情况综合分析，例如，用拉碳法吹炼中、高碳钢时，终点钢液的氧化性低，脱氧元素烧损少、收得率高，如果钢液温度偏高，则收得率更高；反之，吹炼低碳钢时，脱氧元素收得率就低，如果钢液温度偏低，则收得率更低。

终点 $\sum w(FeO)$ 高时，钢液氧含量也高，使脱氧元素的收得率偏低。如果将脱氧剂加入炉内，必然要有一部分消耗于熔渣脱氧，则收得率降低得更多。

钢液成分不同，脱氧元素收得率也不同。成品钢规格中脱氧元素含量越高，则脱氧剂加入量越大，烧损部分所占的比例就越小，因此收得率越高。如硅钢脱氧合金化时，硅的收得率可以达到 85%，比一般钢种提高 10% 以上。同时使用几种脱氧剂脱氧时，强脱氧剂用量越大，弱脱氧剂的收得率将越高。如硅钢脱氧时，锰的收得率可由一般钢种的约 80% 提高到约 90%。显然，加铝量增加时，锰、硅的收得率都将有所提高。

出钢时炉口或出钢口下渣越早，下渣量越多，渣中 $\sum w(FeO)$ 越高，则脱氧元素收得率降低得越明显；反之，如果采用还原性合成渣进行渣洗，人为地增大钢流的高度，使之与合成渣强烈地搅拌，由于钢液与熔渣的接触面积大大增加，加强了钢液的扩散脱氧，不仅能明显地提高元素收得率，还会使钢液氧含量和非金属夹杂物的含量进一步降低。

此外，脱氧剂的块度、密度、加入时间和加入顺序等也对其收得率有一定的影响。影响收得率的因素虽然很多，但在生产中经常变动很大的因素并不多，一般只要控制好终点碳含量、出钢下渣时间和下渣量，便可以使收得率相对稳定。

4.2.7.3　脱氧操作

氧气顶吹转炉目前绝大多数采用沉淀脱氧，对于一些有特殊要求的钢种，还可以配合以包内扩散脱氧（合成渣渣洗）和真空碳脱氧（真空处理和吹氩搅拌等）。脱氧剂的加入方法、加入数量以及加入时间、地点、顺序等，都直接影响脱氧效果和钢液成分的命中率。

A　镇静钢的脱氧

当前镇静钢的脱氧操作有两种方法：

a　炉内加 Mn - Si 合金和铝（或 Fe - Al）预脱氧，包内加 Fe - Mn 等补充脱氧

在炉内脱氧，由于脱氧产物容易上浮，残留在钢中的夹杂物较少，故钢的洁净度较高；而且预脱氧后钢中氧含量显著降低（见表 4 - 18），可以提高和稳定包内所加合金的收得率，特别是对于易氧化的贵重元素（如钒、钛等）更具有重要意义，还可以减少包内合金加入量。其缺点是占用炉子作业时间、炉内脱氧元素收得率低、回磷量较大等。

表 4 - 18　炉内插铝前后钢液氧含量的变化

炉　　次	1986	1989	1992	1994	2016
预脱氧前 $w[O]/\%$	0.0272	0.0285	0.0523	0.0304	0.0241
预脱氧后 $w[O]/\%$	0.0178	0.0223	0.0345	0.0192	0.0126
$\Delta w[O]/\%$	0.0094	0.0062	0.0178	0.0112	0.0115

在吹炼优质合金钢时采用这种脱氧方法，其操作要点是：到达终点后倒出大部分熔渣，再加入少量石灰使炉渣稠化，以提高合金收得率并防止回磷。加入脱氧剂后可摇炉助熔，加入难熔合金时可配加 Fe - Si 和铝等吹氧助熔。包内所加脱氧剂应在出钢量达 1/4 ~ 1/3 时开始加入，到 2/3 ~ 3/4 时加完，以利于钢液成分和温度的均匀化，并稳定合金元素收得率。

b　钢包内脱氧

目前大多数镇静钢是把全部脱氧剂在出钢过程中加入到钢包内。此法脱氧元素收得率高，回磷量较少，且有利于提高炉子的生产率和延长炉龄。未脱氧的钢液在出钢过程中，因降温而引起钢液中碳的脱氧，产生的还原性气体 CO 对钢流起保护作用，可以防止钢液的二次氧化并减少钢液吸收的气体量。采用此法时，对于一般加入量的易熔合金，可以直接以固态加入；而对于难熔和需要大量加入的合金，则可预先在电炉内将其熔化，然后以液态加入包内，这样可以获得更稳定的脱氧效果。

钢包内脱氧的操作要点是：Fe - Mn 加入量大时，应适当提高出钢温度；而 Fe - Si 加入量大时，则应相应降低出钢温度。脱氧剂应力求在出钢中期均匀加入（加入量大时，可将 1/2 的合金在出钢前加在包底）。其加入顺序一般提倡先弱后强，即先加 Fe - Mn，后加 Mn - Si、Fe - Si 和铝，这样有利于快速形成低熔点脱氧产物而加速其上浮。但如需要加入易氧化元素（如钒、钛、硼等），则应先加入强脱氧剂（如铝、Fe - Si 等），以减少

钒、钛等的烧损，提高和稳定其收得率。出钢时避免过早下渣，特别是对于磷含量有严格限制的钢种，要在包内加入少量石灰以防止回磷。

应当指出，生产实践和一些研究结果表明，对脱氧产物上浮速度起决定性作用的不是产物的自身性质，而是钢液的运动状态。向包内加入脱氧剂时产生的一次脱氧产物，在钢流强烈搅拌的情况下，绝大多数都能在 2~3min 内顺利上浮排除。

此外，各种炉外精炼技术都可看成是包内脱氧的继续和发展，它们可在一定程度上综合地完成脱氧、除气、脱碳（或增碳）和合金化的任务。

B 沸腾钢的脱氧

沸腾钢的碳含量一般为 0.05%~0.27%，锰含量为 0.25%~0.70%。为了保证钢液在模内正常地沸腾，要求根据锰、碳含量把钢中的氧含量控制在适宜范围内。钢中锰、碳含量高，终点钢液的氧化性应该相应地强些；反之，则宜弱些。

沸腾钢主要用 Fe－Mn 脱氧，脱氧剂全部加在包内。出钢时需加入适量的铝，以调节氧化性。沸腾钢碳含量越低，则加铝量越多，当 $w[C] < 0.1\%$ 时，一般加铝约 100g/t。

应该注意的是，所用 Fe－Mn 的硅含量不应大于 1%。否则，钢中硅含量增加将使模内钢液的沸腾微弱，降低钢锭质量。

生产碳含量较高的沸腾钢（$w[C] = 0.15\%~0.22\%$）时，为了保证钢液的氧化性，可采取先吹炼至低碳（$w[C] = 0.08\%~0.10\%$），出钢时再在包内增碳的生产工艺。

4.2.7.4 合金化的一般原理

向钢中加入一种或几种合金元素，使其达到成品钢成分规格要求的操作过程，称为合金化。实际上在多数情况下，脱氧和合金化是同时进行的。加入钢中的脱氧剂一部分消耗于钢的脱氧，转化为脱氧产物而排出；另一部分则被钢水所吸收，起到合金化作用。而加入钢中的大多数合金元素，因其与氧的亲和力比铁强，也必然起到一定的脱氧作用。可见，在实践中往往不太可能将脱氧与合金化、脱氧元素与合金元素截然分开。

冶炼一般合金钢或低合金钢时，合金加入量的计算方法与脱氧剂基本相同。但由于加入的合金种类较多，必须考虑各种合金带入的合金元素量，计算公式为：

$$合金加入量(kg/炉) = \frac{w[M]_{规格中限} - (w[M]_{终点残余} + w[M]_{其他合金带入})}{w[M]_{合金} \times \eta} \times 出钢量$$

(4－16)

冶炼高合金钢时，合金加入量较大，加入的合金量对钢水重量和终点成分的影响不能忽略，计算时也应给予考虑。

各种合金元素应根据它们与氧的亲和力、熔点、密度以及热物理性能等，决定其合理的加入时间、地点和必须采取的助熔或防氧化措施。

对于不氧化的元素，如镍、钼、铜等，其与氧的亲和力均比铁小，在转炉吹炼过程中不会被氧化，而它们熔化时吸热又较多，因此，可在加料时或在吹炼前期作为冷却剂加入。钼虽然不氧化，但易蒸发，最好在初期渣形成以后再加入。这些元素的收得率可按 95%~100% 考虑。

对于弱氧化元素（如钨、铬等），总是以铁合金的形式加入。Fe－W 密度大、熔点高，含钨80% 的 Fe－W 密度为 16.5g/cm³，熔点高达 2000℃以上。Fe－Cr 的熔点也较高，根据碳含量的不同，其熔点为 1520 ~ 1640℃。因此，为了既便于熔化又避免氧化，它们都应在出钢前加入炉内，同时加入一定量的 Fe – Si 或铝吹氧助熔。钨和铬的收得率一般在 80% ~ 90% 范围内波动。

对于易氧化元素，如铝、钛、硼、硅、钒、铌、锰、稀土金属等，大多加入包内。

4.2.8　吹损及喷溅

4.2.8.1　吹损的组成及分析

顶吹转炉的出钢量比装入量少，这说明在吹炼过程中有一部分金属损耗，这部分损耗的数量即为吹损，一般用其占装入量的百分比来表示：

$$吹损 = \frac{装入量 - 出钢量}{装入量} \times 100\% \qquad (4-17)$$

如果装入量为 33t，出钢量为 29.7t，则吹损 $= \frac{33 - 29.7}{33} \times 100\% = 0.1\%$。在物料平衡计算中，吹损值常以每千克铁水（或金属料）的吹炼损失表示。

氧气顶吹转炉主要是以铁水为原料。把铁水吹炼成钢，要去除碳、硅、锰、磷、硫等杂质；另外，还有一部分铁被氧化。铁被氧化生成的氧化铁，一部分随炉气排走，另一部分留在炉渣中。吹炼过程中金属和炉渣的喷溅也会损失一部分金属。吹损就是由这些部分组成的。

下面用实例来说明吹损的几种形式。

（1）化学烧损。以吹炼 BD3F 沸腾钢为例，化学烧损为 5.12%，见表 4 – 19。

表 4 – 19　BD3F 沸腾钢的化学损失　　　　　　（%）

样 品	成　　分					
	C	Si	Mn	P	S	共　计
铁水	4.30	0.60	0.45	0.13	0.03	5.51
终点	0.13	—	0.20	0.02	0.02	0.39
烧损	4.17	0.58	0.25	0.11	0.01	5.12

（2）烟尘损失。每 100kg 铁水产生烟尘 1.16kg，其中 Fe_2O_3 占 70%，FeO 占 20%，折合成金属铁损失为：

$$1.16 \times \left(0.70 \times \frac{112}{160} + 0.20 \times \frac{56}{72} \right) = 0.75kg$$

式中　112——Fe_2O_3 中两个铁原子的相对原子质量（铁的相对原子质量为 56）；

　　　160——Fe_2O_3 的相对分子质量；

　　　72——FeO 的相对分子质量。

（3）渣中金属铁损失。按渣量占铁水量的 13%、渣中金属铁含量为 10% 计算，则渣中金属铁损失为：

$$100 \times 13\% \times 10\% = 1.3kg$$

（4）渣中 FeO 和 Fe_2O_3 损失。如果渣中含 FeO 11%、Fe_2O_3 2%，折合成金属铁损失为：

$$100 \times 13\% \times \left(11\% \times \frac{56}{72} + 2\% \times \frac{112}{160}\right) = 1.3kg$$

（5）机械喷溅损失。按1.5%考虑。

综上所述，顶吹转炉吹损 = 5.12% + 0.75% + 1.3% + 1.3% + 1.5% = 9.97%。

由计算可知，化学烧损是吹损组成的主要部分，占总吹损的70% ~ 90%；而C、Si、Mn、P、S的氧化烧损又是化学烧损的主要部分，占总吹损的40% ~ 80%。机械喷溅损失只占10% ~ 30%，化学损失往往是不可避免的，而且一般也不易控制；但机械喷溅损失只要操作得当，是完全可以尽量减少的。应该强调指出，在顶吹转炉吹炼过程中，机械喷溅损失与其他损失（特别是化学烧损）相比，虽然仅占次要地位，但其不仅导致吹损增加，引起对炉衬的冲刷加剧，对提高炉龄不利，还会引起粘枪事故，且减弱了脱磷、脱硫的作用，影响炉温，限制了顶吹转炉进一步强化操作的稳定性，所以防止喷溅是十分重要的问题。

4.2.8.2 喷溅的类型、产生原因、预防与控制

喷溅是氧气顶吹转炉吹炼过程中经常发生的一种现象，通常将随炉气逸出、从炉口溢出或喷出炉渣与金属的现象称为喷溅。喷溅的产生造成大量的金属和热量损失，引起对炉衬的冲刷加剧，甚至造成粘枪、烧枪，使炉口和烟罩挂渣，增大了清渣处理的劳动强度。首钢6t转炉的分析数据（见表4-20）表明，大喷溅时金属损失3.6%，小喷溅时金属损失1.2%，若能避免喷溅发生，则相当于增加钢产量1.2% ~ 3.6%。对于一个年产100万吨钢的转炉炼钢车间，这意味着增产1.2 ~ 3.6万吨钢。因此在转炉操作过程中，预防喷溅是十分重要的。

表4-20 首钢6t转炉的分析数据

炉龄/炉	化学烧损/%	渣中铁损/%	烟尘损失/%	喷溅损失/%	合计/%	喷溅情况
26	4.99	2.16	1	3.57	11.72	大喷
79	4.97	1.86	1	1.17	9.00	小喷
208	5.07	2.08	1	0.54	8.69	微喷

A 喷溅的类型

吹炼时期存在以下几种喷溅情况：

（1）金属喷溅。吹炼前期炉渣尚未形成或吹炼中期炉渣返干时，固态或高黏度炉渣被顶吹氧气射流和从反应区排出的CO气体推向炉壁。在这种情况下，金属液面裸露，由于氧气射流冲击力的作用，使金属液滴从炉口喷出，这种现象称为金属喷溅。

（2）泡沫渣喷溅。吹炼过程中，由于炉渣中表面活性物质较多，使炉渣泡沫化严重，在炉内CO气体大量排出时，从炉口溢出大量泡沫渣的现象称为泡沫渣喷溅。

（3）爆发性喷溅。吹炼过程中，当炉渣内FeO积累较多时，由于加入渣料或冷却剂过多，造成熔池温度降低；或是由于操作不当，使炉渣黏度过大而阻碍CO气体排出，一旦温度升高，熔池内碳、氧即剧烈反应，产生大量CO气体急速排出，同时也使大量金属和炉渣喷出炉口，这种突发的现象称为爆发性喷溅。

（4）其他喷溅。在某些特殊情况下，由于处理不当也会产生喷溅。例如，在采用留

渣操作时，渣中氧化性强，兑铁水时如果兑入速度过快，可能使铁水中的碳与炉渣中的氧发生反应，引起铁水喷溅；又如，在吹炼后期，采用补兑铁水时也可能造成喷溅。

B　喷溅的产生原因

产生喷溅是两种力作用的结果：一种是脱碳反应生成的 CO 气泡在熔池内的上浮力和气泡到达熔池表面时的惯性力，它们造成熔池面的上涨及对熔池上层的挤压；另一种是重力和摩擦力，它们阻碍熔池向上运动。在熔池内部，摩擦力并不起主要作用，主要是重力起作用。

氧气射流对喷溅的影响是复杂的。氧气射流对熔池的冲击造成熔池上层的波动和飞溅，而且液相也被反射气流及 O_2 和 CO 气泡向上推挤，促使产生喷溅；但在炉渣严重泡沫化时，短时间提高枪位，借助射流的冲击作用破坏泡沫渣，又可以减少产生喷溅的可能性。

总之，在熔池液面上涨的情况下，熔池中局部的飞溅、气体的冲出、波浪的生成等都容易造成钢 – 渣乳状液从炉口溢出或喷溅。

在 30t 转炉上进行试验的结果表明，吹炼过程中脱碳速度、液面高度及喷溅强度的变化如图 4 – 12 所示。

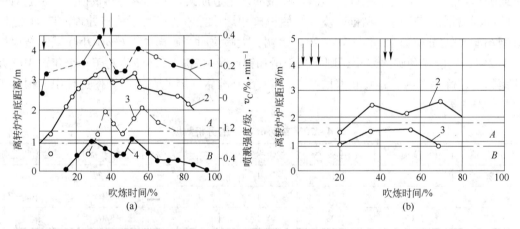

图 4 – 12　30t 转炉吹炼过程中脱碳速度 v_C、液面高度及喷溅强度的变化（↓表示加入散状料）

(a) 单孔喷头；(b) 三孔喷头

1—脱碳速度；2—渣 – 金属乳状液液面高度；3—金属液面高度；4—喷溅强度；

A—喷孔水平；B—静止熔池液面

C　喷溅的预防与控制

吹炼过程中，通常在吹炼中期加二批料前及加二批料后不久，有 2 或 3 次强烈的喷溅。此时恰好脱碳速度最大，熔池液面上涨最高，炉渣的泡沫化最强。在加二批料后的一段时间内，由于脱碳速度减小，渣料对泡沫渣的机械破坏作用使熔池液面暂时下降，喷溅强度相应减小。

比较图 4 – 12(a) 和 (b) 可见，采用三孔喷头使吹炼过程中的液面高度显著降低，其变化显著减小。所以，采用多孔喷头将使喷溅显著减少。在一定范围内增大喷孔夹角，使氧流分散，也可以减少喷溅。

综上所述，为了防止喷溅，总的方向是要采取措施促使脱碳反应在吹炼时间内均匀地进行，减轻熔池的泡沫化，降低吹炼过程中的液面高度并减小其波动。具体措施如下：

（1）采用合理的炉型。如转炉应有适当的高度和炉容比，采用对称的炉口和接近于球状的炉型。

（2）限制液面高度。在炉容比一定的条件下，应限制渣量和造渣材料的加入量，尽量减小渣层厚度。可加入防喷剂或采用其他方法破坏泡沫渣，也可以在吹炼中期倒渣。此外，还应避免转炉的过分超装。

（3）加入散状材料时要增多批数、减少批量。尤其是铁矿石，不仅要分批加入，而且应限制其用。用废钢作冷却剂，可使吹炼过程比用铁矿石时平稳。

（4）正确控制前期温度。如果前期温度低，炉渣中积累大量氧化铁，随后在元素氧化、熔池被加热时，往往突然引起碳的激烈氧化，容易造成爆发性的喷溅。

（5）减小炉渣的泡沫化程度，将泡沫化的高峰前移，尽量移至吹炼前期。可以采用快速造渣和向渣中加入氧化锰等方法，使泡沫渣的稳定性降低。

（6）在发生喷溅时，加入散状材料（如石灰石）可以抑制喷溅。如在强烈脱碳时发生喷溅，还可以暂时降低供氧强度，随后再逐渐恢复正常供氧。这种方法在生产中被广泛采用。

（7）在炉渣严重泡沫化时，短时间提高枪位，使氧枪超过泡沫化的熔池液面，借助氧气射流的冲击作用破坏泡沫渣，可减少喷溅。

4.2.9 操作事故与处理

4.2.9.1 低温钢

由热平衡计算可知，氧气顶吹转炉炼钢过程有较多的富余热量，但在生产中往往由于操作不合理、判断失误而出现低温钢，其主要原因如下：

（1）吹炼过程中操作者不注意温度的合理控制，在到达终点时火焰不清晰、判断不准确或所使用的铁水磷、硫含量高，在吹炼过程中多次进行倒炉、倒渣，反复加石灰，致使熔池热量大量损失，钢水温度下降。

（2）新炉阶段，炉温低，炉衬吸热多，到达终点时出钢温度虽然较合适，但因出钢口小或等待出钢时间过长，钢水温度下降较多。老炉阶段，由于熔池搅拌不良，使金属液的温度、成分出现不均匀现象，而取样及热电偶测量温度多在熔池上部进行，测量值往往高于实际温度值，其结果不具有代表性，致使判断失误。

（3）出钢时钢水温度合适，但由于使用凉包或包内粘有冷钢，致使钢水温度下降。出钢时铁合金加入过早，堆集在包底，使钢水温度降低。出钢后包内镇静时间过长或由于设备故障不能及时进行浇注，也会导致出现低温钢。

（4）从吹炼过程火焰判断及从钢水测量温度来看，似乎温度已足够，但实际上熔池内尚有大型废钢未完全熔化或石灰结坨尚未成渣，至终点时废钢或渣坨突然熔化，大量吸收熔池热量，致使熔池温度降低。

在生产中要想避免产生低温钢，操作人员就要根据具体原因，采取相应处理方法及时处理，具体如下：

（1）吹炼过程中应合理控制炉温，避免石灰结坨。石灰结坨时可通过炉口火焰或炉膛响声发现，应及时处理，不要等到吹炼终点时再处理。

（2）吹炼过程加入重型废钢时，过程温度控制应适当偏高些。吹炼后期，特别是老炉阶段，喷枪位置要低一些，一方面可以适当降低渣中氧化铁含量；另一方面还可以加强熔池搅拌，均匀熔池温度，绝对避免高枪位吹炼。

（3）出钢口修补时口径不要过小，以免出钢时间长而降低钢水温度。吹炼过程应尽量缩短补吹时间，终点判断合格后要及时组织出钢。

（4）吹炼过程若温度过低，可采取调温措施。通常采用的方法是：向炉内加硅铁、锰铁甚至金属铝，并降低枪位，加速反应，提高温度。若出钢后发现温度低，应慎重处理，必要时可组织回炉以减少损失，切忌勉强进行浇注。若钢水碳含量高，可采取适当补吹进行提温。

4.2.9.2　高温钢

吹炼过程中由于过程温度控制过高、冷却剂配比不合适等造成终点温度过高，而又未加以合理调整，会导致出现高温钢。

若出钢前发现炉温过高，可适当加入炉料冷却熔池，并采用点吹使熔池的温度、成分均匀，测温合格后即可出钢。小型转炉在出钢过程中，可向包中加入适量的洁净小废钢或生铁块，若出钢温度高而出不多时，也可适当延长镇静时间以降低钢水温度。

吹炼过程中若发现温度过高，应及时采取降温措施。可向炉内加入氧化铁皮或铁矿石，但应分批加入并注意用量。目前有的厂采用追加多批石灰的办法降温，其目的在于既降温又去除硫、磷。用石灰降温虽可提高炉渣碱度，有利于硫、磷的去除，但降温效果不如氧化铁皮，而且碱度过高也没有必要。

4.2.9.3　喷枪粘钢

导致喷枪粘钢的原因如下：

（1）吹炼过程喷枪操作不合理，同时又未做到及时调整好枪位；或吹炼中所使用的喷嘴结构不合理。

（2）铁水装入量过大，枪位控制过低，炉渣化得不好、流动性差，金属喷溅严重。

（3）吹炼过程白云石的加入数量及加入时间不妥，炉渣黏度增大、流动性差。

喷枪粘钢少时，一般在吹炼后期用渣子涮枪，要求炉温高、碱度低，萤石可适当多加一些，在保证炉渣化透的情况下有较厚渣层，枪位稍低些，这样喷枪粘钢很容易处理。

喷枪粘钢严重时，停吹后由操作人员用大锤击打，将喷枪粘的钢、渣打下来。若实在打不下来，只能更换喷枪。

4.2.9.4　化学成分不合格

（1）碳不合格。目前，国内大多数氧气顶吹转炉炼钢厂都是通过经验进行终点碳含量的判断。由于炉前操作人员经验不足、操作时精力不集中或枪位操作不合理，造成误差，致使碳不合格。

（2）锰不合格。导致锰不合格的原因如下：

1）铁合金计量出现差错，或计算加入量时出现差错；铁合金混杂堆放，将硅锰合金误认为是锰铁使用，造成废品。

2）铁水装入量不准或波动较大，造成出钢量估计不准；铁水锰含量发生变化，到达终点时对钢水余锰估计不准；因出钢口过大，出钢时下渣过多，包内钢水大翻，使合金元素吸收率发生变化且估计不足，同时又未及时调整合金加入量；对钢水温度、氧化性的变化及影响合金元素吸收率的情况估计不足。

3）设备运转失灵，使合金部分或全部加在包外，而又未及时发现、及时调整。

（3）磷不合格。导致磷不合格的原因如下：

1）出钢口过大，出钢过程下渣过多，或出钢时合金加入不当；终渣碱度低，出钢温度高，出钢后钢水在包内镇静时间及浇注延续时间比较长；包内不清洁、粘渣太多或化验分析误差，造成判断失误；所取钢样不具有代表性，判断失误。

2）终点控制在第一次拉碳时磷已合格，但由于碳含量高或其他原因进行补吹，补吹时控制不当，使熔池温度升高、氧化铁还原，或由于碱度低，都可能造成回磷，同时又误认为磷已合格，未分析终点磷含量，致使磷出格。

（4）硫不合格。导致硫不合格的原因如下：

1）吹炼操作不正常而被迫采取后吹，此时钢水中碳含量已很低，而其氧含量本来就很高，再经过后吹，使渣中 $\Sigma w(\text{FeO})$ 提高，从而使渣中的硫向钢水中扩散，造成回硫；吹炼后期炉渣化得不好、黏稠，产生返干现象，致使炉渣流动性差，没能起到脱硫作用；炉衬及包内耐火材料受到炉渣侵蚀，使炉渣碱度降低。

2）合金中硫含量高；由于终点碳含量低，采用炭粉或生铁块增碳，而其本身硫含量高；吹炼中所使用的铁水、石灰、铁矿石等原材料的硫含量突然增加，而炉前操作人员不知道，且未能采取相应措施；吹炼过程炉渣数量太少，而且炉温较低，导致硫含量高。

化学成分不合格的处理方法如下：

（1）硫不合格的处理方法。吹炼过程应注意化好渣，保证炉渣流动性好、碱度高，渣量相应大些，炉温适当高些。同时，应注意观察和了解所用原料硫含量的变化，采用出钢挡渣技术，严禁出钢下渣。

（2）磷不合格的处理方法。

1）认真修补好出钢口，采用出钢挡渣技术，尽量减少出钢时带渣现象。控制合适的炉渣碱度及终点温度，出钢后投加石灰以稠化炉渣。

2）第一次拉碳合格后，若碳含量高需补吹，则要根据温度、碱度等酌情补加石灰，调整好枪位，防止氧化铁还原太多而使炉渣产生返干，坚持分析终点磷含量，尽量减少钢水在包中的停留时间。

（3）锰不合格的处理方法。

1）认真计算合金加入量，坚持验秤制度，合金要分类并按规定堆放。铁水装入量要准确，并应准确判断终点碳含量，注意合金加入顺序及吸收率的变化，准确判断余锰量。

2）采用出钢挡渣技术，严禁出钢下渣。

4.2.9.5 回炉钢

导致出现回炉钢的原因如下：

（1）吹炼过程中由于操作人员操作不当，使终点钢水的温度、成分不均匀而造成回炉。

（2）由于浇注设备出现故障，不能及时浇钢，使包内钢水温度迅速下降。

回炉钢的处理方法如下：

（1）钢水全部回炉时，可兑入混铁炉或分两次处理。根据回炉钢水的温度、成分，适当配加一定数量的硅铁，并加入一定数量的石灰，枪位控制要合理，保证化好渣，防止发生烧枪事故。

（2）加入合金时，应注意元素吸收率变化的影响。

4.2.10　顶吹转炉计算机自动控制

转炉炼钢过程复杂（如图 4-13 所示），终点成分和温度的控制范围窄，使用的原材料和生产的产品品种多、数量大，冶炼过程温度高、时间短、可变因素多且变化范围大，因此，仅凭经验和直接观察很难适应现代转炉炼钢生产的需要。20 世纪 60 年代以来，随着电子计算机和检测技术的迅速发展，开始采用计算机控制炼钢过程。

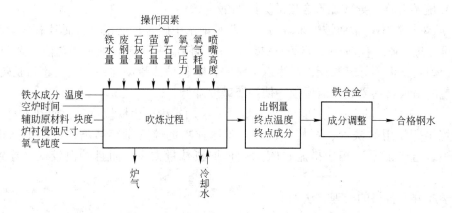

图 4-13　转炉炼钢过程的主要影响因素和操作因素

美国于 1959 年首次利用计算机计算转炉供氧量和冷却剂用量，对转炉终点实行静态控制。随后，很多国家投入研究并相继采用。在此基础上，又出现了转炉终点的动态控制法。

在发展转炉过程控制技术的同时，转炉生产管理系统的自动控制也得到了很大发展，出现了联机实时管理系统、计算机网络系统和数据库系统，形成了包括生产计划、作业管理、工艺控制、库存管理、质量及其他业务管理在内的自动化系统。

计算机用于钢铁企业管理和转炉冶炼过程控制，显著提高了转炉生产率，降低了原材料、能源和人工消耗及生产成本，提高了产品质量，还减轻了劳动强度。目前，转炉终点静态控制的命中率可达 60% ~ 70%，比人工控制命中率高 10% ~ 20%；动态控制的终点成分和温度的同时命中率可达 90% 以上。

目前，转炉的自动控制还处于发展和逐步完善阶段，由于某些系统的控制模型主要是依靠经验建立的，目标命中率尚不高；转炉全部工艺过程的自动控制，如脱磷和脱硫的控制，还有待研究开发；此外，自动控制系统的功能也还有限，如还不能令人满意地消除喷溅等异常事故。因此，转炉的自动控制仍然是迫切需要深入开展工作和进行研究的重要课题。

4.2.10.1 转炉自动控制系统

转炉炼钢厂的全盘自动化控制系统，由包括原料、冶炼、钢水处理、浇注及生产管理等全部工艺环节在内的若干子系统构成。其中，转炉冶炼的自动控制系统是主要子系统。

转炉自动控制系统包括计算机系统、电子称量系统、检测调节系统、逻辑控制系统、显示装置及副枪设备等。其主体部分的构成、布置和功能简介如下。

用于转炉炼钢过程自动控制的电子计算机，由运算器、存放数据和程序的存储器、指挥机器工作的控制器和输入输出设备构成。

通常，将描述转炉实际过程的数学模型用"程序设计语言"写成源程序，依靠计算机内的"编译程序"翻译成机器指令（目的程序），然后由计算机执行机器指令工作，辅助操作者实现炼钢过程控制。常用的程序设计语言（即算法语言）有很多种，如 FORTRAN、ALGOL60、COBOL、PL/1、ALGOL68、BASIC 等。

比较典型的转炉计算机控制系统及其数据输入 - 输出时间如图 4 - 14 所示，该系统还包括下一工序在内的信息管理。

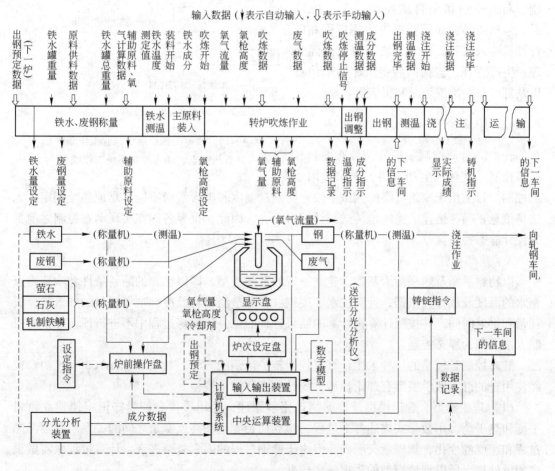

图 4 - 14　典型的转炉计算机控制系统及其数据输入 - 输出时间关系

图 4 - 15 所示是典型的转炉冶炼作业工作顺序和计算机静态、动态控制系统工作顺

序。该转炉具有 OG 装置，控制系统可以对 OG 进行控制。根据前炉情况，计算机就会对预定炉次进行炉料计算。在预定炉次冶炼开始前，通过手动或自动向计算机输入设定的吹炼数据、测定和分析的铁水温度和成分数据、辅助原料数据等。然后根据操作者的要求，按静态或动态控制吹炼。吹炼停止后，对数学模型进行修正，并向下步工序输出信息。

转炉的计算机控制系统通常应具备的功能有：工艺过程参数的自动收集、处理和记录；根据模型计算各种原材料，包括铁水、废钢、辅助材料、铁合金和氧气的用量；吹炼过程的自动控制，包括静态控制、动态控制和全自动控制；人 - 机联系，包括用各种显示器报告冶炼进程和向计算机输入信息；控制系统本身的故障处理；生产管理，包括向后步工序输出信息以及打印每炉冶炼记录和报表等。

4.2.10.2　静态控制与动态控制

转炉的自动控制一般分为静态控制和动态控制。就炼钢生产来讲，要求采用动

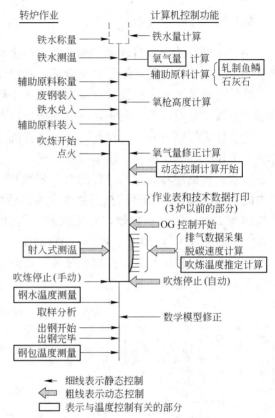

图 4 - 15　典型的转炉冶炼作业工作顺序和计算机静态、动态控制系统工作顺序

态控制。目前由于缺乏可靠的测试手段，特别是温度和碳含量尚不能可靠地连续测定，无法将信息正确、迅速、连续地传送到计算机中去。因此，世界各国在实现动态控制之前都先设计静态控制。

A　静态控制

以物料平衡及热平衡为基础，建立一定的数学模型，即以已知的原料条件和吹炼终点钢水的温度及成分为依据，计算铁水、废钢、各种造渣材料及冷却剂等物料的加入量，氧耗量和供氧时间，并按照计算机计算的结果进行吹炼，在吹炼过程中不进行任何修正的控制方法，即为静态控制。

静态控制是较早的一种采用计算机控制转炉炼钢的方法，始于 20 世纪 60 年代初。曾经使用过的静态数学模型有理论模型、统计模型和增量模型。

（1）理论模型。理论模型是根据物理化学原理，运用质量和能量守恒定律建立物料平衡和热平衡，用数学式描述各个过程，建立初始变量和终点变量之间的关系。它不考虑过程和速度的变化，物理意义明确。但由于炼钢过程的因素复杂多变，计算过程中需做很多假设处理，所以理论模型的预报精度较低。

（2）统计模型。统计模型是运用数理统计方法，对大量生产数据进行统计分析而建立的数学模型。尽管人们对炼钢过程的认识还很有限，但由于使用了实际生产数据，统计

模型能比较好地符合实际生产情况。

（3）增量模型。增量模型是把整个炉役期中工艺因素变化的影响看做连续函数，由于相邻两炉钢的炉型变化甚微而认为其对操作无影响。这样，以上一炉操作情况为基础，对本炉操作因素的变化加以修正，将修正结果作为本炉的数学模型。其数学通式如下：

$$y_1 = y_0 + f(x_1 - x_0) \tag{4-18}$$

式中　y_1——本炉控制参数的目标值；

　　　y_0——本炉控制参数的实际结果；

　　　x_1——本炉的变量；

　　　x_0——上一炉的变量。

增量模型比统计模型更接近于实际情况。

目前，人们对炼钢过程的理论认识还不完全清楚，未能建立起可供实际使用的纯理论模型，一般是将理论模型和经验模型相结合使用。

由于静态控制只考虑始态和终态之间量的差别，不考虑各种变量随时间的变化，得不到炉内实际进展的反馈信息，不能及时修正吹炼轨道。因此，静态控制的命中率仍然不高。

B　动态控制

动态控制是在静态控制基础上，应用副枪等测试手段，将吹炼过程中金属成分、温度及熔渣状况等有关变量随时间变化的动态信息传送给计算机，依据所测到的动态信息对吹炼参数及时修正，达到预定的吹炼目标。由于它比较真实地反映了熔池情况，其命中率比静态控制显著提高，具有更强的适应性和更高的准确性，可实现最佳控制。

当前，动态控制主要用于准确控制终点钢水温度和碳含量。使用过的动态控制方法主要有吹炼条件控制法、动态停吹法、轨道跟踪法和称量控制法，使用较多的是吹炼条件控制法和动态停吹法。

（1）吹炼条件控制法。吹炼条件控制法是根据吹炼过程中检测到的熔池反馈信息修正吹炼条件，使吹炼过程按照预定的吹炼轨道进行的一种控制方法。

（2）动态停吹法。动态停吹法是在吹炼前先用静态模型进行装料计算，吹炼前期用静态模型进行控制。接近终点时，由检测到的信息，根据对接近炉次或类似炉次回归分析所获得的脱碳速度与碳含量之间的关系以及升温速度与熔池温度之间的关系，判断最佳停吹点。停吹时，根据需要做相应的修正动作。最佳停吹点应是碳含量和温度同时命中；或者两者中有一项命中，另一项不需后吹，只经某些修正动作即可达到目标要求。

（3）轨道跟踪法。轨道跟踪法如图4-16所示，其在吹炼前与静态控制一样，先做装料计算，在吹炼过程中通过检测仪器测出钢水温度、碳含量和造渣情况等连续变化的信息。吹炼后期参照以往的典型曲线，将测得的碳含量和温度信息输入计算机，算出预计的曲线。最

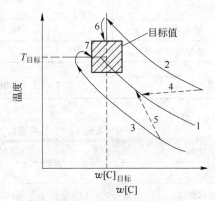

图4-16　轨道跟踪法示意图

1—碳含量与温度同时命中；2—碳含量命中，温度不命中；3—碳含量不命中，温度命中；4，5—不必要在吹炼过程调整；6—终点降温；7—终点增碳

初预计曲线与实际曲线可能相差较大，以此为基础，继续用检测的信息算出新的预计曲线。新曲线虽与实际曲线仍有差异，但两者已较为接近。上述过程反复进行，直至吹炼终点。越接近终点，预计曲线越接近实际曲线。

动态控制的关键在于吹炼过程中要快速、准确并连续地获得熔池内各工艺参数的反馈信息，尤其是熔池温度和碳含量，因而测试手段是很重要的。目前普遍应用计算机副枪控制系统，根据钢种的要求选择适用的"吹炼模型"并进行静态计算，出钢前用副枪测定钢水温度与碳含量，再根据副枪测定结果修正出钢前温度与碳含量的轨迹，操作进入动态控制，出钢时温度与碳含量同时命中。

4.3　任务实施

4.3.1　各种渣料加入量的计算

A　目的与目标

掌握各种渣料加入量的计算，及时、准确地把各种渣料加入炉内，确保吹炼正常进行。

B　操作步骤或技能实施

（1）掌握各种渣料的成分及其有关数据。

（2）应用各种渣料加入量的计算公式正确计算或根据经验数据确定其加入量，主要包括以下内容：

1）石灰和生白云石加入量的计算。

2）萤石加入量的确定。

3）氧化铁皮与铁矿石加入量的确定。可参考表4-21及表4-22中所列数据，氧化铁皮加入量的经验数据为10~20kg/t。

表4-21　30t转炉冷却剂冷却效果的参考数据

冷却剂 冷却效果	废钢	生铁	氧化铁皮	白云石	石灰	普通回炉钢水
钢水降温/℃	34.2	16	97.4	67	32.4	
冷却效果换算	1	0.5	3	2	1	0.3

表4-22　120t转炉温度控制的经验数据

名　称	冷却剂		名　称	提温剂	
	每吨钢加入量/kg	降温数/℃		每吨钢加入量/kg	升温数/℃
废钢	1	1.27	硅铁	1	6
铁矿石	1	4.50	焦炭	1	4.8
氧化铁皮	1	4.0	铝块	1	15
生铁块	1	0.9~1.0			
萤石	1	10			
石灰	1	1.9			
石灰石	1	2.8			

（3）根据炉况和炉长经验，可以对计算结果做适当的修正。

C 注意事项

（1）采用的有关数据必须正确无误。

（2）应用的计算方式必须正确。

（3）运算必须准确。

（4）应用的经验数据必须符合生产实际情况。操作工的经验应该长期积累。

（5）以上几点中任何一点出现偏差，都会直接影响渣料的实际加入量，从而直接影响全程化渣、冶炼效果及冶炼成本。

4.3.2 掌握供氧制度

A 目的与目标

掌握供氧制度，及时调整，确保吹炼正常进行。

B 操作步骤和技能实施

a 准备工作

应了解以下内容，借以确定操作模式：

（1）氧枪喷嘴的结构特点，氧气总管的压力；

（2）铁水成分，主要是硅、硫、磷的含量；

（3）铁水温度，混铁炉存铁情况，铁水包情况；

（4）炉役期及补炉情况，装入量；

（5）上炉钢水是否出尽、是否有残渣；

（6）使用渣料的质量；

（7）吹炼钢种，吹炼时造渣和温度控制的要求；

（8）上一班操作情况。

b 操作模式的确定

（1）恒枪恒压操作。恒枪恒压操作是指在整个吹炼过程中枪位与氧压始终保持不变。该法操作简单，适用于铁水条件好、吹炼中去除杂质任务轻的情况。

（2）恒枪变压操作。恒枪变压操作是指在吹炼过程中枪位基本保持不变，通过改变氧压的手段来控制氧气流股与熔池的相互作用，从而确保吹炼的正常进行。此法一般在吹炼前期以最大氧压供氧，当碳激烈氧化时适当降低氧压，提高渣中（FeO）的含量，保证炉渣不返干，促使其化好、化透。此法适用于较优良的原材料条件和平稳的生产状态，较多地用于大炉子。

（3）恒压变枪操作。恒压变枪操作是指在吹炼过程中氧气压力基本保持不变，用调节枪位高低的方法来控制过程。恒压变枪操作基本有以下三种操作：

1）平－高式操作，即吹炼中枪位的变化是前平后高。此法一般用于原材料条件较好、后期熔池需要保持较高碳含量的钢种。

2）低－高式操作，即吹炼中枪位前低后高，如图4－17所示。此法一般用于铁水温度偏低、后期仍有化渣任务的一炉普碳钢操作过程。

3）低－高－低式操作，如图4－18所示。此法适用于一般性原材料和常规生产的一炉普碳钢操作过程。

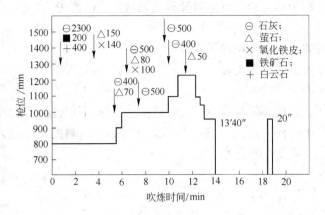

图 4 - 17　一炉（公称吨位为 30t）普碳钢低 - 高式
操作实例（各渣料加入量单位：kg）

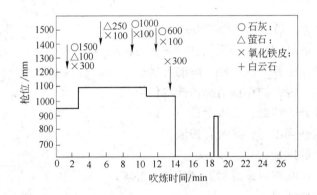

图 4 - 18　一炉（公称吨位为 30t）普碳钢低 - 高 -
低式操作实例（各渣料加入量单位：kg）

　　恒压变枪操作与恒枪变压操作没有根本的优劣之分，只是恒压变枪操作更容易控制成
渣速度和炉渣的氧化性。

　　吹炼中的枪位操作没有一个固定模式，具体采用哪种模式，应根据当时的铁水条件、
炉子状况、氧气压力、所炼钢种以及操作者的习惯等因素灵活而定。

　　C　注意事项

　　（1）应注意根据火焰情况，及时、正确地调整枪位。

　　（2）操作调整枪位（或氧压）时，一定要注意枪位标尺位置（或氧压显示表上的读
数），以防因反向误操作或调整不到位而产生不良后果。

　　（3）操枪工要认真操纵枪位，尽量避免大喷。

　　（4）应尽量避免误操作。误操作的不良后果如下：

　　1）供氧操作（枪位）模式选错。如果材料条件差而应选择变枪操作，但误选了恒枪
操作，必然导致前期渣化不好或化渣滞后，中期渣易返干而引起金属喷溅。如果材料条件
较好且炉况允许采用恒枪操作，但选用了其他操作模式，则会造成不必要的操作复杂化。

　　2）在冶炼过程中未按炉况变化及时调整枪位或调整枪位不到位。虽然选好了操作模

式，但未按炉子的实际情况及时调整枪位以适应炉况变化的需要；或者调整得不到位，甚至反向误操作，均会造成全程化渣的失败。例如，根据炉况应该提枪而未能及时提枪，或者提枪不到位，甚至反向误操作为降枪，那么熔池中(FeO)不足的问题未能及时得到改善，不能及时促使化渣，渣化不透，甚至因为误操作为降枪而加速了熔池中脱碳反应的速度，使(FeO)更为减少，则更容易形成返干而引起金属喷溅；反之，应该降枪时而误操作为提枪，则使钢液温度更低或者(FeO)积累更多，最后可能引起喷溅。

复习思考题

4-1　装入制度包括哪些内容？

4-2　什么是转炉的炉容比，影响转炉炉容比的因素有哪些？

4-3　确定装入量的原则是什么？

4-4　生产中应用的装入制度有哪几种类型，各有什么特点？

4-5　造渣制度包括哪些内容？

4-6　什么是单渣操作，它有什么特点？

4-7　什么是双渣操作，它有什么特点？

4-8　什么是留渣操作，它有什么特点？

4-9　石灰的加入量如何确定？

4-10　渣料的加入批量和时间应怎样考虑，为什么？

4-11　什么是少渣操作，转炉炼钢为什么要采用少渣操作？

4-12　石灰渣化的机理是怎样的？

4-13　吹炼过程中加速石灰渣化的途径有哪些？

4-14　泡沫渣是怎样形成的，它对吹炼有什么影响，如何控制泡沫渣？

4-15　吹炼过程中为什么会出现熔渣返干现象？

4-16　用轻烧白云石作为调渣剂，其加入量怎样确定？

4-17　供氧制度包括哪些内容，它有什么重要性？

4-18　什么是拉瓦尔型喷头，它有什么特点？

4-19　什么是氧气流量，确定氧气流量的依据是什么？

4-20　什么是供氧强度，确定供氧强度的依据是什么？

4-21　如何确定每吨金属料的氧气耗量？

4-22　如何确定氧压，氧压过高或过低对氧气射流有何影响？

4-23　确定氧枪枪位应考虑哪些因素，枪高为多少合适？

4-24　氧枪枪位对熔池搅动、渣中 $w(\mathrm{TFe})$、熔池温度有什么影响？

4-25　如何确定开始吹炼枪位？

4-26　如何控制过程枪位？

4-27　如何控制后期枪位，终点前为什么要降枪？

4-28　氧枪喷头损坏的原因和停用标准是什么，如何提高喷头寿命？

4-29　氧枪喷头的主要尺寸是如何计算和确定的？

4-30　转炉炼钢的温度制度包括哪些内容，它对冶炼有什么影响？

4-31　什么是转炉的热效率，如何提高热效率？

4-32　出钢温度是怎样确定的？

任务 5 复吹转炉冶炼操作

5.1 任务描述

（1）转炉炼钢工（班长）根据车间生产值班调度下达的生产任务，编制原料配比方案和工艺操作方案。

（2）与原料工段协调，根据铁水成分、钢种成分，对铁水进行"三脱"预处理，并完成铁水、废钢及其他辅料的供应。

（3）组织本班组员工按照操作标准，安全地完成铁水及废钢的加入、吹氧冶炼、取样测温、出钢合金化、溅渣护炉、出渣等一套完整的冶炼操作。

（4）在进行冶炼操作这个关键环节时，与吹氧工配合，在熟练使用转炉炼钢系统设备的基础上，运用计算机操作系统控制转炉的散装料系统设备、供氧系统设备、除尘系统设备，及时、准确地调整氧枪高度、底吹气体压力和流量、炉渣成分、冶炼温度、钢液成分，完成煤气回收任务，按所炼钢种的成分要求进行出钢合金化操作，保证炼出合格的钢水，并填写完整的冶炼记录。

（5）按计划做好炉衬的维护。

5.2 相关知识

5.2.1 顶底复合吹炼简述

5.2.1.1 国外顶底复合吹炼技术的发展概况

氧气转炉顶底复合吹炼是 20 世纪 70 年代中后期国外开始研究的炼钢新工艺。它的出现，可以说是在考察了顶吹氧气转炉与底吹氧气转炉炼钢方法的冶金特点之后所导致的必然结果。所谓顶底复合吹炼法，就是在顶吹的同时从底部吹入少量气体，以增强金属熔池和炉渣的搅拌，并控制熔池内气相中 CO 的分压，因而克服了顶吹氧流搅拌能力不足（特别是在碳含量低时）的弱点，使炉内反应接近平衡，铁损失减少，同时又保留了顶吹法容易控制造渣过程的优点，具有比顶吹和底吹更好的技术经济指标（见表 5 – 1、表 5 – 2），成为近年来氧气转炉炼钢的发展方向。

表 5 – 1 顶吹与顶底复合吹炼低碳钢成本的比较

项 目	铁的收得率（除去铁矿石、铁磷中的铁分）/%	石灰/kg·t^{-1}	铁矿石/kg·t^{-1}	铁合金/kg·t^{-1}			气体/m^3·t^{-1}			
				纯 Mn	纯 Si	Al	氧	氩	氮	回收气体
顶吹与顶底复合吹炼之差	0.4～0.8	-1.6	-6.7	-0.6	-0.1	-0.04	-9.0	0.6～0.8	0.3～0.7	+2.0

表 5 – 2　某顶吹与顶底复合吹炼转炉指标的比较

项　　目	顶　吹	顶底复合吹（LBE 法）
铁水/kg·t^{-1}	786	698
铸铁/kg·t^{-1}	49	13
废钢/kg·t^{-1}	271	390
铁矿石/kg·t^{-1}	6	4
铁的收得率/%	94.1	94.4
CO 二次燃烧率/%	10	27
透气砖的透气量/m^3·min^{-1}		正常 2～4，最高 8
透气砖的平均寿命/炉		1000

　　早在 20 世纪 40 年代后半期，欧洲就开始研究从炉底吹入辅助气体，以改善氧气顶吹转炉炼钢法的冶金特性。自 1973 年奥地利人伊杜瓦德（Dr. Eduard）等研发转炉顶底复合吹氧炼钢后，世界各国普遍开始了对转炉复吹的研究工作，出现了各种类型的复合吹炼法，其中大多数已于 1980 年投入工业性生产。由于复吹法在冶金上、操作上以及经济上具有比顶吹法和底吹法更好的一系列优点，加之改造现有转炉容易，仅仅几年时间其就在全世界范围内广泛地普及起来，一些国家（如日本）早已淘汰了单纯顶吹法。

5.2.1.2　我国顶底复合吹炼技术的发展概况

　　我国首钢及鞍钢钢铁研究所分别于 1980 年和 1981 年开始进行复吹的试验研究，并于 1983 年分别在首钢 30t 转炉和鞍钢 150t 转炉推广使用。到目前为止，全国大部分转炉钢厂都不同程度地采用了复合吹炼技术，设备在不断完善，工艺在不断改进，复合吹炼钢种已达数百种，技术经济效果也在不断提高。

　　A　底部供气元件

　　底部供气元件是复合吹炼技术的关键之一。我国最初采用的是管式结构喷嘴，1982 年采用双层套管，1983 年改为环缝。虽然双层套管与环缝相比，除了使用氮气、CO$_2$、氩气外还可以吹入粉料等，但是从结构上来看，还是环缝最简单，而且环缝比套管的流量调节范围大，控制稳定，不会倒灌钢水。套管的材质多为镁白云石砖或镁炭砖。太钢、马钢、上钢一厂、上钢五厂和南京钢厂等的转炉，都采用了这种底部供气元件。1984 年，唐钢转炉开始使用狭缝式透气砖。武钢的 80t 转炉以镁炭砖作为透气砖的基体。鞍钢 180t 转炉开始是采用管式喷嘴进行复吹，于 1984 年开始采用微孔透气砖。目前我国已开发各种形式的透气砖和喷嘴，为复合吹炼工艺合理有效地发展与进步创造了有利的条件。

　　B　底吹气源

　　复合吹炼是在顶吹氧的同时，通过底部供气元件向熔池吹入适当数量的气体，以强化熔池搅拌，促进平衡。底部吹入气体的种类很多，我国一般采用前期吹 N$_2$、后期用 Ar 或 CO$_2$ 切换的工艺。鞍钢、上钢一厂、首钢等采用前期吹 N$_2$、后期切换 CO$_2$ 的工艺。马钢等厂采用柴油保护的喷嘴从炉底吹入少量的 CO，无需用 Ar 或 CO$_2$ 切换，［N］、［H］含量均能达到钢种要求。武钢全程吹氩和终点停氧吹氩的"后搅拌工艺"，均能达到满意的效果。

C 复吹工艺的完善和提高

我国氧气转炉采用复合吹炼后，复合吹炼技术，如后搅拌工艺、炉内二次燃烧技术、特种生铁冶炼技术、底吹氧和石灰粉技术以及喷吹煤粉技术等正在不断地完善和提高。由于复吹工艺的发展与铁水预处理技术、炉外钢水精炼技术相结合，在我国一些钢厂已形成现代化炼钢新工艺流程，从而扩大了钢的品种，提高了转炉钢的质量，使一些高洁净度、超低碳钢种得以开发。例如，采用 STB 法复吹工艺可以冶炼铬不锈钢和超低碳 Ni - Cr 不锈钢种，使转炉产品的结构得到优化，并有相当一部分钢种达到国际水平。此外，我国还开发了高压复吹技术，并根据我国转炉特点和资源情况开展了相关的科研工作，如进一步开发新气源、长寿和大气量可调的供气元件，研究底部供气元件端部蘑菇头的形成条件和控制技术以及转炉复吹工艺热补偿技术，建立和完善复吹工艺检测及计算机系统，直接还原铬矿和锰矿，采用高废钢比冶炼，冶炼高洁净钢和超高洁净钢等，以尽快提高我国转炉复吹比，使我国的复吹工艺技术达到国际先进水平。表 5 - 3 所示为 20 世纪 90 年代初我国已有的复合吹炼工艺及主要特征。

表 5 - 3 20 世纪 90 年代初我国已有的复合吹炼工艺及主要特征

厂 家	复吹类型	供 气 特 点				投产年份	公称吨位 × 座数 /t × 座
		顶吹 O_2		底部供气种类	占 O_2 总量的比例 /%		
		强度(标态) /$m^3 \cdot (min \cdot t)^{-1}$	比例 /%				
鞍钢三炼钢厂	AFC	2.0 ~ 2.4	>94	$CO_2 + O_2 + N_2$ $N_2 + Ar$	<4	1986	180 ×1 140 ×2
宝钢炼钢厂	LD - CB		100	$N_2 + Ar$		1980	300 ×3
武钢二炼钢厂			100	$N_2 + Ar$		1983	90 ×3
首钢一炼钢厂			100	N_2			30 ×3
马钢三炼钢厂	LBE		100	$N_2 + Ar$		1991	40 ×3
柳州钢铁厂			100	$N_2 + Ar$		1990	14 ×2
上钢一厂三转炉车间	LD - CB		100	CO_2，N_2		1990	30 ×3
上钢五厂	STB			CO_2，N_2，Ar，O_2			14 ×1
攀钢炼钢厂			100	N_2，Ar			120 ×2
本钢二炼钢厂	LD - CB		100	N_2，Ar		1993	120 ×1

5.2.1.3 顶底复合吹炼法的种类及特征

顶底复合吹炼转炉按底部供气的种类，主要分为两大类：

（1）顶吹氧气，底吹惰性、中性或弱氧化性气体的转炉。此转炉炼钢法除底部全程恒流量供气和顶吹枪位适当提高外，冶炼工艺制度基本与顶吹法相同。其底部供气强度一般不大于 $0.14m^3/(t \cdot min)$，属于弱搅拌型。吹炼过程中钢、渣成分的变化趋势也与顶吹法基本相同。但由于底部供气的作用，强化了熔池搅拌，对冶炼过程和终点都有一定影响。图 5-1(a)、(b)所示分别为顶吹和复合吹炼转炉吹炼过程中主要元素的浓度变化。

（2）顶、底均吹氧气的转炉。此转炉炼钢法 20% ~ 40% 的氧由底部吹入熔池，其余的氧由顶枪吹入。此法的供气强度可达 0.2m³/（t·min）以上。由于顶、底部同时吹入氧气，在炉内形成两个火点区，即下部区和上部区。下部火点区可使吹入的气体在反应区高温作用下体积剧烈膨胀，并形成过热金属的对流，从而增加熔池搅拌力，促进熔池脱碳。上部火点区主要是促进炉渣的形成和进行脱碳反应。另外，由于底部吹入氧气与熔池中金属发生反应，可以生成两倍于吹入氧气体积的 CO 气体，从而增大了吹入气体的搅拌作用。研究表明，当底部吹入氧量为 10% 时，基本上能达到纯氧底吹的主要效果；当底部吹氧量为总氧量的 20% ~ 30% 时，则几乎能达到纯底吹的全部混合效果。

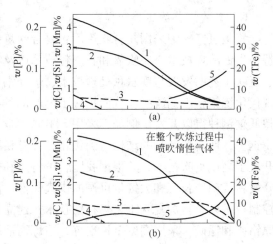

图 5-1　顶吹和复合吹炼转炉吹炼过程中
主要元素的浓度变化
（a）顶吹转炉；（b）复合吹炼转炉
1—[C]；2—[P]；3—[Mn]；4—[Si]；5—(TFe)

顶底复合吹炼法在上述两大类的基础上，根据底吹气体种类、数量以及渣料加入方法等的不同，又可组合成各种不同的复合吹炼法。各国复合吹炼法的名称及主要特征见表 5-4。

表 5-4　各国复合吹炼法的名称及主要特征

类型	名称	发明单位	顶吹 O₂ 比例/%	顶吹 O₂ 流量/m³·min⁻¹（标态）	底吹 O₂ 比例/%	底吹 O₂ 流量/m³·min⁻¹（标态）	使用其他种类气体及流量/m³·min⁻¹（标态）	加入石灰 顶部	加入石灰 底部	底吹方式
I	LBE	ARBED-IRSID	100	4.0 ~ 4.5	0		Ar/N₂ 0 ~ 0.24	块		炉底用透气砖
	LD-KG	日本川崎	100	3.0 ~ 3.5	0		Ar/N₂ 0.01 ~ 0.04	块		炉底用小口径喷嘴
	LD-OTB	日本神户	100	3.3 ~ 3.4	0		Ar/Nr 0.01 ~ 0.10	块		炉底喷嘴
	NK-CB	日本钢管（NKK）	100	3.0 ~ 3.3	0		Ar/CO₂/N₂ 0.04 ~ 0.10	块		单孔喷嘴或多孔塞
	LD-AB	日本新日铁	100	3.5 ~ 4.0	0		Ar 0.014 ~ 0.31	块		炉底喷嘴
	J&L 系统	Jone and Laughlin	100	3.3 ~ 3.4	0		Ar/N₂/O₂ 0.044 或 0.112	块		炉底喷嘴或沟槽砖，大部分时间吹 N₂，在最后阶段吹 Ar/CO₂

类型	名称	发明单位	顶吹 O₂ 比例/%	顶吹 O₂ 流量/m³·min⁻¹（标态）	底吹 O₂ 比例/%	底吹 O₂ 流量/m³·min⁻¹（标态）	使用其他种类气体及流量/m³·min⁻¹（标态）	加入石灰 顶部	加入石灰 底部	底吹方式
	BSC－BAP	BSC	85～95	2.2～3.0	5～15		Ar0.074 ～0.20	块		用炉底喷嘴吹 O₂ 或空气,用 N₂ 遮盖
	LD－OB	新日铁	80～90	2.4～3.0	10～20	0.30～0.8	天然气遮盖	块		OBM 型喷嘴,天然气遮盖
Ⅱ	LD－HC	比利时 Halnaut－ Sambre－ CRM	92～95	3.1～4.2	5～8	0.08～0.20	天然气遮盖	块或粉		较早在 CD－ AC 车间进行试验
	STB 或 STB－P	日本住友金属	90～92	2.0～2.5	8～10	0.15～0.25	内喷嘴: O₂/CO₂ 外喷嘴: CO₂/N₂/ Ar 0.03～0.07		STB－ P用粉	有较灵活的底吹喷嘴系统,吹入氧化性气体; STB－P 用顶枪喷石灰粉
Ⅲ	K－BOP	日本川崎	60～80	2.0～2.5	20～40	0.7～1.5	天然气遮盖		粉	用 OBM 型喷嘴,以氧气为载流气体底喷石灰粉
Ⅳ	OBM－S (K－BM)	德国 Maxhutte－ Klockner	20～40		60～80		天然气遮盖和侧喷嘴			
Ⅴ	KS,KMS	德国,日本川崎	0		100	4.5～5.5	天然气遮盖喷嘴		粉	KS 法为100% 废钢,喷煤 40kg/t,增加废钢比18%～20%

5.2.2 复吹转炉的冶金特点

由于增加底部供气,加强了熔池的搅拌力,使熔池内成分和温度的不均匀性得到改善,并改善了渣－金属间的平衡条件,取得了如下良好的冶金效果:

（1）钢液中的氧和炉渣中的氧化铁含量显著降低。图 5－2 和图 5－3 所示为许多研究者的数据,图中的自由氧含量是用固体电解质测定的吹炼终点钢液中溶解的氧含量。在复合吹炼中,虽然从底部吹入的气量很小,不到供氧总量的10%,但钢中与［C］相对应的自由氧含量却远远低于顶吹转炉,与底吹氧气转炉大致相同。停吹 $w[C]$ 在 0.10% 以上时,自由氧含量大致为 $p_{CO} = 10^5 Pa$ 的平衡值; $w[C] \le 0.05\%$ 时,自由氧含量接近于 $p_{CO} = 0.5 \times 10^5 Pa$ 的平衡值,即远小于 $p_{CO} = 10^5 Pa$ 的平衡值。而且碳含量越低,达到平衡时的 p_{CO} 也越低。在低碳区中,钢中自由氧含量的显著差别主要是由于顶底复吹转炉（包括底吹转炉）熔池中,通入的氩、氮气或 C_nH_m 使反应带气相中的 CO 分压 p_{CO} 显著降低造成的，熔池中较低的氧含量有利于提高钢的洁净度和合金收得率。

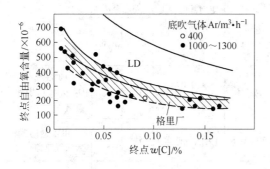

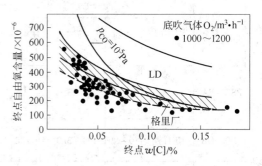

图 5 - 2　底吹 Ar 时终点 $w[C]$ 与　　　　　图 5 - 3　底吹 O_2 时终点 $w[C]$ 与
　　　　自由氧含量的关系　　　　　　　　　　　　自由氧含量的关系

　　图 5 - 4 所示为顶吹氧气，顶、底均吹氧气和顶吹氧气、底吹惰性气体的三种转炉炼钢法，倒炉时熔池中 $w[C]$ 与渣中 $w(FeO)$ 的关系。其中，顶、底均吹氧气的复合吹炼法 20% ~40% 的氧是通过炉底吹入熔池的，顶吹氧气、底吹惰性气体的复合吹炼法炉底吹入的惰性气体量为 0.098 m^3/t。由图可见，顶底复吹的 $w(FeO)$ 比单纯顶吹要少得多，渣中 (FeO) 是影响氧气转炉金属收得率的最主要因素之一。复合吹炼渣中 $w(FeO)$ 比顶吹转炉显著降低的原因是：复吹加强了渣、钢之间的搅拌，使炉渣与金属非常接近平衡，在很大程度上消除了顶吹转炉渣中氧位显著高于金属的不平衡状况。

　　(2) 钢液中的残锰量明显提高。图 5 - 5 所示为原始条件与图 5 - 4 相同的三种吹炼方法，倒炉时熔池中 $w[C]$ 与残锰量 $w[Mn]$ 的关系。由图可见，顶底复吹的钢中残锰量比单纯顶吹明显要高，特别是在低碳情况下更为明显。显然，顶底复吹残锰量高的原因是：渣中 (FeO) 的降低抑制了反应 $(FeO) + [Mn] = (MnO) + [Fe]$ 向锰被氧化的方向进行。在铁水中锰含量和 CaO 等精炼用辅助材料用量相同的情况下，顶吹、底吹和顶底复吹三种

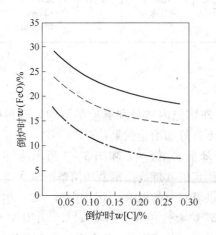

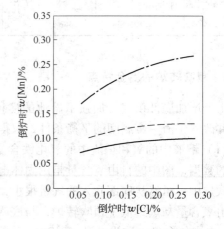

图 5 - 4　倒炉时熔池中 $w[C]$ 与渣中　　　　　图 5 - 5　倒炉时熔池中 $w[C]$ 与残锰量
　　　　$w(FeO)$ 的关系　　　　　　　　　　　　　　$w[Mn]$ 的关系
——顶吹氧气；---顶吹氧气、底吹惰性气体；　　——顶吹氧气；---顶吹氧气、底吹惰性气体
—·—顶、底均吹氧气　　　　　　　　　　　　—·—顶、底均吹氧气

炼钢法的熔池中锰含量基本上取决于渣中的全铁量，熔池中的锰含量可以根据铁水中的锰含量、渣中的全铁含量和钢液中的碳含量，按回归式（式（5-1））比较准确地算出：

$$w[\mathrm{Mn}] = 0.443w[\mathrm{Mn}]_{铁} + \frac{1.59}{w(\mathrm{TFe})} - \frac{0.00219}{w[\mathrm{C}]} - 0.115 \quad (r = 0.872) \qquad (5-1)$$

终点钢液中的残锰量高，可以减少脱氧和合金化的锰铁用量，提高钢的质量。

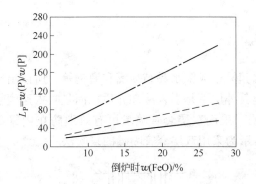

图 5-6 磷的分配系数与倒炉时 $w(\mathrm{FeO})$ 的关系
——顶吹氧气；- - -顶吹氧气、底吹惰性气体；
—·—顶、底均吹氧气

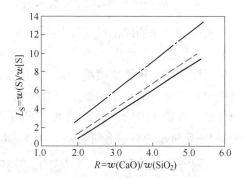

图 5-7 硫的分配系数与炉渣碱度的关系
——顶吹氧气；- - -顶吹氧气、底吹惰性气体；
—·—顶、底均吹氧气

（3）脱磷和脱硫反应非常接近平衡，磷和硫的分配系数较高。图 5-6 和图 5-7 所示也是在与图 5-4 条件相同的情况下得出的数据。由图可见，顶底复吹炼钢，特别是在顶、底均吹氧气的同时由底枪喷吹石灰粉时，磷和硫的分配系数比单纯顶吹要高，因此，顶底复吹转炉可以在 $w(\mathrm{FeO})$ 较低的条件下，将钢水中的磷去除到与顶吹转炉相同的值，用较低的碱度或较少的渣量将钢水中的硫去除到与顶吹转炉相同的值。这主要是由于顶底复吹加强了熔池的搅拌，使化渣加速、传质加快，金属和炉渣迅速接近平衡。不少研究者用赫利等人提出的关系式（式（5-2））进行过计算：

$$\frac{\lg w(\mathrm{P})}{\lg w[\mathrm{P}]} = \frac{22355}{T} - 16.0 + 2.5\lg w(\mathrm{TFe}) + 0.08w(\mathrm{CaO}) \qquad (5-2)$$

证明顶底复吹的磷的分配系数与赫利平衡值很接近。顺便指出，顶底复吹转炉和底吹转炉中，渣、钢之间的温度差比顶吹转炉小，因而炉渣的温度比顶吹转炉低，这对脱磷是有利的；由于炉渣氧化铁含量低对脱硫有利，炉底吹氧比顶吹更有利于气化脱硫。

（4）喷溅小，操作稳定。由于顶底复吹转炉熔池搅拌好，又有顶枪吹氧化渣，因此与顶吹和底吹转炉相比，化渣快，渣中氧化铁含量低且波动小，碳的氧化也比较平稳，所有这些都有利于减少喷溅。此外，顶底复吹转炉由于熔池搅拌好，化渣快，使渣、钢之间各种反应都很接近平衡，因此，只要入炉原材料的物理性质、化学成分和数量控制得好，则金属的成分和温度都比较稳定而易于控制，使得操作容易、废品减少，有利于工艺操作的计算机自动控制。

（5）熔池富余热量减少。顶底复吹减少了铁、锰、碳等元素的氧化放热，许多复合吹炼法吹入的搅拌气体（如氩气、氮气、$\mathrm{CO_2}$ 等）要吸收熔池的显热，吹入的 $\mathrm{CO_2}$ 代替部分工业氧使熔池中的元素氧化，也要减少元素的氧化放热量。所有这些因素的作用超过了因少加熔剂和少蒸发铁元素而使熔池热量消耗减少的作用。因此，将顶吹改为顶底复吹后，如果不采取专门增加熔池热量收入的措施，将导致增加铁水用量，减少废钢装入量或其他冷却剂的用量。

5.2.3　复吹转炉的底部供气元件

5.2.3.1　底部供气元件的类型及特点

复吹转炉常用的底部供气元件有以下几类。

A　喷嘴型供气元件

早期使用的是单管式喷嘴型供气元件，因其易造成钢水黏结喷嘴和灌钢等，所以出现了由底吹氧气转炉引申来的双层套管喷嘴。但其外层不是引入冷却介质，而是吹入速度较高的气流，以防止内管的黏结堵塞。实践表明，采用双层套管喷嘴可有效地防止内管黏结。图 5-8 所示为双层套管构造，图 5-9 所示为采用双层套管喷嘴的复吹法。

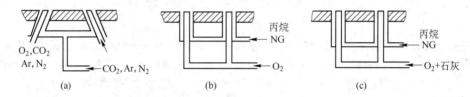

图 5-8　双层套管构造图

(a) STB；(b) LD-OB，LD-HC；(c) K-BOP，KMS

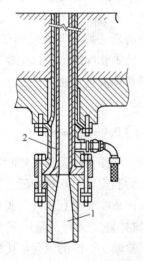

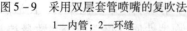

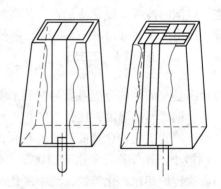

图 5-9　采用双层套管喷嘴的复吹法　　　　图 5-10　砖缝组合型供气元件

1—内管；2—环缝

B　砖型供气元件

最早的砖型供气元件是由法国和卢森堡联合研制成功的弥散型透气砖，即砖内由许多呈弥散分布的微孔（约 0.15mm）组成。由于其存在气孔率高、砖的致密性差、气体绕行阻力大、寿命低等缺点，而后又出现了砖缝组合型供气元件。它是由多块耐火砖以不同形式拼凑成各种砖缝并外包不锈钢板而组成的（见图 5-10），气体经下部气室通过砖缝进入炉内。砖缝组合型供气元件由于砖较致密，其寿命比弥散型透气砖长；但存在着钢壳开裂漏气、砖与钢壳间缝隙不匀等缺陷，造成供气不均匀和不稳定。与此同时，又出现了直孔型透气砖（见图 5 – 11），砖内分布着很多贯通的直孔道。它是在制砖时埋入许多细的易熔金属丝，在焙烧过程中被熔出而形成的。这种砖的致密度比弥散型好，同时气流阻力小。

砖型供气元件可调气量大，具有允许气流间断的优点，故对吹炼操作有较大的适应性，在生产中得到应用。

C 细金属管多孔塞型供气元件

最早的多孔塞（Mutiple Hole Plug，简称 MHP）型供气元件由日本钢管公司研制成功。它是由埋设在母体耐火材料中的许多不锈钢管组成的（见图 5 – 12），所埋设的金属管内径一般为 $\phi 0.1 \sim 3.0mm$（多为 $\phi 1.5mm$ 左右）。每块供气元件中埋设的细金属管数通常为 $10 \sim 140$ 根，各金属管焊装在一个集气箱内。此种供气元件调节气量幅度比较大，不论在供气的均匀性、稳定性还是寿命方面都比较好。经反复实践并不断改进，又研制出了 MHP – D 型细金属管砖式供气元件，如图 5 – 13 所示。其在砖体外层细金属管处增设一个专门的供气箱，因而可使一块元件分别通入两路气体。在用 CO_2 气源供气时，可在外侧通以少量氩气，以减轻多孔砖与炉底接缝处由于 CO_2 气体造成的腐蚀。

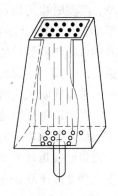

图 5 – 11 直孔型
透气砖

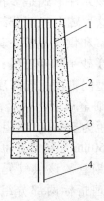

图 5 – 12 MHP 型供气元件
1—母体耐火材料；2—细金属管；
3—集气箱；4—进气箱

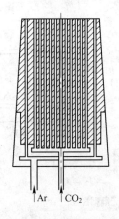

图 5 – 13 MHP – D 型
细金属管砖式结构

细金属管多孔砖的出现，可以说是喷嘴和砖两种基本元件综合发展的结果。它既有管式元件的特点，又有砖式元件的特点。新的类环缝管式细金属管型供气元件（见图 5 – 14）的出现，使环缝管型供气元件有了新的发展，同时也简化了细金属管砖的制作工艺。因此，细金属管型供气元件将是最有发展前途的一种类型。

5.2.3.2 底部供气元件的设计

选用和设计底部供气元件时，必须预先确定所有底气的种类。常用底气气源有 N_2、

Ar，必要时也可以设置 CO_2、O_2 和压缩空气。气源压力应不小于 2.5MPa，必要时应设置 5MPa 的高压供气系统。气源的选择与吹炼功能有关。按吹炼功能，底部供气可分为强化冶炼型、增加废钢型和加强搅拌型三种。

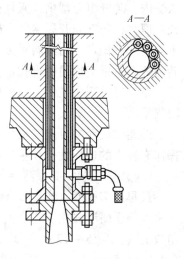

图 5 - 14　新的类环缝管式
细金属管型供气元件

采用底吹氧气时，一般认为吹氧量占总氧量的 20% ~ 25% 就足以保证熔池获得良好的搅拌，且废钢用量也达到最大值。底吹氧气强度为 $0.3 \sim 0.8 m^3/(t \cdot min)$ 时，冶金特征也已接近底吹法。采用底吹 Ar、N_2、CO_2 等气体时，供气强度小于 $0.03 m^3/(t \cdot min)$，其冶金特征接近顶吹法，达到 $0.2 \sim 0.3 m^3/(t \cdot min)$，可以保证炉渣和金属的氧化性，也可以达到足够的搅拌强度。最大供气强度一般不超过 $0.3 m^3/(t \cdot min)$。全程吹 Ar 成本太高，全程供 N_2 又会增加钢中的氮含量。为此，可根据所炼钢种要求，采用不同的吹炼工艺。

如上所述，底部供气元件结构有套管喷嘴型、砖缝组合型、细金属管多孔型等，其连通供气室及输气管道组成底部供气元件。根据转炉装入量、炉型及冶炼钢种等，有不同支数底部供气元件布置方案。

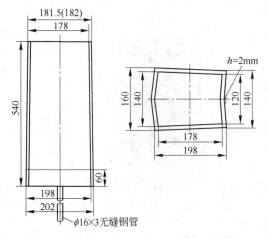

图 5 - 15　复吹转炉底部供气元件示意图

图 5 - 15 为复吹转炉底部供气元件示意图。该元件形式是多孔定向式镁炭质供气砖。这种砖由三部分结构组成，即耐火砖、气室和供气尾管。其中，耐火砖材质为电熔镁砂 + 鳞片石墨，耐火砖的外形与炉底砖型同锥度、同高度，耐火砖内埋设不锈钢细金属管，内径为 2mm，共 5 × 6 根，横距为 25mm，纵距为 20mm，气室的高度为 60mm。尾管是 $\phi 6mm$ 的不锈钢管或无缝钢管。该供气元件性能由化学指标和物理指标两部分组成，其化学指标是 $w(MgO) \geq 70\%$，$w(C) \geq 16\%$；物理指标中，显气孔率不大于 4%，体积密度不小于 $2.85 g/cm^3$，常温耐压强度不小于 25MPa，高温抗折强度不小于 8MPa。常温下，供气压力范围为 0 ~ 1.6MPa，工作压力 $p = 0.8 \sim 1.2 MPa$，流量范围为 0 ~ 180 m^3/h，工作流量 $Q = 20 \sim 125 m^3/h$，供气种类为氮气（N_2）和氩气（Ar）。该元件具有气量调节范围大（$0.01 \sim 0.10 m^3/(min \cdot t)$）、调节灵活、气流阻力小、抗侵蚀性强、不易断裂等特点。

5.2.3.3　底部供气元件的布置、安装与砌筑

A　底部供气元件的布置

底部供气元件的布置应根据转炉装入量、炉型、氧枪结构、冶炼钢种及溅渣要求采用

不同的方案，主要应获得如下效果：

（1）保证吹炼过程平稳，获得良好的冶金效果；

（2）底吹气体辅助溅渣以获得较好的溅渣效果，同时保持底部供气元件有较长的寿命。

底部供气元件的布置对吹炼工艺的影响很大，气泡从炉底喷嘴喷出上浮，抽引钢液随之向上流动，从而使熔池得到搅拌。喷嘴的位置不同，其与顶吹氧气射流引起的综合搅拌效果也有差异。因此，底部供气喷嘴布置的位置和数量不同，得到的冶金效果也不同。从搅拌效果来看，底部气体从搅拌较弱的部位对称地吹入熔池效果较好。在达到最佳冶金效果的条件下，使用喷嘴的数目最少是最经济合理的。若从冶金效果来看，考虑到非吹炼期，如在倒炉测温、取样、等成分化验结果时，供气喷嘴最好露出炉液面，为此，供气元件一般都排列于耳轴连接线上或在此线附近。

在保持熔池成分稳定的情况下，可以用价格便宜的氮气代替价格昂贵的氩气等，各钢厂可根据自家具体情况做不同的配制。

有的研究试验认为，若使底部供入的气体集中分布在炉底的几个部位，钢液在熔池内能加速循环运动，可强化搅拌，其效果比用大量分散的微弱循环搅拌要好得多。试验证明，当总的气体流量分布在几个相互挨得很近的喷嘴内时，对熔池搅拌的效果最好。在图 5-16 中，以（c）和（f）所示的布置形式为最佳。试验还发现，使用 8 支 $\phi8mm$ 小管供气，将其布置在炉底的同一个圆周线上，可获得很好的工艺效果。宝钢的水力学模型实验表明，在顶吹火点区内或边缘布置底部供气喷嘴较好。对 300t 转炉而言，若采用集管式元件，以不超过两个为宜，间距应接近或大于 0.14D；实际上，将两个喷嘴布置在炉底耳轴方向的中心线上，位于火点区内，间距为 1m，相当于 0.143D（D > 7m），实践证明这样布置的冶金效果良好。图 5-17 是鞍钢用喷嘴水力学模型试验图，在模拟 6t 转炉上试验后认为，使用两个喷嘴效果较好，其中 b 形布置更好些。

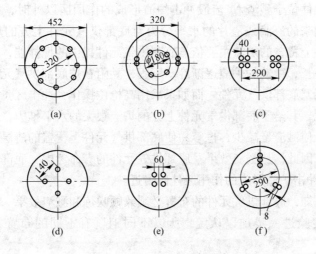

图 5-16　底部供气元件布置模拟试验图

（a）形式之一；（b）形式之二；（c）形式之三；

（d）形式之四；（e）形式之五；（f）形式之六

此外，还有几种较常见的典型的可能分布方式，如图 5 – 18 所示。

从吹炼角度考虑，采用图 5 – 18(a) 所示的方式，渣和钢水的搅拌特性更好，由于火点以内钢水搅拌强化，这部分钢水优先进行脱碳，能够控制 [Mn] 和 [Fe] 的氧化，因此能获得较好的冶金效果，而且吹炼平衡，不易喷溅，但获得较高的脱磷效率比较困难。采用图 5 – 18(b) 所示的方式能获得较高的脱磷效率，但吹炼不够平衡，容易喷溅。采用图 5 – 18(c) 所示的方式，如果能将内外侧气体吹入适当地组合，能同时获得图 5 – 18(a)、图 5 – 18(b) 所示方式各自的优点。

从溅渣角度考虑，底部供气元件的分布应该满足底吹 N_2 辅助溅渣工艺的要求。当底部供气元件位于溅渣 N_2 流股冲击炉渣形成的作用区以内时，底部供气元件体产生的搅拌能被浪费，起

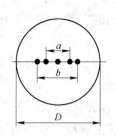

图 5 – 17　鞍钢用喷嘴水力学模型试验图

位置	距离	均匀混合时间指数
a	0.4D	0.44
b	0.6D	0.40

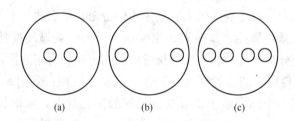

图 5 – 18　供气元件在底部的分布

(a) 底部供气元件所在圆周位于氧气射流火点以内；(b) 底部供气元件所在圆周位于氧气射流火点以外；
(c) 底部供气元件既有位于氧气射流火点以内的，也有位于氧气射流火点以外的

不到辅助溅渣的作用，而且导致 N_2 射流流股直接冲击底部供气元件，从而降低其使用寿命。当底部供气元件位于溅渣 N_2 流股冲击炉渣形成的作用区以外时，如果采用低枪位操作，冲击区飞溅起来的渣滴或渣片的水平分力对底部供气元件上方的炉渣几乎不产生影响。底部供气元件上覆盖的炉渣主要依靠底部供气元件提供的搅拌能，在垂直方向上处于微动状态，时间一长，微动的炉渣逐渐冷却凝固，黏附在炉底部供气元件上，使覆盖渣层厚度增加，甚至堵塞底部供气元件。而如果采用高枪位操作，冲击区飞溅起来的渣滴或渣片的水平分力很大，其给予底部供气元件上方的炉渣很大的水平推力，两者之间的合力指向渣线上下部位，使溅渣量减少，也容易使底部供气元件上覆盖的渣层厚度增加，甚至堵塞底部供气元件。因此，从溅渣效果及底部供气元件的寿命考虑，底部供气元件应位于合理枪位下 N_2 流股冲击炉渣形成的作用区外侧附近。

从上面分析可知，底部供气元件的布置必须兼顾吹炼和溅渣效果。在确定布置方案之前，应结合水模实验进一步加以认定，所以不同钢厂有不同的布置方案，如图 5 – 19 所示。

B　底部供气元件的安装与砌筑

底部供气元件在安装及砌筑过程中很容易遭受异物侵入，这样会导致底部供气元件在使用之前或使用之后发生部分堵塞，从而影响其使用寿命。因此，必须规范底部供气元件

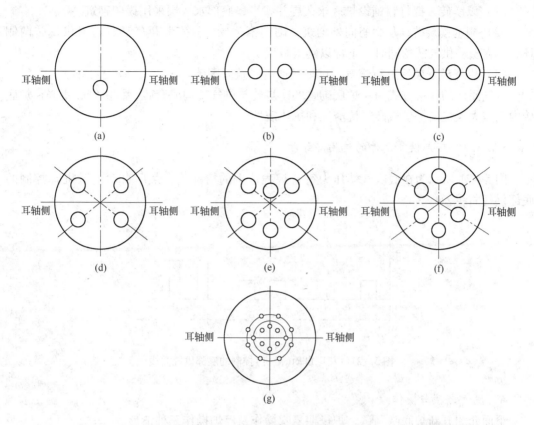

图 5 – 19 不同钢厂底部供气元件布置图例

（a）本钢 120t 转炉；（b）鞍钢 180t 转炉；（c）日本加古川 250t 转炉；（d）武钢二炼钢厂 90t 转炉；

（e）日本京浜制铁所 250t 转炉；（f）武钢一炼钢厂 100t 转炉；（g）武钢三炼钢厂 250t 转炉

的安装和砌筑，如武钢二炼钢厂要求：

（1）供气管道在使用前必须经酸洗并干燥，防止锈蚀，并要进行试气吹扫。

（2）底部供气元件在安装之前必须保持干净、干燥。入厂时，其端部、气室、尾管均应包扎或覆盖。

（3）砌前、砌后均要试气，试气正常后方可使用。砌后供气元件端部也应覆盖，其气室、尾管用布塞紧或盖上专用盖幔。

（4）砌筑时应保证供气元件位置正确、填料严实，不准形成空洞。

（5）管道焊接时应采用专门的连接件，同时要保证焊接质量，做到无虚焊、脱焊、漏焊，防止漏气或异物进入。

图 5 – 20 所示为改进后的炉底砌筑工艺，其砌筑程序如下：

（1）按供气元件布置，将供气管道在炉底钢结构中铺设并固定好，然后封口。

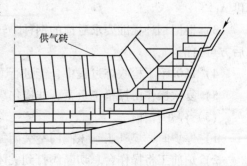

图 5 – 20 改进后的炉底砌筑工艺

（2）以镁砖、捣打料铺设炉底永久层并找平，底部永久层采用镁砖砌筑。

（3）侧砌镁炭砖，从中心向外砌筑，砌到第7环，先安装供气砖，再沿供气砖两侧环砌。在安装供气砖的同时，下部以刚玉料填实。

（4）供气砖安装后进行试气，试气畅通后砌筑周围砖。

供气元件的连接方式为：炉底砌筑的镁炭砖与供气砖构成套砖，将供气砖镶嵌在炉底砖内，这大大提高了供气砖的抗渣性和抗热震性。

5.2.3.4　底部供气元件的使用与维护

图5-21所示为在底吹气体压力符合规程范围的情况下，某厂自动（微机）控制的底部供气曲线。

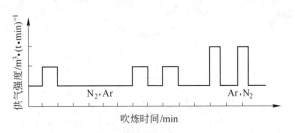

图5-21　某厂自动（微机）控制的底部供气曲线

A　底吹调试与操作

下面介绍开新炉底吹调试、炉役期复吹操作及停炉操作三种情形。

（1）开新炉底吹调试。

1）设备维护人员确认管道、阀门、接头是否漏气，弹簧表、切断阀是否正常。

2）仪表维护人员确认计算机、各调节阀、电磁阀是否正常。

3）转炉兑铁或烘炉前，相关单位人员进入炉内进行底吹供气砖通空气试气，要求砖号和仪表号一致。

4）岗位操作人员负责确认室内复吹开关。

（2）炉役期复吹操作。

1）每炉钢出钢完毕，按"复位"按钮。

2）根据钢种标准需全程供氩的钢种，兑铁前，将操作室内"复吹"按钮选择至供Ar。

3）根据钢种标准要求后搅的钢种，转炉处于零位时按"后搅"按钮，达到时间要求后方可出钢。

4）每炉钢下枪吹炼过程中，能进行 $N_2 - Ar$ 自动切换。

5）复吹操作由操枪工负责，非操作人员不得擅自操作。

（3）停炉操作。

1）停炉时，煤气工到该阀门室关闭氮-氩阀。

2）炉前工将操作台总切断阀打到关闭位置，并将南耳轴各阀门关闭。

为了实现底部供气元件的一次性寿命与炉龄同步，必须减少底部供气元件的熔蚀，进而使后期供气元件达到零侵蚀。传统的"金属蘑菇头"以金属铁为主，熔点低，不抗氧化，在炼钢末期高温、高氧化的气氛下，其很容易被熔蚀，不能显著提高底部供气元件的寿命。因此，必须在底部供气元件的表面形成一种新型蘑菇头，以实现以下目标：

1）可显著减轻钢流、气流时对底部供气元件的冲刷，减轻对底部供气元件的熔蚀；

2）严格避免形成冲击凹坑；

3）新型蘑菇头应具有较高的熔点和抗氧化性能，不易在吹炼末期被熔蚀；

4）新型蘑菇头应具有良好的透气性能，可满足炼钢过程底部供气量灵活调整的需要，从而对熔池具有良好的搅拌作用；

5）新型蘑菇头应具备良好的防堵塞功能，不易发生堵塞。

针对金属蘑菇头的特点，结合溅渣工艺，某厂研究开发出利用"炉渣－金属蘑菇头"保护底部供气元件的工艺技术。这种炉渣－金属蘑菇头在整个炉役运行期间都能保证底部供气元件始终处于良好的通气状态，可以根据冶炼工艺要求在线调节底部供气强度。

B 保护底部供气元件的工艺技术

a 炉渣－金属蘑菇头的快速形成

在炉役前期，由于底部供气元件不锈钢中的铬及耐火材料中的碳被氧化，底部供气元件被侵蚀的速度加快，很快形成凹坑。通过黏渣涂敷使炉底挂渣，再结合溅渣工艺，能快速形成炉渣－金属蘑菇。吹炼操作时，要化好过程渣，终点避免过氧化，使终渣化透并具有一定的黏度。终渣成分要求：碱度为 $3.0 \sim 3.5$，$w(MgO)$ 控制在 $7\% \sim 9\%$，$w(TFe)$ 控制在 20% 以内。在倒炉测温、取样及出钢过程中，这种炉渣能较好地挂在炉壁上，再结合采用溅渣技术，可促进炉渣－金属蘑菇头的快速形成。这是因为：

（1）溅渣时炉内无过热金属，炉温低，有利于气流冷却形成炉渣－金属蘑菇头；

（2）溅渣过程中顶吹 N_2 射流迅速冷却液态炉渣，降低了炉渣的过热度；

（3）溅渣过程中大幅度提高底吹供气强度，有利于形成放射性气泡带发达的炉渣－金属蘑菇头。

这种炉渣－金属蘑菇头具有较高的熔点，能抵抗侵蚀。

b 炉渣－金属蘑菇头的生长控制

采用溅渣工艺往往造成炉底上涨，容易堵塞底部供气元件。因此，必须控制炉渣－金属蘑菇头的生长高度，并保证其透气性。技术关键是：控制炉渣－金属蘑菇头的生成结构，要具有发达的放射性气泡带；控制炉渣－金属蘑菇头的生长高度，重点是控制炉底上涨高度，通常采用如下方法：

（1）控制终渣的黏度。终渣过黏，炉渣容易黏附在炉底，引起炉底上涨；终渣过稀，又必须调渣才能溅渣，这种炉渣容易沉积在炉底，也将引起炉底上涨。因此，必须合理控制终渣黏度。

（2）终渣必须化透。终渣化不透，其中必然会含有大颗粒未化透的炉渣，溅渣时 N_2 射流的冲击力不足以使这些未化透的炉渣溅起。这样，这种炉渣必然沉积在炉底，引起炉底上涨。

（3）调整溅渣频率。当炉底出现上涨趋势时，应及时调整溅渣频率，减缓炉底上涨的趋势。

（4）减少每次溅渣的时间。每次溅渣时，随着溅渣的进行炉渣不断变黏，到了后期，

溅渣时 N_2 的冲击力不足以使这些黏度变大的炉渣溅起。如果继续溅渣，这些炉渣将冷凝吸附在炉底，引起炉底上涨。

（5）及时倒掉剩余炉渣。

（6）调整冶炼钢种，尽可能冶炼超低碳钢种。

（7）采用顶吹氧洗炉工艺。当炉底上涨严重时，可采用该项技术，但要严格控制，避免损伤底部供气元件。

（8）优化溅渣工艺、选择合适的枪位、提高 N_2 压力，均有利于控制炉底上涨。

c　炉渣－金属蘑菇头的供气强度控制

炉渣－金属蘑菇头通气能力的控制和调节是保证复吹转炉冶金效果的核心，因此要求：

（1）控制炉渣－金属蘑菇头的生成结构，保证形成放射性气泡带发达的蘑菇头结构，以保证良好的透气性；

（2）控制炉渣－金属蘑菇头的生长高度，避免气体流动阻力过大；

（3）根据冶炼工艺的要求，可方便灵活地调节底吹供气强度。

要获得良好的复吹效果，必须保证从底部供气元件喷嘴出口流出的气体压力大于熔池的静压力，这样才能使从底部供气元件喷嘴出口流出的气体呈喷射气流状态。因此，在气包压力一定的情况下，控制炉渣－金属蘑菇头的生成结构与生长高度均有利于减少气流阻力损失，从而方便灵活地调节底吹供气强度，保证获得良好的复吹效果。另外，当炉渣－金属蘑菇头上覆盖渣层已有一定厚度时，底部供气元件的流量特性发生变化，此时除了采取措施降低炉底上涨高度以外，可提高底吹供气系统气包的压力，以提高从底部供气元件喷嘴出口流出的气体压力，从而保证其压力大于熔池的静压力，以获得良好的复吹效果。如提高底吹气包的压力，底吹供气强度仍然达不到要求，则说明底部供气元件的流量特性变坏，底部供气元件可能已部分堵塞，此时就必须采取复通技术。

5.2.3.5　底部供气元件的防堵与复通

复吹转炉采用溅渣护炉技术后，普遍出现炉底上涨并堵塞底吹元件的问题，不仅影响了转炉冶金效果，还给品种钢冶炼带来了不利影响。某厂在 1998 年采用溅渣技术后，历经一年多的时间，为保证转炉复吹效果，成功开发出底吹供气砖防堵及复通技术，解决了转炉采用溅渣技术堵塞底吹元件这一世界性难题。

造成底吹元件堵塞的原因有：

（1）由于炉底上涨严重，造成供气元件细管上部被熔渣堵塞或导致复吹效果下降；

（2）由于供气压力出现脉动，使钢液被吸入细管；

（3）管道内异物或管道内壁锈蚀产生的异物堵塞细管。

针对不同的堵塞原因，应采取不同方式和措施。为了防止因炉底上涨而导致复吹效果下降，应按相应的配套技术控制好炉型，将转炉零位控制在合适范围内。为了防止供气压力出现脉动，要在各供气坏节保持供气压力与气量的稳定，气量的调节应遵循供气强度与炉役状况相适应的原则，调节气量时应防止出现瞬时较大起伏，同时也要保证气量自动调节设备及仪表的精度。为了防止管道内异物或管道内壁锈蚀产生的异物堵塞细管，应在砌筑过程中采取试气、防尘等措施，管道需定时更换，管道间焊接必须保证严密，要求采取特殊的连接件焊接方式。

当底部供气元件出现堵塞迹象时，可以针对不同情况采取如下复通措施：

（1）如炉底炉渣－金属蘑菇头生长高度过高，即其上的覆盖渣层过高，应采用顶吹氧气吹洗炉底。有的钢厂采用出钢后留渣的方法进行渣洗炉底，或在倒完渣后再兑少量铁水洗炉底，还有的钢厂采用加硅铁吹氧洗炉底的方法。

（2）适当提高底吹强度。

（3）底吹氧化性气体，如压缩空气、O_2、CO_2 等气体。武钢第二炼钢厂采用底吹压缩空气的方法，当发现某块底部供气元件出现堵塞迹象时，即将此块底部供气元件的底部供气切换成压缩空气，在倒炉过程中注意观察炉底情况，一旦发现底部供气元件附近有亮点即可复通。而国外某钢厂采用的方法是底吹 O_2，如图 5 - 22 所示。具体操作情况是：检测供给底部供气元件气体的压力，当压力上升到预先设定的压力范围的上限值时，认为底部供气元件出现堵塞迹象，此时把供给底部供气元件的气体切换成 O_2；当压力下降

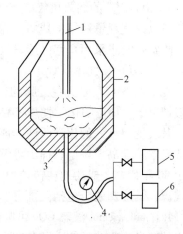

图 5 - 22　国外某钢厂底吹 O_2
复通示意图
1—氧枪；2—炉体；3—底部供气元件；
4—压力检测装置；5—底吹惰性气体
管路；6—底吹氧气管路

到预先设定的压力范围的下限值时，认为底部供气元件已疏通，此时再把 O_2 切换成惰性气体。通过氧化性气体和惰性气体的交替变换，可以控制底部供气元件的堵塞和熔损。

5.2.4　复吹转炉的底吹气体

5.2.4.1　底吹气体的种类

A　气源的选择

转炉顶底复合吹炼工艺底部供气的目的是搅拌熔池，强化冶炼，也可以供给作为热补偿的燃气。所以在选择气源时，应考虑其冶金行为、操作性能、制取的难易程度及价格等因素，同时还要求其对钢质量无害、安全，冶金行为良好，有一定的冷却效应，对炉底的耐火材料无强烈影响等。目前作为底部气源的有氮气、氩气、二氧化碳、一氧化碳和氧气，也有采用空气的。

B　气源的应用

a　氮气（N_2）

氮气是惰性气体，是制氧的副产品，也是惰性气体中唯一价格最低廉又最容易制取的气体。氮气作为底部供气气源时，无需采用冷却介质对供气元件进行保护。所以，底吹氮气供气元件结构简单，对炉底耐火材料的蚀损影响也较小，氮气是目前被广泛采用的气源之一。但如果使用不当，会使钢中增氮，影响钢的质量。倘若采用全程吹氮，即使供氮强度很小，钢中也会增氮 $0.0030\% \sim 0.0040\%$。生产实践表明，若在吹炼的前期和中期供给氮气，钢中极少有增氮的危险。因此，只要在吹炼后期的适当时刻切换氮气，供给其他气体，钢中就不会增氮，钢的质量也会得到改善。

　　b　氩气（Ar）

　　氩气是最为理想的气体，不仅能达到搅拌效果，而且对钢质无害。但氩气来源有限，1000m³/h（标态）的制氧机仅能产生 24m³/h（标态）的氩气，而且制取氩气的设备费用昂贵，所以氩气耗量对钢的成本影响很大。面对氩气需用量的日益增加，在复合吹炼工艺中，除特殊要求采用全程供给氩气外，其一般只用于冶炼后期搅拌熔池。

　　c　二氧化碳气体（CO_2）

　　在室温下 CO_2 是无色无味的气体，在相应条件下，它可以气、液、固三种状态存在。一般情况下，CO_2 的化学性质不活泼，不助燃也不燃烧；但在一定条件或催化剂的作用下，其表现出良好的化学活性，能参加很多化学反应。

　　日本的鹿岛、堺厂、福山等钢厂最先将 CO_2 气体作为复吹工艺的底部气源。并于 20 世纪 80 年代初，成功地从转炉炉气中回收 CO_2 气体，纯度在 99% 以上。CO_2 气体作为底部气源，其冷却效应包括两部分：一是物理效应，即 CO_2 气体从室温升到 1600℃ 可吸热 77.14kJ/mol（1mol 液态 CO_2 可吸热 90 kJ/mol）；二是化学效应，即吹入的 CO_2 气体与熔池中的碳发生吸热反应，同时产生两倍于原气体体积的 CO，搅拌效果和冷却效应都很好，其反应如下：

$$CO_2 + [C] = 2CO \quad \Delta H = 18464 \text{kJ/mol}$$

因此，可以选择 CO_2 气体作为复合吹炼工艺的底吹气源。正是由于发生的上述反应，致使碳质供气元件脱碳。此外，在冶炼后期 CO_2 气体还与铁发生如下反应：

$$CO_2 + [Fe] = (FeO) + CO$$

这样，造成供气元件受到（FeO）的化学侵蚀，烧损加剧。

　　所以，不能使用单一的 CO_2 气体作为底吹气源。可以在吹炼前期供给 CO_2 气体，在后期切换为氮气或 $CO_2 + N_2$ 的混合气体。也可以利用 CO_2 气体的冷却效应，在供气元件的端部形成蘑菇体，以保护元件，从而提高供气元件的使用寿命。使用 CO_2 气体为底吹气源虽然不会影响钢的质量，但是在冶炼低碳和超低碳钢种方面不如氩气。

　　d　一氧化碳（CO）

　　CO 是无色无味的气体，比空气轻，密度为 1.24g/L。CO 有剧毒，吸入人体可使血液失去供氧能力，尤其是使中枢神经严重缺氧，导致窒息中毒甚至死亡。当空气中 CO 含量达到 0.006% 时，就有毒性；当超过 0.14% 时，就会使人有生命危险。CO 在空气和纯氧中都能燃烧，当其含量在 12%~74% 范围内时还可能发生爆炸。若使用 CO 为底吹气源，应有防毒、防爆措施，并应装有 CO 检测报警装置，以保证安全。

　　CO 的物理冷却效应良好，热容、导热系数均优于氩气和 CO_2 气体。使用 CO 的供气元件，其端部也可形成蘑菇状结瘤。使用 CO 为底部气源，可以顺利地将钢中碳含量 $w[C]$ 降到 0.02%~0.03%，其冶金效果与氩气相当；其也可以与 CO_2 气体混合使用，但 CO_2 气体比例以控制在 10% 以下为宜。

　　e　氧气（O_2）

　　氧气作为复吹工艺的底部供气气源，其用量一般不应超过总供氧量的 10%。以氧气作为底吹气源时，需要同时输送天然气、丙烷或油等冷却介质。冷却介质分解吸热，可对供气元件及其四周的耐火材料进行遮盖保护，反应如下：

$$C_3H_8 = 3C + 4H_2 \quad （吸热反应）$$

吹入的氧气也与熔池中的碳反应,产生两倍于氧气体积的一氧化碳气体,对熔池搅拌有利,并强化了冶炼,但随着熔池碳含量的减少搅拌力也减弱,其反应如下:

$$O_2 + 2[C] = 2CO$$

强搅拌复吹用氧气作为底吹气源,有利于熔池脱氮,钢中氮含量明显降低(一般 $w[N] \approx 0.0010\%$)。但即使应用了冷却介质,供气元件的烧损仍较严重,而且冷却介质分解出的氢气使钢水增氢多,因此,只有 K–BOP 法用氧气作为载流喷吹石灰粉,其用量达到供氧量的40%。此外,一般只通少许氧气用于烧开供气元件端部的沉积物,以保证供气元件畅通。

f 空气

由于空气中含有氧气,使用空气作为底部气源时,供气元件也需要惰性气体遮盖保护,同样有使钢水增氮的危险。所以,空气只作为吹扫气体,保持供气元件畅通。我国南京钢厂用过此法,效果很好。

此外,还有用二氧化碳加喷石灰石粉作为复吹的底吹粉剂气源。1984年,日本名古屋钢厂首先将其应用于冶炼氢含量低的钢种。以二氧化碳气体为载流喷入石灰石粉料,石灰石粉遇热分解出二氧化碳气体,通过喷入石灰石粉料的数量来控制二氧化碳的发生量及其冷却效应。由于石灰石分解出细微气泡有很强的脱氢作用,采用石灰石粉作为底吹粉剂气源时,终点钢水氢含量 $w[H]$ 达 0.00014%,因此转炉有可能直接冶炼低氢钢种,日本称这种方法为 LD–PB 法。我国钢铁研究总院曾在0.4t转炉上,用空气作载流,进行喷吹石灰石粉剂的复吹工艺试验,发现喷吹固体石灰石粉剂有良好的降氮作用,当气粉比在6:2时,终点钢中氮含量 $w[N]$ 在0.006%左右,并对脱碳、脱磷、脱硫均有很好的促进作用。

5.2.4.2 底吹气体的供气压力

(1)低压复吹。低压复吹底部供气压力为1.4MPa,供气元件为透气砖,透气元件多,操作也比较麻烦。

(2)中压复吹。中压复吹底部供气压力为3.0MPa,采用了 MHP 型元件(其为含有许多不锈钢管的耐火砖,不锈钢管的直径为 $1 \sim 2mm$,一块 MHP 型元件含有100根不锈钢管,钢管之间用电熔镁砂或石墨砂填充,可在很大范围内调整炉底吹入的气体量),吹入气体量大,透气元件数目可以减少,供气系统简化,便于操作和控制。

(3)高压复吹。高压复吹底部供气压力为4.0MPa,熔池搅拌强度增加,为冶炼低碳钢和超低碳钢创造了有利条件,金属和合金收得率高。

5.2.4.3 底吹气体的流量

底吹惰性气体的供气流量为 $0.1 \sim 0.34 m^3/(t \cdot min)$。底吹氧气时,其流量为 $0.07 \sim 1.0 m^3/(t \cdot min)$。在底吹氧气的同时吹石灰粉,其流量为 $0.7 \sim 1.3 m^3/(t \cdot min)$。

我国多数复吹转炉长期处于小流量且元件半通、半不通的状态。目前最有效的方法是向底吹气体中掺入一定浓度的氧气,通过控制引入氧的时机和掺氧浓度,可有效地控制供气元件的透气性能,也可消除炉底上涨和渣壳的影响。南京钢厂在复吹转炉上开发出导入空气法除堵技术,较好地解决了元件的透气性问题。生产实践表明,只要元件没有完全堵死,导入空气后,炼一炉钢便可完全恢复元件的透气性。

5.2.5　复吹转炉炼钢工艺

根据原料条件、底气种类、底吹喷嘴类别、是否喷吹粉剂以及钢种的不同,复吹转炉炼钢工艺也有所不同。

5.2.5.1　先顶吹、后底吹的复合吹炼法

先顶吹、后底吹的复合吹炼法是在顶吹氧到终点停吹后,底吹 Ar、N_2 等非氧化性气体或弱氧化性气体 CO_2 的复吹炼钢法。这种操作方法实际上是把钢包吹气精炼的方法移到顶吹转炉中,是最简单的顶底复吹炼钢法,顶气和底气不是同时吹入熔池。其底部供气喷嘴采用多孔透气砖,底吹供气强度小于 $0.3m^3/(t \cdot min)$,供气时间不大于 4min。在停止顶吹氧后,用底吹气体搅拌熔池具有如下作用:

(1) 使炉渣继续与金属作用,让脱磷反应向平衡接近,可使 $w[P]$ 进一步降低;

(2) 使炉渣中数量显著的氧化铁还原,提高金属收得率;

(3) 如果底吹气体是氩气或氮气,则可以发挥金属中碳的脱氧作用,使金属中的 $w[O]$ 降低,从而提高钢的洁净度和减少铁合金的消耗;

(4) 可以微调熔池温度。

采用这种顶底复吹操作法可以减小渣、钢之间的温度差和促进脱磷,实际上只需 $0.01 \sim 0.1m^3/(t \cdot min)$ 的供气强度和不大于 4min 的供气时间就足够了。但是,欲达到还原炉渣中氧化铁的目的,则最好采用 $0.04 \sim 0.3m^3/(t \cdot min)$ 的供气强度和 4min 以内的搅拌。

对于脱磷和均匀钢、渣之间的温度差,底吹搅拌气体的强度不应小于 $0.01m^3/(t \cdot min)$,否则将因搅拌强度过小而加长搅拌时间,降低了转炉的生产率。对于还原炉渣中的氧化铁,必须用 $0.04m^3/(t \cdot min)$ 以上的较大供气强度,但是当供气强度超过 $0.3m^3/(t \cdot min)$ 时,将因搅拌气吸热和氧化铁还原过量而造成钢水降温过多和碳过多地氧化。

试验表明,在供气强度为 $0.01 \sim 0.1m^3/(t \cdot min)$ 时进行脱磷,在供气强度为 $0.04 \sim 0.3m^3/(t \cdot min)$ 时进行氧化铁还原,其供气时间都不应超过 4min,过多的时间已不再有明显的脱磷和还原氧化铁的效果,反而会使生产率降低和炉龄下降。

先顶吹、后底吹复合吹炼法的缺点是:

(1) 顶枪停吹时的熔池温度要高出 10K 左右,以补偿底吹搅拌时熔池温度的降低;

(2) 降低转炉生产率;

(3) 降低炉龄;

(4) 不能用于吹炼超低碳钢和不锈钢;

(5) 不能减少顶吹氧时的喷溅量和烟尘量;

(6) 底部喷嘴不能喷粉。

5.2.5.2　顶吹氧、底吹非氧化性气体的复合吹炼法

顶吹氧、底吹非氧化性气体复合吹炼法的关键在于控制底气流量、顶枪枪位和供氧强度。这种炼钢法操作是否恰当主要取决于渣中氧化铁的含量是否满足要求。可以通过改变底气流量、顶枪枪位和氧气流量,达到控制渣中氧化铁含量的目的。

当底气流量很小时，随着底气流量的增大，熔池搅拌加强，熔池中 CO 分压降低，并伴随着渣中 $w(FeO)$ 下降；当底气流量增至占氧气流量的 10% 左右时，渣中 $w(FeO)$ 降至接近纯底吹氧气转炉炼钢的水平。因此，底气流量通常在不烧和钢水不灌喷嘴的最低要求量至不大于氧气流量 10% 的范围内调节。对于钢管型底部喷嘴，特别是单管式喷嘴而言，底气流量的上限还受喷管结瘤的限制，因为底气流量超过某一限度后，喷管将因冷却过度而严重结瘤，使底气流量和方向不稳定，甚至烧坏喷管，严重降低喷管和炉底寿命。

在用氩气、氮气作底气时，一般用量不大。因为氩气来源较少，用氮气又会使钢中 $w[N]$ 显著增高，这对绝大多数钢种都是不利的。

在强烈脱碳期，由于有大量 CO 气泡上浮，单独顶枪吹氧便足以强烈搅拌熔池，渣中 $w(FeO)$ 已偏低。因此，在该吹炼期内一般无需底部吹气搅拌，底气流量一般控制在不烧和钢水不灌喷嘴的最低水平上。在整个吹炼周期中，以某厂 180t 顶底复吹转炉为例，底气流量的变化如图 5-23 所示，只是在最后 1/3 的吹炼时间里才以上限吹氩气，直到取样出钢时所供氩气量仍减至最小。采用这种吹炼工艺可以避免产生强烈的泡沫渣和防止喷溅，炉渣也不黏稠，因而取样和出渣都不存在困难。

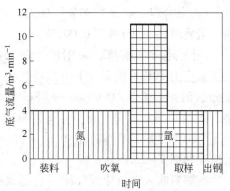

图 5-23　180t 顶底复吹转炉底
气流量的变化

目前，有的钢厂因无氩气而采用全氮，这对要求氮含量较低的许多钢种是不合适的。如图 5-23 所示，在吹炼的前 2/3 时间里吹氮，在后 1/3 时间里换为吹氩气，这样既可以节约氩气，又不会使钢中 $w[N]$ 有明显增加。

下面介绍一个超低磷钢单渣法冶炼的实例。本实例中采用全铁水冶炼，铁水装入量为 200t，$w[P] = 0.12\%$，吹炼过程中顶吹氧气的流量、枪位以及底吹非氧化性气体流量的变化情况如图 5-24 所示。从吹炼开始至 30% ~40% 之前的硅氧化期，顶枪进行硬吹（供氧强度为 2.74m³/(t·min)，枪高 2.4m，顶吹氧气射流的穿透比 $h_{穿}/H_0 = 0.74$ ~0.84，H_0 为静止熔池深度）。待钢水脱硅后，在 30% ~80% 的吹炼期间内，将供氧强度降为 2.4m³/(t·min)，枪位下调到 2.0m，吹炼期进行到 40% 以后再调到 1.8m，以适当增加渣中的氧化铁含量。在这段吹炼时间里，钢水中的 $w[C]$ 已降至 1.0% 以下，有利于预脱磷的进行。为了有效地进行预脱磷，应注意控制熔池温度，进行低温吹炼，根据测温结果适当地向炉中加入铁矿石或铁皮等冷却剂调温，使吹炼达到 30% ~40% 时钢水温度控制在（1673±40）K，吹炼期到达 80% 时控制在（1823±20）K，这是脱磷最有利的温度范围。在这样的操作条件下，可以

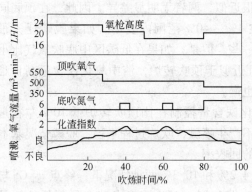

图 5-24　吹炼过程中的供气制度
LH—氧枪高度

将没有采用低温吹炼的钢中磷含量 $w[P]$（约 0.03%）降至 0.01% ~ 0.02%，即当吹炼时间进行到 80% 时，便可将 $w[P]$ 降到 0.02% 以下。

当吹炼进行到 80% 时，再将供氧强度降至 1.24 ~ 1.74 $m^3/(t \cdot min)$，氧枪高度升至 2.0m，以 $h_穿/H_0 = 0.24 ~ 0.34$ 进行超软吹，以保持渣中有效脱磷所必需的氧化铁含量；同时将底气流量由原来的最低限上调至 0.1 ~ 0.2 $m^3/(t \cdot min)$，以强化熔池的搅拌，使渣、钢之间的脱磷反应接近平衡状态，最大限度地发挥炉渣的脱磷作用，到停吹时可将 $w[P]$ 脱至 0.004% 左右。如果在停止吹氧后再以 0.02 $m^3/(t \cdot min)$ 的底气吹 4 ~ 5min，可进一步将钢中的磷含量降到 0.003% 左右。如果在出钢时再向钢包中添加脱磷剂（如添加 4kg/t 的混合料，成分为 80% CaO、30% Fe_xO_y、10% CaF_2，平均粒度为 3mm）进行炉后脱磷，最后可将 $w[P]$ 降至 0.002%。

用上述方法吹炼，采用单渣法，在出钢温度为 1913K 的条件下可以得到如下成分的钢：$w[C] = 0.04\%$，$w[Si] = $ 痕迹，$w[Mn] = 0.12\%$，$w[P] = 0.002\%$，$w[S] = 0.003\%$，冶炼过程中 $w[P]$ 的降低情况如图 5 - 25 所示。

底部只吹入非氧化性气体（包括弱氧化性气体 CO_2）的复合吹炼法，与底部可以同时吹氧的复合吹炼法相比，底吹系统比较简单，喷嘴和炉底寿命较高；但是，由于其底气流量小，难以实现从熔池底部

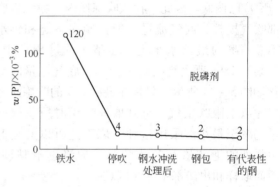

图 5 - 25　冶炼过程中 $w[P]$ 的降低情况

喷吹大量熔剂以进一步提高冶炼指标，对冶炼超低碳钢种，特别是超低碳不锈钢而言，底部可同时吹 Ar 和 O_2 的复合吹炼法更有利于脱碳和保铬。

5.2.5.3　顶底同时吹氧的复合吹炼法

显然，在顶底同时吹氧的复合吹炼法中，调节顶吹和底吹氧气的流量比以调节渣中氧化铁含量是操作的关键。当底吹氧气比（OBR）由极小值逐渐向上调时，炉内的冶金特征便由顶吹转炉炼钢法向底吹氧气转炉炼钢法过渡。当底吹氧气比增大到 4% ~ 40% 以后，顶底同时吹氧转炉实际上与底吹氧气转炉很近似，两者无明显差异。因此，在顶底同时吹氧的复合吹炼过程中，通常底吹氧气比在 4% ~ 40% 范围内变动。如果脱磷任务很轻，吹炼前、中期底吹氧气比的上限也可再高一些。但是，如果在低碳区中底吹氧气比小于 4%，则因熔池得不到必要的搅拌，吹炼特征近似于顶吹转炉，渣中氧化铁含量高且难以控制，化渣不良，脱磷反应远离平衡，脱碳也慢。

实践表明，在绝大多数情况下，将渣中氧化铁含量控制在比顶吹转炉低 10% 左右是适当的。在这种情况下，吹炼过程中可以做到不产生喷溅，吹炼过程平稳，脱磷情况基本上与顶吹转炉相同，并可提高钢液收得率和锰的回收率。

图 5 - 26 所示为在 320t 转炉底吹氧气比为 4.2% 和 10.3% 两种情况下，终点 $w[C]$ 与渣中 $w(TFe)$ 的关系。当底吹氧气比低于 4% ~ 40% 时，对吹炼终点碳含量很低的钢种（$w[C] < 0.04\%$），有过氧化的趋势；但是对吹炼终点 $w[C] = 0.10\% ~ 0.20\%$ 的钢种

（这种碳含量的钢生产比例极大），其炉渣氧化性也能满足脱磷要求，拉碳出钢没有困难。当底吹氧气比增加到 10% 时，虽然消除了 $w[C] < 0.04\%$ 钢种的过氧化，但是对吹炼 $w[C] = 0.10\% \sim 0.20\%$ 的钢种脱磷有困难。可见，应根据生产的钢种选择合适的底吹氧气比。

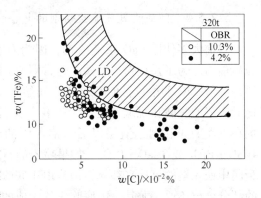

图 5 – 26　终点 $w[C]$ 与渣中 $w(TFe)$ 的关系

对于高碳钢的脱磷，必须采用小的底吹氧气比和较软的顶吹，这样的吹炼则与顶吹转炉类似，喷溅严重，操作不稳定，脱磷困难。

顶底同时吹氧的复合吹炼，顶枪的枪位应比单纯顶吹高得多。通常将变动顶枪的枪位作为调节渣中氧化铁含量的辅助手段。在一定范围内，渣中氧化铁含量随顶枪枪位的提高而增加。过高的枪位将降低氧气的利用率，不应采用。

有研究表明，向顶底复合吹氧的转炉中加入含氧化铁的辅助材料，即使底吹氧气比较高，加入的氧化铁也不会在短时间内立刻被还原，氧化铁的还原呈现停滞现象。因此，可向炉中加入氧化铁材料，以提高渣中氧化铁的含量进行脱磷。

顶底复合吹氧转炉炼钢的喷溅比单纯顶吹小得多，比底吹也要小。但是，在硅、碳激烈氧化期，如果操作不当，将导致硅、碳氧化过于激烈，仍会产生不同程度的喷溅。通常吹炼硅含量较高的铁水时，喷溅产生的时间一般在硅氧化末期或脱硅结束后生成含大量硅酸盐和氧化铁炉渣的时候，亦即在开吹后 3 ~ 4min 到 7 ~ 8min 之间。因此，在顶底复合吹氧转炉炼钢的操作中仍需注意防止和消除喷溅。

在硅激烈氧化期，从炉底吹入熔池的氧优先与钢水中的硅反应生成硅酸盐，而很少生成对熔池产生搅拌力的 CO 气泡。因此，在脱硅期不能依靠底吹的氧气来搅拌熔池。同时，由于底吹氧气使熔池产生金属飞溅，为了避免顶枪粘钢，顶枪枪位必须很高，故顶吹氧气对熔池的搅拌也很弱。再则，装炉废钢在脱硅期严重阻碍钢水运动。这就造成熔池上表面层过氧化，生成的炉渣中硅酸盐和氧化铁的含量很高，该期熔池温度低而硅酸盐含量高使炉渣黏稠，在黏稠的炉渣中积蓄了大量的氧化铁，到脱硅末期，硅已极少而温度又上升到顺利进行碳氧化的温度，进行激烈脱碳而发生剧烈喷溅。

不难看出，为了消除顶底同时吹氧复吹转炉脱硅期的喷溅，应设法加强脱硅期熔池的搅拌。显然，用下降顶吹氧枪枪位的方法来强化熔池搅拌，会使顶枪粘钢且增大金属飞溅，因而不能采用。实践表明，在脱硅期加入适当数量的不与钢水反应的氮、氩或弱反应气体 CO_2 到底吹氧气中，以加强熔池搅拌，即可消除脱硅期的喷溅。实践还表明，这些气体的加入量，对于低硅铁水（$w[Si] = 0.4\% \sim 0.6\%$），应不小于底吹氧气量的 10%；而对于高硅铁水（$w[Si] = 0.6\% \sim 0.7\%$），则应不小于 20%。

如果不采用向底吹氧气中加入氩气、氮气或 CO_2 的方法，而在喷溅将要发生之前，在减少顶吹氧气量的同时增加底吹氧气量，将底吹氧气比增加到 30% ~ 40%，也有一定效果，因为底吹氧气的能量用于熔池搅拌的利用率比顶吹氧气约大 9 倍。

5.2.5.4　随底吹氧气喷吹粉剂的复合吹炼法

目前大多使用 CaO 系造渣剂，因为石灰来源多、价格低，而且也具有很强的脱磷、脱硫能力。为了强化粉剂脱磷，通常混有一定数量的萤石粉和铁精矿粉。萤石粉的作用主要是降低 CaO 的熔点，使 CaO 在金属熔池上浮的过程中能迅速熔化成液滴，因为液态渣比固态渣的脱磷和脱硫速度要大得多。铁精矿粉的作用是补充脱磷所必需的氧化铁，使粉剂在上浮期间和到达渣层以后，钢水中的磷与粉剂中的 CaO 和 Fe_xO_y 发生反应，生成 $4CaO \cdot P_2O_5$ 或 $3CaO \cdot P_2O_5$。如果喷入的石灰粉中没有 Fe_xO_y，脱磷所需的氧化铁只能靠金属中铁元素的氧化来补充，但是由于底吹气体的良好搅拌作用，生成的氧化铁有相当多的部分会被还原，尤其是由底吹氧气生成的铁和磷的氧化物，在钢水里上浮的过程中几乎全部被还原。将铁精矿粉与石灰粉混合喷入熔池，虽然有一部分铁精矿粉会被还原，但只要加入数量不过少，总会有一部分剩余并参与脱磷反应。

底吹石灰粉中的氧化铁配比，以 $w(TFe) = 4\% \sim 30\%$ 为宜，当低于 4% 时，氧化铁还原后的剩余量过少，对脱磷不利；当超过 30% 时，渣系中 $m(CaO)/m(FeO)$ 的值过小，不能得到大的磷分配系数。CaO 的配比，以 $w(CaO) = 70\% \sim 90\%$ 为宜，当低于 70% 时，对固溶 P_2O_5 不利，并且容易回磷；当高于 90% 时，则不利于化渣。

有些钢厂的顶底复吹转炉，炉底采用透气砖或单管式和环缝式喷嘴喷吹少量气体进行熔池搅拌，在这种情况下，要从炉底喷吹造渣粉剂，前者不可能，后者则喷吹量很小。在这类复吹转炉上，为了进行中碳钢的脱磷，采用顶吹氧枪喷粉，顶喷粉剂虽然对脱磷也很有效，但是随烟气带走的粉剂量较大，脱磷的稳定性也比底喷差；而底喷除了具有脱磷的作用之外，还有进一步降低烟尘量以及加强喷嘴冷却、提高炉底喷嘴和炉底寿命的作用。

5.2.5.5　复吹转炉中的少渣吹炼

近年来，随着铁水预处理技术的提高和普及，使转炉有可能获得低硅、低磷和低硫铁水进行吹炼，这样就可以使转炉造渣的熔剂消耗量大幅度减少，采用少渣吹炼。转炉少渣吹炼将因金属收得率高和熔剂消耗少而使钢的成本进一步降低，并使操作简化，钢质量进一步提高。

转炉少渣吹炼，如果采用顶吹转炉，因缺少渣层覆盖金属，金属喷溅和烟尘很大，而且低碳区熔池搅拌弱，低碳区的脱碳困难，所以是不理想的；如果采用底吹转炉，因预处理铁水碳含量较少而又缺少硅、磷，所以元素发热量显著减少，而且炉膛内又不能有较多的 CO 燃烧成 CO_2，入炉废钢比将成为问题；而采用顶底复吹转炉进行少渣冶炼，将使上述两者的缺点大为减轻。

A　铁水预处理

转炉少渣吹炼用的铁水必须进行预处理，把铁水中的硅和磷，有时还有硫，在入炉前脱除到相当低的水平，这是转炉少渣吹炼的重要前提。

铁水的预先脱硅对下一步的脱磷效率有直接影响。在高炉出铁场脱硅时，常采用铁水包脱硅，为提高脱硅效率，要确保合适的铁流落差及反应面积，这样可以脱除 90% 的硅。如果铁水经过这样的包脱硅处理后，$w[Si]$ 还大于 $0.10\% \sim 0.14\%$，则需要在混铁车（或其他铁水储存设备）中进行二次补充脱硅。二次脱硅处理视铁水的温度和硅含量情况，可按不同比例并用顶吹氧气和喷吹氧化铁粉的方法。

在脱硅后应尽可能地将渣除尽。其后的脱磷处理无论是用苏打灰还是石灰系粉剂，喷吹用的运载气体通常为氮气，粉气比（质量比）通常为 20~30。在喷吹脱磷粉剂的同时顶吹氧气，可以提高脱磷率和调节铁水温度。

B　顶底复吹转炉中少渣吹炼的冶金特性

图 5-27 示出了少渣吹炼过程中金属熔池成分变化的一般情况。为了对比，图中也示出了通常渣量吹炼过程中的成分变化情况。首先，经过预处理的铁水中硅几乎全部脱除，一开吹就直接进入脱碳期，在进入低碳区达到临界碳含量（当碳氧化速度的限制环节由向反应界面供氧的速度过渡到供碳速度时，存在一个临界碳含量值。碳含量大于此值时，脱碳速度被供氧速度所限制；碳含量小于此值时，脱碳速度则被供碳速度所限制）以前，脱碳速度取决于供氧速度，两者呈直线关系变化。

由于钢水中磷的初始含量很小且渣量又少，因此钢水中的磷含量沿吹炼过程几乎不发生变化。此外，图 5-27 还示出，钢水中锰含量的变化曲线与通常渣量下的吹炼情况相似，但锰含量的回升及其极大值较高。图 5-28 示出终点 $w[C]$ 与终点 $w[Mn]/w(Mn)$ 的关系，可见少渣吹炼明显改善了锰的收得率。在高碳区内，锰的收得率几乎可达 100%。但是当 $w[C]$ 下降到临界含量以后，锰的氧化很快，这与通常渣量吹炼有显著的不同。为了提高低碳区内锰的收得率，最有效的方法是在低碳区内提高底吹气体的流量，以加强熔池的搅拌和降低 CO 的部分压力，从而改善碳优先氧化的条件。在这种情况下，可以使低碳区锰的收得率大于 70%。

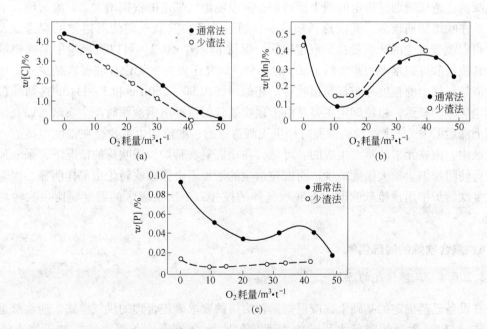

图 5-27　吹炼过程中金属熔池 $w[C]$、$w[Mn]$、$w[P]$ 的变化

少渣吹炼可以得到吹炼终点氢含量很低的钢水。因为终点钢水氢含量与加入炉中的散状材料和铁合金的含水量及数量有重要关系，而少渣吹炼中散状材料和铁合金的消耗量都大为减少。实践表明，在少渣吹炼下，炉渣和钢水中的氢含量都减少很多，可以稳定地得

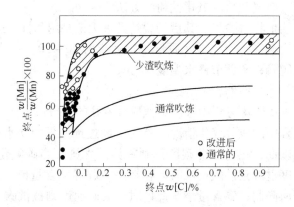

图 5 - 28　少渣吹炼与通常渣量吹炼锰收得率的比较

到终点 $w[H] < 2 \times 10^{-6}$ 的钢水。分析表明，通过副原料带入转炉的水分占 90% 以上，渣中的 $w(H)$ 要比钢水中的 $w[H]$ 高一个数量级。在 1943K 温度下，氢在渣和钢中的分配系数 $w(H)/w[H] = 3 \sim 9$，因此，要获得低 $w[H]$ 钢水，必须设法降低渣中 $w(H)$。少渣吹炼因造渣材料加入量大为减少而显著减少了转炉内的总氢含量和渣中的 $w(H)$，由此，钢水中的 $w[H]$ 也相应显著减少。

C　少渣吹炼下的铁损失

由于渣量大大减少，使随渣带走的铁损失明显减少。但是，由于遮盖金属表面的渣层明显减薄，造成随烟气排走的烟尘量增多，因而随炉气带走的铁损增大。研究表明，烟尘产生量在吹炼初期较多，到吹炼后期减少；通过改变顶吹氧气射流对熔池的穿透比 $h_{穿}/H_0$，可以改变烟尘的产生量；采取超软吹，保持 $h_{穿}/H_0 < 0.2$，可以将烟尘中的铁损量降至通常渣量吹炼的水平，即大约 1kg/t 的水平。研究还表明，无论顶底复吹是少渣量还是通常渣量，烟尘的粒度分布都与顶吹转炉相似，即以 $90 \sim 180\mu m$ 和 $3 \sim 11\mu m$ 这两种粒度的烟尘居多。显然，粗粒烟尘主要是由于顶吹氧气射流冲击钢液面时产生飞溅，以及熔池表面上涨后 CO 气体上浮脱离液面时产生飞溅造成的；细粒烟尘主要是在温度很高的一次反应区中，由铁元素的蒸发生成的。可见，在顶底复吹转炉少渣吹炼的情况下，采取顶枪软吹可使粗粒烟尘量大幅度减少，而细粒烟尘的增加不会像顶吹转炉中那样明显，因为在顶底复吹转炉中用顶枪软吹时，有底吹气体的搅拌，一次反应区的温度要比顶吹转炉中的低。

5.2.6　复合吹炼的底部供气

5.2.6.1　底部供气的原则

在设备已经确定的基础上，应根据钢种冶炼的要求确定合理的供气模式。通常总是以终点渣（TFe）含量的降低水平，作为评价复吹冶金效果的条件之一。如果终点渣中 $w(TFe)$ 高，钢中 $w[O]$ 必然也高，铁损大，铁合金消耗也就多，钢质量得不到改善，并会加剧对炉衬的蚀损，炉龄也会降低。所以，底部供气制度的关键是控制终点渣中 $w(TFe)$。

为了控制终点渣中的 $w(TFe)$，大多采用终吹前与终吹后大气量强搅拌工艺。但必须把握好搅拌时机，最好的搅拌时机是在临界 $w[C]$ 到来之前，否则即使采用高达 $0.20m^3/$ $(t \cdot min)$ 的供气强度（标态），$w(TFe)$ 降低的效果也甚微。研究显示，必须在临界 $w[C]$ 到来之前施以中等搅拌强度，且适当拉长搅拌时间，效果才最佳，如表 5-5 中模式 B 所示。此外，在强搅拌期，顶吹的供氧量也要适当地减小。日本的试验表明，倘若在强搅拌期向熔池每吨金属液内加入焦炭 $2.0kg/t$，效果更加明显。尤其对小于临界 $w[C]$ 的炉次，更有加入焦炭的必要。只有通过合理的模式和必要的措施，才可以将终点渣 $w(TFe)$ 降低到 10% 以下。

5.2.6.2 底部供气的模式

在底部供气元件、元件数目及排列等底部供气参数确定之后，就要根据原料条件、冶炼钢种的需要而选择合适的底吹工艺模式，以达到最好的冶金效果。

目前，工艺模式有顶吹氧同时底吹非氧化性气体的复吹工艺、顶底同时吹氧的复吹工艺、随底吹气体喷入粉剂的复吹工艺以及先顶吹后底吹的复吹工艺等，现举如下几个实例：

（1）上海宝钢 300t 转炉复吹供气模式，如表 5-5 所示。

表 5-5 上海宝钢 300t 转炉复吹供气模式

模式	对应钢种 $w[C]$/%	比例/%	装料	吹炼混合	测温、取样	出钢	排渣	准备	其他	备注
A	≤0.10	64			Ar					低碳钢种
			N_2	N_2	Ar	Ar	N_2	N_2		
B	0.10~0.24	20			Ar					中碳钢种
			N_2	N_2	Ar	Ar	N_2	N_2		
C	≥0.24	10	N_2	N_2	Ar	Ar	N_2	N_2		高碳钢种
D		4		Ar	Ar	N_2	N_2			极低磷钢种
			N_2	N_2		Ar				
E、F			N_2	N_2						任意设定模式
				Ar	Ar	N_2	N_2			
					Ar					
除渣									N_2	
加氧									N_2+O_2	
烘炉									N_2	

（2）鞍钢 180t 转炉采用多孔式喷嘴的复吹供气模式，如图 5-29 所示。

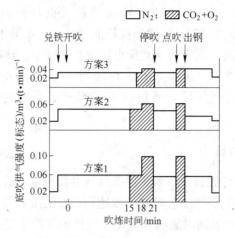

图 5-29　鞍钢 180t 转炉采用多孔式喷嘴的复吹供气模式

方案 1—低碳钢冶炼；方案 2—中碳钢冶炼；方案 3—中高碳钢冶炼

（3）武钢 50t 转炉复吹供气模式，如图 5-30 所示。

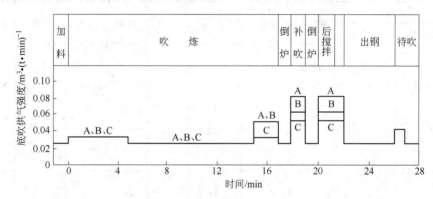

钢种组别	钢种碳含量/%	代表钢种	钢种特点
A	<0.04	无取向硅钢、电工钢等	碳含量极低、硫含量极低
B	0.04~0.07	深冲钢、管线钢等	碳含量低、硫含量低
C	>0.07	碳素钢、船板钢、耐候钢、气瓶钢、低合金钢等	碳含量较低、硫含量低

图 5-30　武钢 50t 转炉复吹供气模式

（4）南京钢厂 30t 转炉复吹供气模式。

1）30t 转炉复吹供气模式，如图 5-31 所示；

2）高压复吹供气模式，如图 5-32 所示。

目前复吹转炉的底部供气源一般为两种以上，多的达 4 种以上，所以底部供气控制系统比较复杂。只有在安全、可靠、操作灵便、控制精度高的前提下，才能确保转炉复吹工艺的顺行。当前供气管路多采用分支路控制调节。我国一些钢厂现有复吹转炉的底部供气情况列于表 5-6。

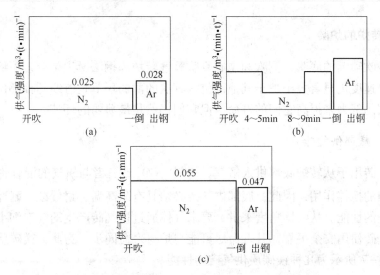

图5-31 南京钢厂30t转炉复吹供气模式
（a）供气模式A；（b）供气模式B；（c）供气模式C

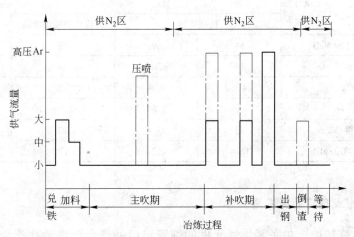

图5-32 高压复吹供气模式

表5-6 我国一些钢厂现有复吹转炉的底部供气情况

厂 名	底吹气源	供气压力/MPa	供气强度/m³·(t·min)⁻¹	供气控制方法	元件熔损检测
宝 钢	N₂、Ar	1.0	0.02~0.11	YEWPACK集散型仪表	埋有14对热电偶
	预留CO₂的可能	2.2			
鞍 钢	CO₂、N₂、Ar、O₂	0.94	0.03~0.12	计算机控制，CRT显示	无
		1.2~1.6(气源)			
武 钢	N₂、Ar	0.3	0.03~0.006	WAC-I工业微机控制，CRT显示	无
		1.4~1.8(气源)	后搅0.07~0.10		
南京钢厂	N₂、Ar、空气	<1.6(气源)	0.01~0.1	PLC自动程序控制系统	无
南京钢厂(高压)	N₂、Ar、空气	4.4~6.0(气源)	0.01~0.2	PLC自动程序控制系统	无

5.2.7　复吹转炉的炉龄

自使用潜吹喷嘴的底吹、侧吹和顶底复吹氧气转炉炼钢法诞生至今，喷嘴及其周围耐火材料的蚀损速度仍显著大于炉子其他部位，其次的薄弱环节是渣线耳轴部位。虽然人们已经做了很大的努力来提高它们的寿命，但它们仍然是最薄弱的环节。

5.2.7.1　底部供气砖

底部供气砖用于从转炉底部供入氩气、氮气、CO_2 或三者与氧气的混合物，复吹时产生高温和强烈的搅拌作用，因此，底部供气砖必须具有耐高温、耐侵蚀、耐冲刷、耐磨损和抗剥落性强的性能。从吹炼角度来讲，要求气体通过供气砖产生的气泡细小、均匀。此外，要求供气砖使用安全可靠，其寿命尽可能与炉衬寿命同步。为此，镁碳质砖仍然为最佳材料。表 5 - 7 所示为几种镁碳质供气砖的性能。

表 5 - 7　几种镁碳质供气砖的性能

成分及性能	试样	日　　本		改进后的镁碳质砖	鞍钢镁碳质砖
		镁碳质砖			
化学成分（质量分数）/%	MgO	84	80	78	79.37
	C	14	20	19	13.79
气孔率/%		4.0	4.9	1.7	2 ~ 4
体积密度/g·cm^{-3}		3	2.84	2.96	2.8 ~ 2.84
常温耐压强度/MPa		43	33.4	40	20 ~ 26
抗折强度(1400℃)/MPa		16.4	12	17	

5.2.7.2　形成稳定的微孔蘑菇体

顶底复合吹炼转炉，在底部供气元件的细管出口处都会形成微孔蘑菇体，也称蘑菇头。通过对蘑菇体的化学分析得知，它的内层碳含量较高，在 2.0% 左右；但其外表面层的碳含量较低，约为 0.1%。从而可知，实际上蘑菇体就是在细管出口处形成的一个带微孔的金属帽，下面推断其形成机理。

在吹炼中期，金属液的温度高于供气元件气体出口处的温度，金属液受到冷却，在每个细管出口处形成一个很小的初始蘑菇体。蘑菇体一方面受高温金属的作用，另一方面又受到吹入气体的冷却作用，当其热量达到平衡时，供气元件细管出口处就形成相对稳定的微孔蘑菇体。当这些小蘑菇体逐渐长大并彼此相连时，蘑菇体的比表面积减小，因而热金属液传递的热量也减少，这样就促进了蘑菇体的继续长大，最后形成了稳定集合的大蘑菇体。蘑菇体的形成及长大过程如图 5 - 33 所示。

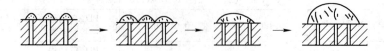

图 5 - 33　蘑菇体的形成及长大过程

蘑菇体可以保护供气元件的喷孔，延缓元件及其周围耐火材料的蚀损速度。蘑菇体的形成与吹入气体的冷却能力、单位时间的吹气量有关，如控制不当，也会影响元件的畅通，甚至造成元件的堵塞而被迫中断复吹。所以，元件要维持稳定的蘑菇体。据报道，未形成稳定蘑菇体时供气元件的蚀损速度平均约为 1.1mm/炉，生成稳定蘑菇体时供气元件的蚀损速度则为 0.4 ~ 0.6mm/炉。所以，元件既要维持蘑菇体的保护，又必须保持元件在规定供气模式下稳定地供气。

5.2.7.3 底部供气元件的烧坏与结瘤

潜吹喷管烧坏与结瘤的情形有如下几种：

(1) 冷却介质流量不足。冷却介质的流量应有一最小下限，此下限因喷管结构和尺寸、冷却介质种类、熔池成分和温度以及氧气流量的不同而不同。冷却介质的最小下限至今还不能由计算确定，只能凭经验确定。应经常观察喷管头部情况，如果喷管头部的结瘤全部消失，甚至喷管头部迅速烧损而缩进炉衬，应立即加大冷却介质的流量，使喷管工作恢复正常。

(2) 喷管倒灌和堵塞。当介质出口压力过低、管路系统漏失、喷管头部严重结瘤、回火爆炸、脏物堵塞通路时，都会造成喷管倒灌和堵塞，导致烧坏喷管。

(3) 潜吹气体射流"后坐"。当潜吹气体射流从喷管喷出时，由于气流膨胀以及熔池钢液的反作用力，使喷出口处射流周围的气体沿喷管逆流，以很高的频率冲击靠近喷管的耐火材料（见图 5 - 34），其频率在水模型中为 2 ~ 4 次/s、在热态钢水模型中为 10 次/s，使之迅速蚀损，导致喷管前端裸露在钢水中而被烧断。

(4) 潜吹喷管严重结瘤。生产实践表明，当潜吹喷管头部伸出炉衬 40 ~ 80mm 时，周围有适当的不影响气流畅通的金属瘤，其具有良好的保护喷管、延长喷管及周围耐火材料寿命的作用。但若结瘤过多，则会堵塞喷管头部出口，使出口截面缩小且形状不规则，

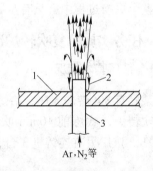

图 5 - 34　潜吹气体射流"后坐"
1—炉底；2—后坐气流；3—底吹喷管

从而使喷出的气流不稳定、方向改变甚至反射冲刷炉衬。当结瘤严重时，气体流量很小甚至完全堵塞，喷管得不到应有的冷却，致使喷管头部成段烧坏。喷管的严重结瘤是由于冷却过度造成的。在设计喷管断面尺寸时，必须使气流对喷管的冷却与钢水对喷管的加热，在结瘤厚度适当的情况下处于平衡状态。

5.2.7.4 底部供气元件的更换

底部供气元件的蚀损速度一般比炉底整体的蚀损速度要快，为了提高转炉整体寿命和复吹比，可以在热状态下更换供气元件或整体更换炉底，以使全炉役能够保持复吹工艺。

A 炉底的整体更换

转炉的炉底如果是可拆卸小炉底，则可以整体更换。更换炉底时使用专用设备，通过炉下的升降台车将旧炉底拆下，再装上新炉底后顶紧。鞍钢公司就是采用此法，其工序如下：

（1）停炉后，将炉底的沉积残渣、耐火材料吹扫干净；

（2）拆除旧炉底，在其接口部位清除残留的耐火泥料；

（3）安装新炉底；

（4）新炉底与原炉底固定部分之间的沟缝要填充密实；

（5）加热烘炉后可使用。

B　单个供气元件的更换

单个供气元件的更换比更换整个炉底要省时、省料，方法也简单，但也需要快速更换专用设备。首先用钻孔机打孔钻眼，将旧供气元件取出；然后用元件插入机将新供气元件快速置入。上海宝钢公司就是采用这种方法，其步骤如下：

（1）拆除供气元件保护罩；

（2）拆除供气元件连接接头与导线；

（3）割除元件尾部的金属件；

（4）钻透和捣碎元件砖，但不能破坏套砖和座砖；

（5）将新元件插入旧元件位置；

（6）连接管路和导线；

（7）进行供气元件保护罩的复位安装。

整个更换过程中，只有步骤（4）和（5）是完全靠机械来完成的。

5.3　任务实施　复吹转炉冶炼 45 钢

5.3.1　某厂基本情况

某厂有 80t 转炉 3 座，冶炼周期为 33min。1 号、2 号转炉为顶吹转炉，3 号转炉为顶底复吹转炉，吹炼前 10min 吹氮气，10min 后自动切换为氩气，底吹气体流量为 30 ~ 80m^3/h。该厂另有连铸机 3 台，表 5 - 8 所示为连铸机的基本情况。

表 5 - 8　连铸机的基本情况

连铸机	最大浇注断面/mm × mm	拉坯速度/m · min⁻¹	浇注周期/min
1 号	150 × 150	1.5 ~ 2.2	32 ± 2
2 号	240 × 240	0.7 ~ 1.1	48 ± 1
3 号	200 × 200	1.5 ~ 2.2	32 ± 2

5.3.2　铁水条件

3 号转炉冶炼 45 钢时，全部采用温度和成分较均匀的混铁炉铁水，见表 5 - 9。

表 5 - 9　冶炼 45 钢采用的铁水

$w[i]$/%					温度/℃
C	Si	Mn	P	S	
3.80 ~ 4.50	0.35 ~ 0.50	0.20 ~ 0.35	≤0.12	≤0.035	≥1250

5.3.3 工艺技术

5.3.3.1 前期造渣

采用双渣 - 留渣法进行操作,由于 3 号转炉在溅渣过程中底吹惰性气体具有冷却作用,炉渣冷凝速度要比顶吹转炉快,溅渣操作之后留下的炉渣较稠,在下一炉次冶炼初期熔化速度减缓。同时,底部气体搅拌熔池,冶炼过程渣中(FeO)含量低于顶吹转炉,造成炉渣成泡、乳化时间相对滞后,图 5 - 35 所示为顶吹与顶底复吹炼钢过程中 $w(\text{FeO})$ 的变化情况。冶炼 45 钢时,根据热力学脱磷的基本条件:

$$2[\text{P}] + 5(\text{FeO}) + 4(\text{CaO}) \xrightarrow{\hspace{1cm}} (4\text{CaO} \cdot \text{P}_2\text{O}_5) + 5[\text{Fe}]$$

其平衡常数为:

$$k_\text{p} = a_{(4\text{CaO} \cdot \text{P}_2\text{O}_5)} / (w[\text{P}]_\%^2 \cdot a_{(\text{FeO})}^5 \cdot a_{(\text{CaO})}^4)$$

比对 1 号、2 号顶吹转炉前期起渣时间(3 ~ 3.5min),摸索出倒初期渣工艺时间为开吹后 3.5 ~ 4.5min,并相应改进前期造渣工艺,即:加入石灰 1.5 t,不加入轻烧白云石,1 ~ 2min 时视炉口喷出渣粒状况及声呐化渣曲线调入 200 ~ 300kg 矿石,用以在增加渣中(FeO)的同时控制反应温度,促进炉渣快速熔化,增强脱磷效果。实践表明,调整后的工艺切实可行,能够有效化渣和进行双渣操作。

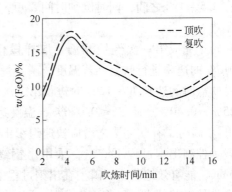

图 5 - 35 吹炼过程中 $w(\text{FeO})$ 的变化情况

5.3.3.2 供氧流量、枪位控制及过程造渣

为了提高前期渣中的 $w(\text{FeO})$ 以及降低脱碳速度,将供氧流量控制在 16500 ~ 17000m³/h,出口压力为 0.75 ~ 0.80MPa,相对于冶炼普碳钢时下调 1000m³/h,这样可起到一定程度上的软吹作用。

过程枪位与顶吹转炉相比上调 200mm,并视炉内反应成渣情况,将枪位在 ±100mm 范围内调整,以强化高枪位化渣效果。倒完前期渣之后,加入 500 ~ 800kg 轻烧白云石,同时加入余下所需的石灰,控制分批,均衡加入,避免炉渣状况剧烈变化。这种模式使熔池表面快速形成了氧气 - 熔渣 - 金属的乳浊液,炉渣均匀化透的时间大为缩短,同时抑制了冶炼进程中熔池温度的急剧升高,有利于进一步增强脱磷效果。多炉次生产数据显示,脱磷率可达到 70% 以上,基本与顶吹转炉的脱磷率相当,这说明上述操作工艺是合理的。图 5 - 36 所示为复吹转炉改进操作后的脱磷率与顶吹转炉脱磷率的对比情况。

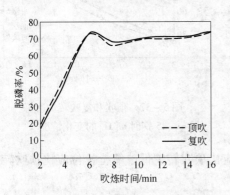

图 5 - 36 复吹与顶吹工艺的脱磷率

5.3.3.3　底部供气调整

炼钢过程中底部供气增强了对熔池的搅拌，使钢-渣反应界面增加，良好的动力学和热力学条件（即吹入气体的降温效应）以及均匀温度、成分的作用均增强了前期脱磷的效果。根据实际生产情况摸索出，生产 45 钢时底吹气体的压力以控制在 0.3MPa 为宜。

5.3.3.4　终点控制

当供氧时间达到 13min 左右时进行第一次倒炉测温、取样，将温度稳定在 1610 ~ 1640℃范围内，$w[C] = 0.75\% ~ 1.00\%$，$w[P] = 0.015\% ~ 0.030\%$。值得注意的是，由于倒炉时碳含量较高，炉渣易还原，为稳定脱磷效果、防止回磷，其措施是将终渣碱度控制在 3.5 ~ 4.0 之间，同时倒炉时间要短，避免因炉渣凝结成块而给测温、取样等工作带来困难。

转炉完成第一次倒炉测温、取样操作后，依据每供氧 2s 去除 $w[C] = 0.010\% ~ 0.015\%$ 的速率进行吹氧。若温度、磷含量偏高，应及时加入矿石、石灰并适当改变枪位。当补吹氧时间达到 70 ~ 120s 时进行第二次倒炉测温、取样，此时钢水成分范围为 $w[C] = 0.25\% ~ 0.40\%$、$w[P] \leqslant 0.026\%$，温度达到 1660 ~ 1675℃即可安排出钢。在第一次倒炉 $w[P]$ 不高时，补吹完毕之后应快速组织出钢。

为控制出钢过程下渣量，采用出钢终了前加挡渣球的方法，可控制渣层厚度小于 100mm，能有效地防止回磷。在出钢过程中加入沥青焦炭以及采用向罐内钢水喂碳线微调碳含量的工艺技术，可将钢水中的 $w[O]$ 控制在（$0.42\% \pm 0.02\%$）的范围水平，从而保证了钢水质量的稳定。

5.3.4　冶炼钢水的质量分析

钢水中 $w[O]$ 是否合适会影响到连铸能否顺利浇注，其同时也是成品钢材获得良好质量性能的重要保证。在合金加入方式及用量不做调整的情况下，分析多炉次钢水到精炼工序时测定的氧含量数据显示，在底部供气正常的条件下，复吹转炉与顶吹转炉相比，在终点碳含量相近的情况下，复吹工艺降低了 45 钢中的 $w[O]$（降低了 $(10 ~ 15) \times 10^{-6}$），提高了钢水的质量，复吹转炉完全能够满足 45 钢的质量要求。图 5 - 37 所示为顶吹和复吹转炉冶炼 45 钢时 $w[O]$ 的变化情况。

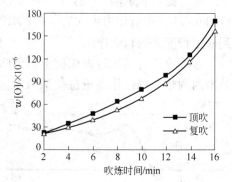

图 5 - 37　顶吹和复吹转炉冶炼
45 钢时 $w[O]$ 的变化情况

5.3.5　冶炼效果

（1）冶炼 45 钢时，与顶吹转炉相比，复吹转炉倒初期渣的时间应延长 0.5 ~ 1min。

（2）采用复吹转炉冶炼 45 钢时，供氧流量应比顶吹转炉低，氧枪枪位应比顶吹转炉高 200mm 左右。

（3）在终点碳含量相同的条件下，复吹转炉冶炼 45 钢的氧含量比顶吹转炉的低。

复习思考题

5-1　什么是顶底复合吹炼工艺，它与顶吹工艺相比有哪些特点？

5-2　复吹工艺有哪几种类型？

5-3　复吹转炉对底部供气元件有哪些要求，供气元件结构有什么特点？

5-4　如何考虑复吹转炉底部供气元件的数量与安装位置？

5-5　怎样考虑复吹转炉底部供气气源的选择，其应用情况是怎样的？

5-6　复吹转炉底部可供气源各有什么特点？

5-7　确定复吹转炉底部供气强度的原则是怎样的？

5-8　什么是复吹工艺的底部供气模式？

5-9　底部供气元件为什么会损坏？

5-10　底部供气元件端部的炉渣-金属蘑菇头是怎样形成的？

5-11　炉渣-金属蘑菇头有哪些特点？

5-12　从哪些方面来维护复吹转炉的底部供气元件？

任务6 转炉炉衬维护操作

6.1 任务描述

（1）转炉每炼完一炉钢后，炼钢工都要检查炉衬侵蚀情况，决定是否需要进行补炉操作。

（2）转炉进入中期炉，要隔一炉做一次溅渣护炉操作；进入后期炉，每炉都要进行溅渣护炉操作。

（3）对侵蚀严重而又难补的耳轴部位，视侵蚀程度还可进行喷补和人工贴补。

（4）对侵蚀严重的出钢口、装料侧部位，可进行人工投补。

（5）对侵蚀严重的出钢口，要整体更换。

6.2 相关知识

6.2.1 转炉用耐火材料

自氧气顶吹转炉问世以来，其炉衬的工作层都是用碱性耐火材料砌筑的。曾经用白云石质耐火材料制成焦油结合砖，炉龄一般为几百炉。直到20世纪70年代，兴起了以死烧或电熔镁砂和炭素材料为原料，用各种碳质结合剂制成的镁炭砖。镁炭砖抗渣性强、导热性能好，避免了镁砂颗粒产生热裂；同时由于有结合剂固化后形成的碳网络，将氧化镁颗粒紧密牢固地连接在一起。用镁炭砖砌筑转炉内衬大幅度提高了炉衬使用寿命，再配合适当的维护方式，炉衬寿命可达到万炉以上。

6.2.1.1 转炉内衬用砖

顶吹转炉的内衬是由绝热层、永久层和工作层组成的。绝热层一般用石棉板或耐火纤维砌筑，永久层用焦油白云石砖或者低档镁炭砖砌筑，工作层都是用镁炭砖砌筑的。转炉的工作层与高温钢水和熔渣直接接触，受到高温熔渣的化学侵蚀以及钢水、熔渣和炉气的冲刷，还受到加废钢时的机械冲撞等，工作环境十分恶劣。在冶炼过程中由于各个部位的工作条件不同，因而工作层各部位的蚀损情况也不一样。针对这一情况，应视其损坏程度砌筑不同的耐火砖，容易损坏的部位砌筑高档镁炭砖，损坏较轻的地方可以砌筑中档或低档镁炭砖，这样整个炉衬的蚀损情况较为均匀，这就是所谓的综合砌炉。炉衬材质性能及使用部位如表6-1所示。转炉内衬砌砖情况如下：

（1）炉口部位。炉口部位温度变化剧烈，熔渣和高温废气的冲刷比较厉害，在加料和清理残钢、残渣时炉口受到撞击。因此，用于炉口的耐火砖必须采用具有较高抗热震性和抗渣性、耐熔渣和高温废气冲刷且不易粘钢，即便粘钢也易于清理的镁炭砖。

（2）炉帽部位。炉帽部位是受熔渣侵蚀最严重的部位，同时还受热震的影响和含尘废气的冲刷，故应使用抗渣性强和抗热震性好的镁炭砖。此外，当炉帽部位不便砌筑绝热层时，可在永久层与炉壳钢板之间填筑镁砂树脂打结层。

表6-1 炉衬材质性能及使用部位

炉衬材质	气孔率/%	体积密度/g·cm⁻³	常温耐压强度/MPa	高温抗折强度/MPa	使用部位
优质镁炭砖	2	2.82	38	10.5	耳轴、渣线
普通镁炭砖	4	2.76	23	5.6	耳轴、炉帽液面以上
复吹供气砖	2	2.85	46	14	复吹供气砖及保护砖
高强度镁炭砖	10~15	2.85~3.0	>40		炉底及钢液面以下
合成高钙镁砖	10~15	2.85~3.1	>50		装料侧
高纯镁砖	10~15	2.95	>60		装料侧
镁质白云石烧成砖	2.8	2.8	38.4		装料侧

（3）炉衬装料侧。炉衬装料侧除受吹炼过程熔渣和钢水喷溅的冲刷、化学侵蚀外，装入废钢和兑入铁水时的直接撞击与冲蚀还给该部位带来严重的机械性损伤，因此，该部位应砌筑具有高抗渣性、高强度、高抗热震性的镁炭砖。

（4）炉衬出钢侧。炉衬出钢侧基本上不受装料时的机械冲撞损伤，热震影响也小，主要是受出钢时钢水的热冲击和冲刷作用，损坏速度低于装料侧。当与装料侧砌筑同样材质的镁炭砖时，该部位砌筑厚度可稍薄些。

（5）渣线部位。渣线部位是在吹炼过程中，炉衬与熔渣长期接触受到严重侵蚀而形成的。在出钢侧，渣线的位置随出钢时间的长短而变化，大多数情况下并不明显。但在排渣侧就不同了，其受到熔渣的强烈侵蚀，再加上吹炼过程中其他作用的共同影响，衬砖损毁较为严重，需要砌筑抗渣性能良好的镁炭砖。

（6）两侧耳轴部位。两侧耳轴部位炉衬除受吹炼过程的蚀损外，其表面又无保护渣层覆盖，砖体中的碳极易被氧化并难以修补，因而损坏严重。所以，此部位应砌筑抗渣性能良好、抗氧化性能强的高级镁炭砖。

（7）熔池和炉底部位。熔池和炉底部位炉衬在吹炼过程中受钢水强烈的冲蚀，但与其他部位相比其损坏较轻，因此可以砌筑碳含量较低的镁炭砖或者焦油白云石砖。当采用顶底复合吹炼工艺时，炉底中心部位容易损毁，可以与装料侧砌筑相同材质的镁炭砖。

综合砌炉可以达到炉衬蚀损均衡，提高转炉内衬整体的使用寿命，有利于改善转炉的技术经济指标。图6-1和图6-2所示为日本两个厂家转炉综合砌筑炉衬的实例。

6.2.1.2 转炉出钢口用砖

转炉的出钢口除了受高温钢水的冲刷外，还受热震的影响，蚀损严重，其使用寿命与炉衬砖不能同步，经常需要热修理或更换，影响冶炼时间。改用等静压成型的整体镁炭砖出钢口，由于是整体结构，更换方便多了，而且材质改用镁炭砖，寿命得到大幅度提高；但仍不能与炉衬寿命同步，只是更换次数减少而已。表6-3所示为出钢口用镁炭砖的性能。

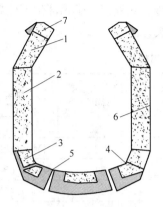

图 6 - 1　日本大分厂顶底复合吹炼转炉综合砌砖图

1—不烧镁炭砖（$w(C) = 20\%$，高纯度石墨，烧结镁砂）；2—不烧镁炭砖（$w(C) = 18\%$，高纯石墨，烧结镁砂）；3，4—不烧镁炭砖（$w(C) = 15\%$，普通石墨，烧结镁砂）；5—烧成镁炭砖（$w(C) = 20\%$，高纯石墨，电熔镁砂）；6—永久层为烧成镁砖；7—烧成 Al_2O_3 - SiC - C 砖

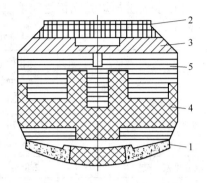

图 6 - 2　日新钢铁公司氧气转炉砌砖图

（图中 1~5 分别与表 6 - 2 中的材质编号相对应）

表 6 - 2　各种材质的性能

成分及性能	材质编号	1	2	3	4①	5	供气砖①
化学成分 /%	MgO	65.8	70.8	75.5	72.5	74.5	
	CaO	13.3	0.9	1.0	0.2	1.5	
	固定碳	19.2	14.2	20.2	20.2	20.5	25
	主要添加物			金属粉	金属粉	金属粉	金属粉，BN
体积密度/g·cm⁻³		2.82	2.86	2.84	2.87	2.85	2.88
显气孔率/%		4.7	3.7	3.7	3.0	3.0	1.0
抗折强度（1400℃）/MPa		4.8	4.4	12.9	15.2	14.6	17.7
回转抗渣试验蚀损指数（1700℃）		100	117	98	59	79	81

① 使用了部分电熔镁砂为原料。

表 6 - 3　出钢口用镁炭砖的性能

成分及性能	化学成分/%		显气孔率/%	体积密度/g·cm⁻³	常温耐压强度/MPa	常温抗折强度/MPa	抗折强度（1400℃）/MPa	加热 1000℃后		加热 1500℃后	
试样	MgO	固定碳						显气孔率/%	体积密度/g·cm⁻³	显气孔率/%	体积密度/g·cm⁻³
日本品川公司改进的镁炭砖	73.20	19.2	3.20	2.92	39.2	17.7	21.6	7.9	2.89	9.9	2.80
武汉钢铁学院整体出钢口砖	76.83	12.9	5.03	2.93							

6.2.2 炉衬寿命及其影响因素

6.2.2.1 炉衬的损坏

A 炉衬损坏的规律

氧气转炉在使用过程中，炉衬的损坏程度由重到轻依次排列为耳轴区、渣线、两个装料面、炉帽部位、熔池及炉底部位。在采用单一材质的合成高钙镁砖砌筑时，耳轴、渣线部位最先损坏而造成停炉，其次是装料侧。在采用镁炭砖砌筑时，炉役前期是以装料侧损坏最快，炉役后期则是耳轴区和渣线部位损坏得快。在炉底上涨严重时，耳轴侧炉帽部位也极易损坏，往往造成停炉。在耳轴出现的 V 形蚀损、装料侧出现的 O 形侵蚀都是造成停炉的原因。

B 炉衬损坏的特点

炉衬损坏具有如下特点：

（1）观察镁炭砖与烧成砖在开新炉后的状态可知，其工作面的状态是不一样的。开新炉后镁炭砖的工作面有一层 10~20mm 厚的"脱皮"蚀损，随着吹炼炉数的增加，炉衬表面逐渐光滑平整，砖缝密合严紧。烧成砖则棱角清晰，砖缝明显，在开炉温度高（高于1700℃）时出现大面积剥落、断裂损坏。采用铁水－焦炭烘炉法开新炉时，镁炭砖炉衬未出现过塌炉及大面积剥落和断裂现象，开炉是安全可靠的。

（2）随着吹炼炉数的增加，镁炭砖经高温碳化作用形成炭素骨架后，其强度大大提高，抗侵蚀能力越来越强。因此，在装料侧应采用镁炭砖砌筑，有利于装料侧炉衬寿命的提高。

（3）由于镁炭砖炉衬表面光滑，炉渣的涂层作用及补炉料的黏合作用欠佳。

（4）镁炭砖有气化失重现象，炉役末期，倾倒面（炉帽）易"抽签"，造成塌落穿钢，因此必须认真观察维护。

（5）由于镁炭砖表面光滑，砌完砖后频繁摇炉会导致倾倒面下沉，与炉壳间有 30~100mm 的间隙，容易发生熔化和粉化，造成出钢口不好，容易漏钢，炉壳粘钢严重，拆炉困难。

（6）镁炭砖不易水化，采用水泡炉衬拆炉时，倾倒面砌易水化砖可不必用拆炉机。

C 炉衬损坏的原因

在高温恶劣条件下工作的炉衬，其损坏的原因是多方面的，主要有以下几个：

（1）机械磨损。加废钢和兑铁水时对炉衬的激烈冲撞及钢液、炉渣的强烈搅拌，均造成机械磨损。

（2）化学侵蚀。渣中的酸性氧化物及（FeO）对炉衬产生化学侵蚀作用，炉衬氧化脱碳，结合剂消失，炉渣侵入砖中。

（3）结构剥落。炉渣侵入砖内与原砖层反应形成变质层，强度下降。

（4）热剥落。温度急剧变化或局部过热产生的应力引起砖体崩裂和剥落。

（5）机械冲刷以及钢液、炉渣、炉气在运动过程中对炉衬产生机械冲刷作用。

在吹炼过程中，炉衬的损坏是由上述各种原因综合作用引起的，各种作用相互联系。例如，机械冲刷把炉衬表面上的低熔点化合物冲刷掉，因而加速了炉渣对炉衬的化学侵蚀，而低熔点化合物的生成又为机械冲刷提供了易被冲刷掉的低熔点化合物；又如，高温作用既加速了化学侵蚀，又降低了炉衬在高温作用下承受外力作用的能力，而炉内温度急剧变化所造成的热应力又容易使炉衬产生裂纹，从而加速了炉衬的熔损与剥落。

D　镁炭砖炉衬的损坏机理

根据对使用后残砖的结构分析认为，首先，镁炭砖的损坏是由于工作炉衬的热面中碳氧化，并形成一层很薄的脱碳层。碳的氧化消失是由于不断地被渣中铁氧化物和空气中氧气氧化所造成的，而且碳溶解于钢液中或砖中的 MgO 对碳产生气化作用。其次，在高温状态下炉渣侵入脱碳层的气孔、低熔点化合物被熔化后形成的孔洞以及由于热应力变化而产生的裂纹之中。侵入的炉渣与 MgO 反应生成低熔点化合物，致使表面层发生质变并造成强度下降，在强大的钢液、炉渣搅拌冲击力的作用下逐渐脱落，从而造成了镁炭砖的损坏。

从操作实践中观察到，凡是高温过氧化炉次（温度高于 1700℃，$w(\mathrm{FeO}) > 30\%$），不仅炉衬表面上挂的渣全部被冲刷掉，而且进而侵蚀到炉衬的变质层上，炉衬就像脱掉一层皮一样，这充分说明高温熔损、渣中（FeO）的侵蚀是镁炭砖损坏的重要原因。

图 6-3 是镁炭砖损坏示意图。提高镁炭砖使用寿命的关键是提高砖制品的抗氧化性能。研究认为，镁炭砖出钢口是由于气相氧化、组织结构恶化、磨损侵蚀而被蚀损的。

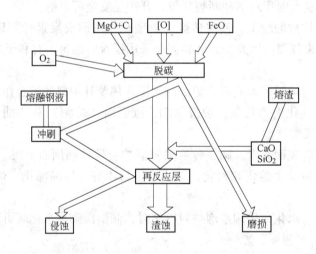

图 6-3　镁炭砖损坏示意图

6.2.2.2　影响炉衬寿命的因素

A　炉衬砖的材质

a　镁砂

镁炭砖的质量直接关系着炉衬使用寿命，而原材料的纯度是砖质量的基础。镁砂中 MgO 含量越高，杂质越少，可以降低方镁石晶体被杂质分割的程度，能够阻止熔渣对镁砂的渗透熔损。如果镁砂中杂质含量多，尤其是 B_2O_3 多，会形成 $2\mathrm{MgO \cdot B_2O_3}$ 等化合物，其熔点很低，只有 1350℃。由于低熔点相存在于方镁石晶粒中会将其分割成单个小晶体，从而促使方镁石向熔渣中流失，这样就会大幅度地降低镁砂颗粒的耐火度和高温性能。为此，用于制作镁炭砖的镁砂一定要严格控制 $w(B_2O_3)$ 在 0.7% 以下。我国的天然镁砂基本上不含 B_2O_3，因此在制作镁炭砖方面具有先天的优越性。

此外，从图 6-4 可以看出，随镁砂中 $w(SiO_2) + w(Fe_2O_3)$ 的增加，镁炭砖的失重率也增大。研究认为，在 1500~1800℃ 温度下，镁砂中的 SiO_2 先于 MgO 与 C 起反应，留下的孔隙使镁炭砖的抗渣性变差。试验指出，在 1500℃ 以下，镁砂与石墨中的杂质向 MgO 与 C 的界面聚集，随温度的升高，所生成的低熔点矿物层增厚；在 1600℃ 以上时，聚集于界面的杂质开始挥发，使砖体的组织结构松动恶化，从而降低了砖的使用寿命。

如果镁砂中 $w(CaO)/w(SiO_2)$ 过低，就会出现低熔点的含镁硅酸盐 CMS、C_3MS_2 等，并进入液相，从而增加了液相量，影响了镁炭砖的使用寿命。所以，保持 $w(CaO)/w(SiO_2) > 2$ 是非常必要的。

镁砂的体积密度和方镁石晶粒的大小，对镁炭砖的耐侵蚀性也具有十分重要的影响。将方镁石晶粒大小不同的镁砂制成镁炭砖，置于高温还原气氛中测定砖体的失重情况。试验表明，方镁石的晶粒直径越大，砖体的失重率越小，在冶金炉内的熔损速度也越慢，如图 6-5 所示。

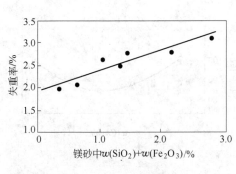

图 6-4　镁炭砖失重率与
镁砂杂质含量的关系

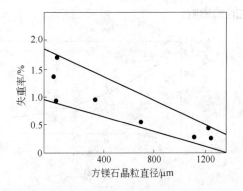

图 6-5　方镁石晶粒直径与
砖体失重率的关系

实践表明，砖体性能与镁砂有直接的关系。只有使用体积密度高、气孔率低、方镁石晶粒大、晶粒发育良好、高纯度的优质电熔镁砂，才能生产出高质量的镁炭砖。

b　石墨

在制砖的原料中已经讲过，石墨中杂质含量同样关系着镁炭砖的性能。研究表明，当石墨中 $w(SiO_2) > 3%$ 时，砖体的蚀损指数急剧增长。图 6-6 示出石墨中 SiO_2 含量与镁炭砖蚀损指数的关系。

c　其他材料

树脂及其加入量对镁炭砖也有影响。学者们用 80% 的烧结镁砂和 20% 的鳞片石墨为原料，以树脂碳为结合剂制成试样进行实验。结果表明，随树脂加入量的增加，砖体的显气孔率降低；当树脂加入量为 5%~6% 时，显气孔率急剧降低。而体积密度则随树脂加入量的增加而逐渐降低。其规律如图 6-7 所示。

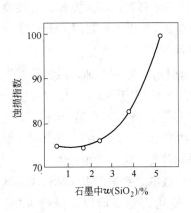

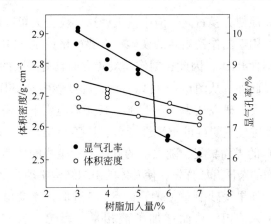

图 6-6　石墨中 SiO₂ 含量与
镁炭砖蚀损指数的关系

图 6-7　树脂加入量与砖体显气孔
率及体积密度的关系

　　加入金属添加剂是抑制镁炭砖氧化的手段。添加物的种类及加入量不同，对镁炭砖的影响也不相同，可以根据镁炭砖砌筑部位的需要加入不同的金属添加剂。图 6-8 所示为添加金属元素 Ca 对镁炭砖性能的影响，图 6-9 所示为加入金属添加剂 Al、Si 对镁炭砖性能的影响。

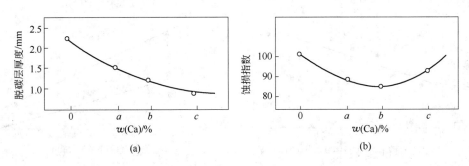

图 6-8　添加金属元素 Ca 对镁炭砖性能的影响
（a）脱碳层厚度与钙含量的关系（1400℃，3h）；
（b）蚀损指数与钙含量的关系

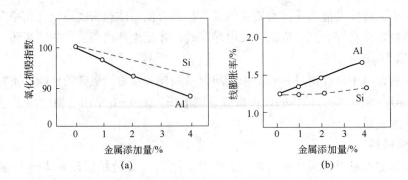

图 6-9　加入金属添加剂 Al、Si 对镁炭砖性能的影响
（a）Al 与 Si 添加量与镁炭砖氧化损毁指数的关系；
（b）Al 与 Si 添加量与镁炭砖线膨胀率的关系

从图 6-8 可以看出，随钙含量的增加，砖体的抗氧化性、耐侵蚀性等都有所提高；当钙含量超过一定范围时，耐侵蚀性有所下降。

抗渣实验表明，加钙的镁炭砖工作表面黏附着一层薄而均匀致密的覆盖渣层。在这个覆盖渣层下面的原砖表面发生反应 $MgO + Ca = CaO + Mg_{(g)}$，从而增强了覆盖渣层的性能，减少了镁蒸气的外逸。同时，在渣层与原砖之间形成 1~1.5mm 厚的致密的二次方镁石结晶层，因而大幅度地提高了砖体在低温、高温区域的抗氧化性能和在氧化气氛中的耐侵蚀性。添加钙的镁炭砖残余膨胀率低，因此也增强了镁炭砖的体积稳定性。所以，这种镁炭砖特别适合砌筑在转炉相当于氧枪喷嘴的部位和钢水精炼钢包的渣线部位。

加入金属添加剂 Si、Al 后，可以控制镁炭砖中石墨的氧化，特别是添加金属铝的效果尤为明显；但加铝后砖体的线膨胀率变化较大，砌筑时要留有足够的膨胀缝。研究认为，同时加入 Si、Al 时，若温度低于 1300℃，随 $w(Si)/w(Al)$ 值的降低（即 $w(Al)$ 的增加），砖体的抗氧化性增强；若温度高于 1300~1500℃，随 $w(Si)/w(Al)$ 值的升高（即 $w(Si)$ 的增加），砖体的抗氧化性也增强。所以在 1500℃ 时，其 $w(Si)/w(Al) = 1$，添加效果最佳。

添加金属镁有利于形成二次方镁石结晶的致密层，同样有利于提高镁炭砖的耐侵蚀性。

B 吹炼操作

铁水成分、工艺制度等对炉衬寿命均有影响。如铁水 $w[Si]$ 高，渣中 $w(SiO_2)$ 相应也高，渣量大，对炉衬的侵蚀、冲刷也会加剧。但铁水中 $w[Mn]$ 高对吹炼有益，能够改善炉渣流动性，减少萤石用量，有利于提高炉衬寿命。

吹炼初期炉温低，熔渣碱度值为 1~2，$w(FeO) = 10\% ~ 40\%$，这种初期酸性氧化渣对炉衬的蚀损势必十分严重。通过熔渣中 MgO 的溶解度，可以看出炉衬被蚀损的情况。

熔渣中 MgO 的饱和溶解度随碱度的升高而降低，因此在吹炼初期要早化渣、化好渣，尽快提高熔渣碱度，以减轻酸性渣对炉衬的蚀损。随温度升高，MgO 的饱和溶解度增加，温度每升高约 50℃，MgO 的饱和溶解度即增加 1.0% ~ 1.3%。当碱度值为 3 左右、温度由 1600℃ 升高到 1700℃ 时，MgO 的饱和溶解度由 6.0% 增加到约 8.5%。所以，要控制出钢温度不过高，否则也会加剧炉衬的损坏。图 6-10 所示为熔渣碱度和 (FeO) 含量与 MgO

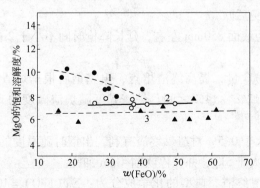

图 6-10 熔渣碱度和 (FeO) 含量与 MgO 饱和溶解度的关系（1650℃）

1—碱度值为 1.2~1.5，$w(MnO) = 22\% ~ 29\%$；

2—碱度值为 2.5~3.0，$w(MnO) = 20\% ~ 26\%$；

3—碱度值为 2.5~3.4，$w(MnO) = 3\% ~ 7\%$

饱和溶解度的关系，由图可知，在高碱度炉渣中，FeO 对 MgO 饱和溶解度的影响不明显。

6.2.2.3　提高炉衬寿命的措施

从对炉衬寿命影响因素的分析来看，提高炉龄应从改进炉衬材质、系统优化炼钢工艺、加强对炉衬的维护等方面着手。

A　改进炉衬材质

氧气转炉炉衬从砌筑焦油白云石砖到高镁白云石砖、轻烧油浸砖发展到今天，已经普遍使用镁炭砖。镁炭砖具有耐火度高、抗渣性强、导热性好等优点，所以炉衬寿命得到大幅度的提高。

此外，采用综合砌炉使炉衬的蚀损均衡，炉龄也有一定的提高。

B　系统优化炼钢工艺

提高炉衬使用寿命，除了改进炉衬材质外，在工艺操作上也采取了相应的措施。从根本上来讲，应该系统优化炼钢工艺，采用铁水预处理→转炉冶炼→炉外精炼→连续铸钢的现代化炼钢模式生产钢坯。这样，进入转炉的是精料，炉外钢水精炼又可以承担传统转炉炼钢的部分任务；实现少渣操作工艺后，转炉只是进行脱碳升温，不仅缩短了冶炼周期，更重要的是减轻了酸性高氧化性炉渣对炉衬的侵蚀。例如，1991 年日本五大钢铁公司的铁水预处理比达 85% ~90%，到 1996 年转炉已经有 90% 的钢水进行炉外精炼，所以，日本的转炉炉龄在世界范围内提高幅度较大。转炉实现过程自动控制，提高终点控制命中率的精度，也可以减轻对炉衬的蚀损。转炉应用复吹技术和活性石灰，不仅可加快成渣速度，缩短冶炼时间，还可降低渣中 $w(TFe)$，从而减轻了对炉衬的蚀损。

C　粘渣补炉工艺

氧气转炉在吹炼过程中，两个大面和耳轴部位损坏十分严重，堆补两个大面的补炉料消耗非常大，耳轴部位难以修补。粘渣补炉工艺既提高了炉衬寿命，又降低了耐火材料消耗。

a　粘渣补炉工艺操作

（1）终点渣的控制。造好黏终渣的关键是吹炼后期的操作，要掌握好如下要点：

1）终点温度控制在中上限，而出钢温度则通过加入石灰石或石灰调在下限。终点碳含量按上限控制，并避免后吹。

2）降低枪位使之距液面 850mm 左右，延长降枪时间不小于 2min，使渣中 $w(FeO)$ 控制在 10% ~12% 范围内。

3）增加渣中 (MgO) 含量，提高终渣熔点，出完钢后根据炉渣情况加入适量菱镁石，把终渣 $w(MgO)$ 控制在 12% ~14% 之间。炉渣黏度随炉渣碱度的升高而增加，炉渣碱度一般控制在 3.4 ~3.5。

4）铁水中锰含量大于 0.5% 对造黏终渣有利，出钢时随温度的下降，炉渣迅速变黏。每吨钢萤石加入量不应大于 5kg，并在停吹前 4min 加完。

按上述要求造出的黏终渣，典型的化学成分为：$\Sigma w(FeO) = 10\%$，$w(MgO) = 13\%$，碱度 $R = 3.6$。

（2）补炉工艺。

1）补大面。粘渣补炉的前一炉冶炼按照黏终渣要点进行，在倒炉取样时倒出上层稀泡沫渣。出钢后先堵出钢口，使黏终渣留在大面上，其厚度不超过 150mm；同时要避免炉渣集中在炉底或出钢口附近，以防下炉出钢时钢液出不尽。冷却时间应大于 2h，这样才能兑铁水继续吹炼下一炉钢。吹炼后期用粘渣补炉时，要用补炉后的第一炉来造黏终渣。此渣中（MgO）的含量较高，熔点也较高，留渣厚度可达 200mm，冷却时间需大于 2h。

2）补后接缝。一般在补炉后的第一炉造黏终渣，并根据补炉位置向后摇炉，将黏终渣留在需要补的接缝部位，冷却时间要大于 2.5h。在出钢后往炉内加入一定数量的菱镁石，向后摇炉，将后接缝用黏终渣补上。

（3）注意问题。

1）需要补炉的炉次应按其要点造好黏终渣，严禁用低碳钢种的终渣补炉。

2）留渣厚度要适宜并铺严，加入菱镁石的块度应小于 30mm 且不能过多，以免化不透而造成炉底堆积。冷却时间应在 2~2.5h 之间。

3）留渣补炉多次、大面有凹处时，应用少量补炉料填平。大面过厚或出钢口周围上涨时，应向炉后倒渣并出尽钢水。留渣补炉后第一炉应加入轻型废钢。

b 后期加入白云石的粘渣补炉操作

大量的生产实践表明，开吹时一次加入白云石工艺，过程渣中（MgO）过饱和，渣中有未熔石灰块，终渣做不黏，不易挂炉；而后期加入白云石则取得了较好的效果。

（1）白云石的加入及效果。

1）根据铁水硅含量和装入量，按炉渣碱度 $R = 3.0$ 计算石灰总加入量 $W_{石灰}$，取白云石总加入量 $W_{白云石} = 1/3W_{石灰}$。将 $5/6W_{白云石}$ 在开吹时与头批渣料一起加入，余下的 $1/6W_{白云石}$ 在终点前 4~5min 加入炉内。

2）后期加入部分白云石，过程渣碱度提高得快，终渣碱度也高，吹炼过程具有较高的石灰熔化率。对过程渣的实测结果表明，后期加入部分白云石比开吹时一次加入白云石的炉渣黏度低 0.065Pa·s，过程渣流动性良好，终渣具有较高的黏度。在碱度高及（MgO）基本饱和的后期渣中，通过补加少量白云石可迅速形成（MgO）过饱和黏渣，在氧气流股的冲击下喷溅起来的黏稠渣滴均匀地铺满整个炉身，并在倒炉时黏附于前后两个大面，形成有效的涂渣层。其厚度除炉帽两侧两个 U 形带外，均已达到 100~250mm。其萤石单耗比开吹时一次加入白云石的降低 50%。

（2）白云石的加入方式。吹炼后期补加白云石是要保证吹炼前期和中期渣中（MgO）基本饱和而又不过饱和，仅在吹炼后期通过补加适量的白云石造成终渣（MgO）过饱和。欲使炉衬侵蚀量最小，白云石总加入量应稍多于 $2.82w[Si]W$（其中 W 为铁水量），这么多的白云石如果在吹炼前期一次加入，势必造成前期渣和中期渣中（MgO）过饱和，炉渣的流动性差、氧化性低，妨碍石灰熔化，中期渣返干；反之，减少白云石总加入量（小于 $2.82w[Si]W$），又会出现炉渣对炉衬的侵蚀。这就是一次加入白云石造渣的弊病。白云石的合理加入方式是：开吹时随头批渣料一次加入白云石 $2.5w[Si]W$，使前期和中期渣中（MgO）基本饱和而又不过饱和，化透过程渣；终点前 4~5min 补加白云石 $0.5w[Si]W$，迅速形成（MgO）过饱和的黏渣，以利于炉渣挂衬。终渣有极易做黏和可以做黏的良好条件。其极易做黏是由于终渣碱度高，渣中（MgO）早已基本饱和，此时补加少量白云石可使炉渣做黏。其可以做黏是由于终渣处于高温、高碱度阶段，炉渣已经化透，脱硫能力强，做黏后不会影响脱硫效果，后期补加白云石对炉内形成涂渣层具有明显效果。后期加入的白云石中的一部分在渣中直接转变为絮状方镁石，形成局部的高黏性，利于炉内涂渣层的形成。该涂渣层既是下炉冶炼过程中的炉衬保护层，又利于留渣法促进冶炼中快速成渣，减少萤石消耗量。

c　粘渣补炉机理

炉渣熔损炉衬，但同时又起到耐火材料作用（即补炉）。采用粘渣补炉，提高了渣中高熔点矿物的含量，通过摇炉使黏渣挂在衬砖表面上。黏渣与炉衬的黏结主要是由于黏渣与炉衬界面存在温度差，通过保温相互扩散，同类矿物重结晶（如 $2CaO \cdot SiO_2$、MgO、$3CaO \cdot SiO_2$ 等），使黏渣与炉衬成为一个整体。黏渣补炉的炉温不能低于 850℃，否则由于 $2CaO \cdot SiO_2$ 晶型转变，黏渣剥落，起不到补炉作用。在钢质量允许的条件下尽量造黏渣补炉，使废渣在炉内得到充分利用，节省了人力物力，经济效果也明显。

靠近炉衬表面黏渣的熔点高，相当于耐火材料，可抵抗炉渣的侵蚀，保护炉衬。

D　炉衬的喷补

粘渣补炉技术不可能在炉衬表面的所有部位都均匀地涂挂一层熔渣，尤其是炉体两侧耳轴部位无法挂渣，从而影响了炉衬整体使用寿命。所以，在粘渣护炉的同时还需配合炉衬喷补。

炉衬喷补是通过专门设备将散状耐火材料喷射到红热炉衬表面，进而烧结成一体，使损坏严重的部位形成新的烧结层，炉衬得到部分修复，可以延长其使用寿命。根据喷补料含水与否以及含水量多少，喷补方法分为湿法、干法、半干法及火法等。

喷补料是由耐火材料、化学结合剂、增塑剂等组成的。对喷补料的要求如下：

（1）有足够的耐火度，能够承受炉内高温的作用；

（2）喷补时喷补料能附着于待喷补的炉衬上，材料的反跳和流落损失要少；

（3）喷补料附着层能与待喷补的红热炉衬表面很好地烧结、熔融在一起，并具有较高的机械强度；

（4）喷补料附着层能够承受高温熔渣、钢水、炉气及金属氧化物蒸气的侵蚀；

（5）喷补料的线膨胀率或线收缩率要小，最好接近于零，否则会因膨胀或收缩产生应力致使喷补层剥落；

（6）喷补料在喷射管内流动通畅。

各国使用的喷补料不完全相同。我国使用冶金镁砂，常用的结合剂为固体水玻璃，即硅酸钠（$Na_2O \cdot nSiO_2$）、铬酸盐、磷酸盐（三聚磷酸钠）等。湿法和半干法喷补料的成分如表 6-4 所示。

表 6-4　喷补料的成分

喷补方法	喷补料成分/%			各种粒级所占比例/%		水分/%
	MgO	CaO	SiO2	>1.0mm	<1.0mm	
湿　法	91	1	3	10	90	15~17
半干法	90	5	2.5	25	75	10~17

下面分别介绍各种喷补方法：

（1）湿法喷补料。湿法喷补料的耐火材料为镁砂，结合剂三聚磷酸钠的含量为5%，其他添加剂成分为：膨润土5%，萤石粉1%，羧甲基纤维素0.3%，沥青粉0.2%，其中水分为20%~30%。湿法喷补料的附着率可达90%，喷补位置随意，操作简便；但是喷补层较薄（每次只有20~30mm），粒度构成较细，水分较多，耐用性差，准备泥浆工作也较复杂。

（2）干法喷补料。干法喷补料的耐火料中镁砂粉占70%，镁砂占30%，结合剂三聚磷酸钠的含量为5%~7%，其他添加剂成分为：膨润土1%~3%，消石灰5%~10%，铬矿粉5%。干法喷补料的耐用性好，粒度较大，喷补层较致密，准备工作简单；但附着率低，喷补技术也难掌握。随着结合剂的改进，多聚磷酸钠的采用，特别是速硬剂消石灰的应用，使附着率明显改善。这种速硬的喷补料几乎不需烧结时间，补炉之后即可装料。

（3）半干法喷补料。半干法喷补料中粒度小于4mm的镁砂占30%，小于0.1mm的镁砂粉占70%，结合剂三聚磷酸钠的含量为5%，速硬剂消石灰的含量为5%，其中水分为18%~20%。半干法喷补料在炉衬温度为900~1200℃时进行喷补。

（4）火法喷补料。火法喷补采用煤气-氧气喷枪，以镁砂粉和烧结白云石粉为基础原料，外加助熔剂三聚磷酸钠、氧化铁皮粉（粒度小于0.15mm）、转炉渣料（粒度小于0.08mm）和石英粉（粒度小于0.8mm）。将喷补料送入喷枪的火焰中，喷补料部分或大部分熔化。处于热塑状态或熔化状态的喷补料喷补到炉衬表面上，很易与炉衬烧结在一起。

在20世纪70年代初曾采用白云石、高氧化镁石灰或菱镁矿造渣，使熔渣中MgO含量达到过饱和，并遵循"初期渣早化，过程渣化透，终点渣做黏，出钢挂上"的造渣原则。由于熔渣中有一定的MgO含量，可以减轻初期渣对炉衬的侵蚀；出钢过程由于温度降低，方镁石晶体析出，终渣变稠，出钢后通过摇炉可使黏稠熔渣附挂在炉衬表面，形成熔渣保护层，从而延长了炉衬使用寿命，炉龄有所提高。例如，1978年日本君津钢厂转炉炉龄曾突破1万炉次，创造了当时世界最高纪录。

6.2.3 溅渣护炉技术

溅渣护炉的基本原理是：利用MgO含量达到饱和或过饱和的炼钢终点渣，通过高压氮气的吹溅，在炉衬表面形成一层高熔点的溅渣层，并与炉衬很好地烧结附着。这个溅渣层耐蚀性较好，从而保护了炉衬砖，减缓其损坏程度，炉衬寿命得到提高。进入20世纪90年代，继白云石造渣之后，美国开发了溅渣护炉技术。其工艺过程主要是在吹炼终点钢水出净后，留部分MgO含量达到饱和或过饱和的终点熔渣，通过喷枪在熔池理论液面以上0.8~2.0m处吹入高压氮气，熔渣飞溅黏附在炉衬表面，同样可形成熔渣保护层。通过喷枪上下移动可以调整溅渣的部位，溅渣时间一般为3~4min。图6-11为转炉溅渣示意图。有的厂家溅渣过程已实现计算机自动控制。这种溅渣护炉技术配以喷补技术，使炉龄得到极大的提高。例如，美国LTV钢公司印第安纳港厂两座252t顶底复合吹炼转炉，自1991年采用了溅渣护炉技术及相关辅助设施维护炉衬，提高了转炉炉龄和利用系数，并降低了钢的成本，效果十分明显；1994

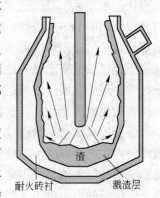

图6-11 转炉溅渣示意图

年，其创造了 15658 炉次/炉役的纪录，连续运行 1 年零 5 个月；到 1996 年，炉龄达到 19126 炉次/炉役。

我国于 1994 年开始立项开发溅渣护炉技术，并于 1996 年 11 月将其确定为国家重点科技开发项目。通过研究和实践，国内各钢厂现已广泛应用溅渣护炉技术，并取得了明显的成果。

溅渣护炉用终点熔渣的成分、留渣量、溅渣层与炉衬砖烧结、溅渣层的蚀损以及氮气压力与供氮强度等，都是溅渣护炉技术的重要内容。

6.2.3.1　熔渣的性质

A　合适的熔渣成分

溅渣用熔渣成分的关键是碱度、TFe 和 MgO 含量，终点渣碱度一般在 3 以上。TFe 含量的多少决定了渣中低熔点相的数量，对熔渣的熔化温度有明显影响。当渣中低熔点相的数量达 30% 时，熔渣的黏度急剧下降；随温度的升高，低熔点相的数量也会增加，只是熔渣黏度变化较为缓慢而已。若熔渣 TFe 含量较低，低熔点相的数量少，高熔点固相的数量多，熔渣黏度随温度的变化十分缓慢。这种熔渣溅到炉衬表面上，可以提高溅渣层的耐高温性能，对保护炉衬有利。

终点渣 TFe 含量的高低取决于终点碳含量及是否后吹。若终点碳含量低，渣中 TFe 含量相应就高，尤其是当出钢温度高于 1700℃ 时，会影响溅渣效果。

熔渣成分不同，MgO 的饱和溶解度也不一样。可以通过有关相图查出其溶解度的大小，也可以通过计算得出。实验研究表明，随着熔渣碱度的提高，MgO 的饱和溶解度有所降低，当 $R \leqslant 1.5$ 时，MgO 的饱和溶解度高达 40%；随着渣中 TFe 含量的增加，MgO 的饱和溶解度也有所变化。

通过首钢三炼钢厂 80t 转炉的实践研究认为，终点温度为 1700℃ 时，炉渣 MgO 的饱和溶解度在 8% 左右，随碱度的升高，MgO 饱和溶解度有所下降；但在高碱度下，渣中 TFe 含量对 MgO 饱和溶解度的影响不明显。

B　熔渣的黏度

熔渣的黏度是其重要性质之一。黏度是熔渣内部各运动层间产生内摩擦力的体现，摩擦力大，熔渣的黏度就大。溅渣护炉对终点熔渣的黏度有特殊要求，要达到"溅得起，粘得住，耐侵蚀"。因此，黏度不能过高，以利于熔渣在高压氮气的冲击下，渣滴能够飞溅起来并黏附到炉衬表面；黏度也不能过低，否则溅射到炉衬表面的熔渣容易滴淌，不能很好地与炉衬黏附形成溅渣层。正常冶炼的熔渣黏度值最好在 0.02~0.1Pa·s 范围内，相当于轻机油的流动性，比熔池金属的黏度高 10 倍左右。溅渣护炉用终点渣的黏度要高于正常冶炼的黏度，并希望随温度变化其黏度的变化更敏感些，以使溅射到炉衬表面的熔渣能够随温度降低而迅速变黏，溅渣层可牢固地附着在炉衬表面上。

熔渣的黏度与矿物组成和温度有关。熔渣组成一定时，提高过热度可使黏度降低。一般来讲，在同一温度下，熔化温度低的熔渣黏度也低。熔渣中固体悬浮颗粒的尺寸和数量是影响熔渣黏度的重要因素。CaO 和 MgO 具有较高的熔点，当其含量达到过饱和时，会以固体微粒的形态析出，使熔渣内摩擦力增大，导致熔渣变黏，其黏稠的程度视微粒的数量而定。

在 TFe 含量不同的熔渣中，MgO 含量对溅渣层熔渣初始流动温度的影响如图 6 - 12 所示。

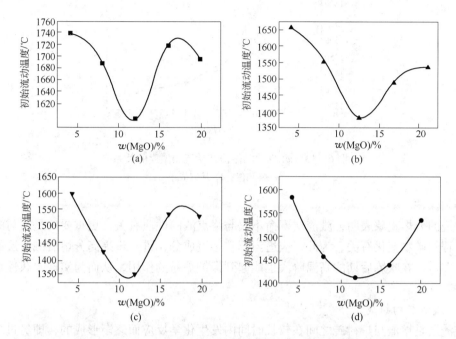

图 6 - 12 MgO 含量对溅渣层熔渣初始流动温度的影响

(a) $w(TFe) = 9\%$；(b) $w(TFe) = 15\%$；(c) $w(TFe) = 18\%$；(d) $w(TFe) = 22\%$

由图可知，当 $w(MgO)$ 在 4% ~ 12% 范围内变动时，随着 MgO 含量的增加，熔渣初始流动温度下降；当 MgO 含量继续升高并大于 12% 以后，随 MgO 含量的提高，初始流动温度又开始上升。TFe 含量越低，对 MgO 含量的影响越大。

实践表明，对不同熔渣，TFe 含量都存在一个熔渣流动性剧烈变化区，在这个区域内，MgO 含量的微小变化就会引起熔渣初始流动温度发生很大的变化。

当熔渣碱度值在 2.0 ~ 5.0 范围时，MgO 含量对熔渣流动性的影响不大。

当渣中 $w(TFe)$ 从 9% 提高到 30% 时，熔渣初始流动温度从 1642℃ 降低到 1350℃，变化幅度很大；当 $w(TFe) = 14\%$ ~ 15% 时，是初始流动温度变化的转折点；当渣中 $w(TFe) < 15\%$ 时，随 TFe 含量的降低，初始流动温度明显提高；当渣中 $w(TFe) > 20\%$ 时，随 TFe 含量的降低，初始流动温度的变化并不明显，如图 6 - 13 所示。

6.2.3.2 溅渣护炉的机理

A 溅渣层的分熔现象

实践与研究结果表明，附着于炉衬表面的溅渣层其矿物组成不均匀，当温度升高时，溅渣层中的低熔点相首先熔化，与高熔点相分离，并缓慢地从溅渣层流淌下来；而残留于炉衬表面的溅渣层为高熔点矿物，这样反而提高了溅渣层的耐高温性能，这种现象就是炉渣的分熔现象，也称选择性熔化或异相分流。在反复的溅渣过程中溅渣层存在着选择性熔化，使溅渣层 MgO 结晶和 C_2S 等高熔点矿物逐渐富集，从而提高了溅渣层的抗高温性能，

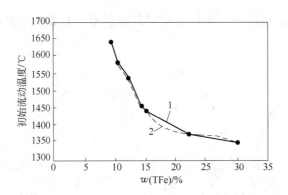

图 6 – 13　$w(TFe)$ 与熔渣初始流动温度的关系
1—实测值；2—回归值

炉衬得到保护。

炉渣的分熔现象表明，溅渣层寿命不仅与终点渣的性质有关，更重要的是还与溅渣层分熔过程的矿物变化有关。为此，应适当调整熔渣成分，进一步提高分熔后溅渣层的熔化温度，即便是在吹炼后期的高温阶段也能起到保护炉衬的作用，从而为实现永久性炉衬提供条件。

　　B　溅渣层的组成

溅渣层是熔渣与炉衬砖之间在较长时间内发生化学反应而逐渐形成的，即经过多次溅渣 – 熔化 – 溅渣的往复循环。由于溅渣层表面的分熔现象，低熔点矿物被下一炉次高温熔渣熔化而流失，从而形成高熔点矿物富集的溅渣层。

终点渣 TFe 含量控制对溅渣层的矿物组成有明显影响。采用高铁渣溅渣工艺时，终点渣 $w(TFe) > 15\%$，由于渣中 TFe 含量高，溶解了炉衬砖上的大颗粒 MgO，使之脱离炉衬砖体进入溅渣层。此时溅渣层的矿物组成以 MgO 结晶为主相，占 50% ~ 60%；其次是镁铁矿物 $MF(MgO \cdot Fe_2O_3)$，其为胶合相，约占 25%；还有少量的 C_2S、$C_3S(3CaO \cdot SiO_2)$ 和 $C_2F(2CaO \cdot Fe_2O_3)$ 等矿物均匀地分布于基体中或填充于大颗粒 MgO 和 MF 晶团之间，因此，溅渣层 MgO 结晶含量远远大于终点熔渣成分。随着终渣 TFe 含量的增加，溅渣层中 MgO 相的数量将会减少，而 MF 相数量将会增加，导致溅渣层熔化温度降低，不利于炉衬的维护。因此，要求终点渣的 $w(TFe)$ 以控制在 18% ~ 22% 之间为宜。若采用低铁渣溅渣工艺，终点渣 $w(TFe) < 12\%$，溅渣层的主要矿物组成以 C_2S 和 C_3S 为主相，占 65% ~ 75%；其次是少量的小颗粒 MgO 结晶，C_2F、C_3F（$3CaO \cdot Fe_2O_3$）为结合相，生长于 C_2S 和 C_3S 之间；仅有微量的 MF 存在。与终点渣相比，溅渣层的碱度有所提高，而低熔点矿物成分有所降低。

　　C　溅渣层与炉衬砖黏结机理

生产实践与研究表明，溅渣层与镁炭砖炉衬的黏结机理如表 6 – 5 所示。

熔渣是多种成分的组合体。溅渣初始，流动性良好的高铁、低熔点熔渣首先被喷射到炉衬表面，熔渣 TFe 和 C_2F 沿着炉衬表面的显微气孔与裂纹的缝隙向镁炭砖表面脱碳层内部渗透与扩散，并与周围 MgO 结晶颗粒反应而烧结熔固在一起，形成了以 MgO 结晶为主相、MF 为胶合相的烧结层。如表 6 – 5(a) 所示，部分 C_2S 和 C_3S 也沿着衬砖表面的气孔与裂纹流入衬砖内，当温度降低时冷凝，与 MgO 颗粒镶嵌在一起。

表 6 - 5 溅渣层与镁炭砖炉衬的黏结机理

图 例	名 称	黏 结 机 理
渣滴 耐材 (a)	烧结层	由于溅渣过程的扬析作用，低熔点液态 C_2F 炉渣首先被喷溅在粗糙的镁炭砖表面，沿着 C 烧损后形成的孔隙向耐火材料基体内扩散，与周围高温 MgO 晶粒发生烧结反应，形成烧结层
耐材 (b)	机械镶嵌化学结合层	气体携带的颗粒状高熔点 C_2S 和 MgO 结晶渣粒冲击在粗糙的耐火材料表面，并被镶嵌在渣 - 砖表面上，进而与 C_2F 渣滴反应，烧结在炉衬表面上
渣层 耐材 (c)	冷凝溅渣层	以低熔点 C_2F 和 MgO 砖烧结层为纽带，以机械镶嵌的高熔点 C_2S 和 MgO 渣粒为骨架，形成一定强度的渣 - 砖结合表面；在此表面上继续溅渣，沉积冷却形成以 RO 相为结合相，以 C_2S、C_3S 和 MgO 相颗粒为骨架的溅渣层

继续溅渣操作，高熔点颗粒状矿物 C_2S、C_3S 和 MgO 结晶被高速气流喷射到炉衬的粗糙表面上，并镶嵌于间隙内，形成了以镶嵌为主的机械结合层；同时，富铁熔渣包裹在炉衬砖表面凸起的 MgO 结晶颗粒表面，或填充在已脱离砖体的 MgO 结晶颗粒周围，形成以烧结为主的化学结合层，如表 6 - 5(b)所示。

继续进一步溅渣，大颗粒的 C_2S、C_3S 和 MgO 飞溅到结合层表面并与其 C_3F 和 RO 相结合，冷凝后形成溅渣层，如表 6 - 5(c)所示。

高 TFe 溅渣工艺与低 TFe 溅渣工艺的溅渣层结构对比如表 6 - 6 所示。

表 6 - 6 高 TFe 溅渣工艺与低 TFe 溅渣工艺的溅渣层结构对比

特点 \ 工艺		高 FeO_x 炉渣	低 FeO_x 炉渣
相同点		物相结构相似，基本分为 5 层，即原始砖层、金属沉淀层、烧结层、结合层和新溅渣层；以砖表面脱碳层为基础形成烧结层，均以大颗粒 MgO 为主相；结合层以高熔点化合物为主，其成分、物相结构与终渣明显不同，熔点也明显提高；新溅渣层的成分、物相结构与终渣相近	
不同点	形貌特征	烧结层发达，烧结层与结合层的界面模糊	烧结层不发达，烧结层与结合层的界面清晰，结合层很致密
	岩相特征	烧结层以大颗粒 MgO 为主相，以 MF、C_2F 为胶合相；结合层以 MgO 结晶为主相，C_2S、C_3S 含量少	烧结层以大颗粒 MgO 为主相，以沿气孔渗入的 C_2S、C_3S 冷凝后与 MgO 晶体镶嵌为胶合相；结合层主要为 C_2S 和 C_3S，少量的小颗粒 MgO 结晶和 C_2F、RO 相均匀分布
	形成机理	以 MgO 与 FeO_x 化学烧结为主，形成烧结层和结合层	以 MgO 结晶与 C_2S、C_3S 机械镶嵌为主形成烧结层，以 C_2S 和 C_3S 冷凝沉积为主形成结合层

D　溅渣层保护炉衬机理

根据溅渣层物相结构分析了溅渣层的形成，推断出溅渣层对炉衬的保护作用有以下几方面：

（1）对镁炭砖表面脱碳层起到固化作用。吹炼过程中镁炭砖表面层的碳被氧化，使 MgO 颗粒失去结合能力，在熔渣和钢液的冲刷下，大颗粒 MgO 松动、脱落、流失，炉衬被蚀损。溅渣后，熔渣渗入并充填于衬砖表面脱碳层的孔隙内，或与周围的 MgO 颗粒反应，或以镶嵌固溶的方式形成致密的烧结层。由于烧结层的作用，衬砖表面大颗粒的镁砂不再松动、脱落、流失，从而防止了炉衬砖的进一步蚀损。

（2）减轻了熔渣对衬砖表面的直接冲刷蚀损。溅渣后在炉衬砖表面形成了以 MgO 结晶或 C_2S 和 C_3S 为主体的致密烧结层，这些矿物的熔点明显高于转炉终点渣，即使在吹炼后期的高温条件下也不易软熔、不易剥落，因而有效地抵抗了高温熔渣的冲刷，大大减轻了对镁炭砖炉衬表面的侵蚀。

（3）抑制了镁炭砖表面的氧化，防止炉衬砖体再受到严重的蚀损。溅渣后在炉衬砖表面形成的烧结层和结合层，其质地均比炉衬砖脱碳层致密，而且熔点高，这就有效地抑制了高温氧化渣、氧化性炉气向砖体内的渗透与扩散，防止镁炭砖体内部的碳被进一步氧化，从而起到保护炉衬的作用。

（4）新溅渣层有效地保护了炉衬 – 溅渣层的结合界面。新溅渣层在每炉的吹炼过程中都会不同程度地被熔损，但在下一炉溅渣时又会重新修补起来，如此往复循环地运行，所形成的溅渣层对炉衬起到了保护作用。

6.2.3.3　溅渣层的蚀损机理

研究认为，溅渣层渣面处的 TFe 是以 Fe_2O_3 形式存在的，并形成 C_2F 矿物；在溅渣层与镁炭砖结合处，Fe 以 FeO 形式固溶于 MgO 中，同时存在的矿物还有 C_2S，C_2F 已基本消失。由此推断，喷溅到衬砖表面的熔渣与镁炭砖发生如下反应：

$$(FeO) + C === Fe + CO_{(g)}$$
$$(FeO) + CO_{(g)} === Fe + CO_{2(g)}$$
$$2CaO \cdot Fe_2O_3 + CO_{(g)} === 2CaO + 2FeO + CO_{2(g)}$$
$$CO_{2(g)} + C === 2CO_{(g)}$$

由于 CO 从溅渣层向衬砖表面扩散，C_2F 中的 Fe_2O_3 逐渐被还原成 FeO，而 FeO 又能固溶于 MgO 之中，大大提高了衬砖表面结合渣层的熔化温度；倘若吹炼终点温度不过高，溅渣层不会被熔损，所以吹炼后期仍然能起到保护炉衬的作用。

在开吹 $3 \sim 5min$ 的冶炼初期，熔池温度较低（$1450 \sim 1500$℃），碱度低（$R \leqslant 2$），当 $w(MgO) = 6\% \sim 7\%$，即 MgO 接近或达到饱和值时，熔渣主要矿物组成几乎全部为硅酸盐，即镁硅石 C_3MS_2（$3CaO \cdot MgO \cdot 2SiO_2$）和橄榄石 CMS（$CaO \cdot [Mg,Fe,Mn]O \cdot SiO_2$）等，有时还有少量的浮氏体。若溅渣层的碱度高（$R \approx 3.5$），则主要矿物为硅酸盐 C_3S，其熔化温度较高。因此，初期熔渣对溅渣层不会有明显的化学侵蚀。

吹炼终点的熔渣碱度一般在 $3.0 \sim 4.0$ 之间，渣中 $w(TFe) = 13\% \sim 25\%$，MgO 含量波动较大，多数控制在 10% 左右，已超过饱和溶解度，其主要矿物组成是粗大的板条状

C_3S 和少量点球状或针状 C_2S，结合相为 C_2F 和 RO 等，占总量的 15% ~ 40%，MgO 结晶包裹于 C_2S 晶体中或游离于 C_2F 结合相中。终点是整个吹炼过程中炉温最高的阶段，虽然熔渣碱度较高，但 TFe 含量也高，所以吹炼后期溅渣层被蚀损的主要原因是高温熔化和高铁渣的化学侵蚀。因此，只有控制好终点熔渣成分和出钢温度才能充分发挥溅渣层保护炉衬的作用，这也是提高炉龄的关键所在。

一般转炉渣主要是由 $MgO - CaO - SiO_2 - FeO$ 四元系组成的。渣中有以 RO 相和 CF 等为主的低熔点矿物出现，它们在形成化合物时都不消耗或很少消耗 MgO，使渣中的 MgO 以方镁石结晶形态存在，熔渣的低熔点矿物以液相分布在方镁石晶体的周围并形成液相渣膜。在生产条件下，由于钢水和熔渣的冲刷作用，液相渣膜的滑移促使溅渣层的高温强度急剧下降，失去对炉衬的保护作用。所以，应控制终点渣碱度在 3.5 左右，$w(MgO)$ 达到或稍高于饱和溶解度值，降低 TFe 含量，这样可以使 CaO 和 SiO_2 富集于方镁石晶体之间，并生成 CS 和 C_3S 高温固相，从而减少了晶界间低熔点相的数量，提高了溅渣层的结合强度和抗侵蚀能力；但过高的 $w(MgO)$ 也没必要。应严格控制出钢温度不要过高。

6.2.3.4 溅渣护炉工艺

A 熔渣成分的调整

转炉采用溅渣护炉技术后，吹炼过程更要注意调整熔渣成分，要做到"初期渣早化，过程渣化透，终点渣做黏"，使出钢后熔渣能"溅得起，粘得住，耐侵蚀"。为此，应控制合理的 MgO 含量，使终点渣满足溅渣护炉的要求。

终点渣的成分决定了熔渣的耐火度和黏度。影响终点渣耐火度的主要因素是 MgO、TFe 含量和碱度 $w(CaO)/w(SiO_2)$。其中 TFe 含量波动较大，一般在 10% ~ 30% 范围内。为了使溅渣层有足够的耐火度，主要应调整熔渣的 MgO 含量。

炉渣的岩相研究表明，转炉终点渣的组成为高熔点矿物 C_3S 和 C_2S，两者数量之和可达 70% ~ 75%；C_2S 的熔化温度为 2130℃，而 C_3S 为 2070℃。低熔点矿物 CF（CaO·Fe_2O_3）的熔化温度为 1216℃，C_2F（2CaO·Fe_2O_3）稍高些，为 1440℃，RO 相的熔化温度也较低。当低熔点相的数量达 40% 时，炉渣开始流动。为了提高溅渣层耐火度，必须调整炉渣成分，提高 MgO 含量，减少低熔点相的数量。表 6 - 7 所示为终点渣 MgO 含量的推荐值。

表 6 - 7 终点渣 MgO 含量的推荐值　　　　　　　　　　　　　　　　　（%）

终渣 $w(TFe)$	8 ~ 11	15 ~ 22	23 ~ 30
终渣 $w(MgO)$	7 ~ 8	9 ~ 10	11 ~ 13

$MgO - FeO$ 固溶体的熔化温度可以达到 1800℃；同时 MgO 与 Fe_2O_3 形成的化合物又能与 MgO 形成固溶体，其固溶体在 Fe_2O_3 含量达 70% 时，熔点仍在 1800℃ 以上，两者均为高熔点耐火材料。倘若提高渣中 MgO 含量，就会形成连续的固溶体。从 $MgO - FeO$ 相图可知，当 $w(FeO) = 50\%$ 时，其熔点仍然很高。从理论分析与国外溅渣护炉实践来看，在正常情况下，转炉终点 MgO 含量应控制在表 6 - 7 所示的范围内，以使溅渣层有足够的

耐火度。

　　溅渣护炉对终点渣 TFe 含量并无特殊要求，只要把溅渣前熔渣中的 MgO 含量调整到合适的范围内，无论 TFe 含量高低都可以取得溅渣护炉的效果。例如，美国 LTV 钢公司、内陆钢公司以及我国宝钢公司等，转炉炼钢的终点渣 $w(TFe)$ 均在 18% ~ 27% 范围内，溅渣护炉的效果都不错。如果终点渣 TFe 含量较低，渣中 C_2F 量少，RO 相的熔化温度就高。在保证足够耐火度的情况下，渣中 MgO 含量可以降低些。终点渣 TFe 含量低的转炉溅渣护炉成本低，也容易获得高炉龄。

　　调整熔渣成分有两种方式：一种是在转炉开吹时将调渣剂随同造渣材料一起加入炉内，控制终点渣成分，尤其是控制 MgO 含量达到目标要求，出钢后不必再加调渣剂；倘若终点熔渣成分达不到溅渣护炉的要求，则采用另一种方式，即出钢后加入调渣剂，调整 $w(MgO)$ 达到溅渣护炉要求的范围。

　　调渣剂是指 MgO 质材料，常用的材料有轻烧白云石、生白云石、轻烧菱镁球、冶金镁砂、菱镁矿渣和高氧化镁石灰等。选择调渣剂时，首先考虑折算后的 MgO 含量，用 MgO 的质量分数来衡量。

$$MgO \text{ 的质量分数} = \frac{w(MgO)}{1 - w(CaO) + R \cdot w(SiO_2)}$$

式中，$w(MgO)$、$w(CaO)$、$w(SiO_2)$ 分别为调渣剂的 MgO、CaO、SiO_2 实际含量；R 为炉渣碱度。

　　不同的调渣剂，MgO 含量也不一样。常用调渣剂的成分列于表 6 - 8，可知 MgO 含量从高到低的次序是冶金镁砂、轻烧菱镁球、轻烧白云石、含 MgO 石灰、菱镁矿渣粒、生白云石等。如果从成本考虑，调渣剂应选择价格便宜的。从以上这些材料的对比来看，生白云石的成本最低，轻烧白云石和菱镁矿渣粒的价格比较适中，含 MgO 石灰、冶金镁砂、轻烧菱镁球的价格偏高。

表 6 - 8　常用调渣剂的成分　　　　　　　　　　　（%）

种　类	成　　分				
	CaO	SiO$_2$	MgO	灼减	MgO 的质量分数
生白云石	30.3	1.95	21.7	44.48	28.4
轻烧白云石	51.0	5.5	37.9	5.6	55.5
菱镁矿渣粒	0.8	1.2	45.9	50.7	44.4
轻烧菱镁球	1.5	5.8	67.4	22.5	56.7
冶金镁砂	8	5	83	0.8	75.8
含 MgO 石灰	8.1	3.2	15	0.8	49.7

　　此外，还应充分注意加入调渣剂后对吹炼过程热平衡的影响。表 6 - 9 列出了不同调渣剂的焓及其对炼钢热平衡的影响。

表 6 - 9　不同调渣剂的焓（$\Delta H = H_{1773\,\mathrm{K}} - H_{298\,\mathrm{K}}$）及其对炼钢热平衡的影响

项目　　　调渣剂种类	生白云石	轻烧白云石	菱镁矿	菱镁球	镁砂	氮气	废钢
焓/MJ·kg^{-1}	3.407	1.762	3.026	2.06	1.91	2.236	1.38
与废钢的热量置换比	2.47	1.28	2.19	1.49	1.38	1.62	1.0
与废钢的热当量置换比	11.38	3.36	4.77	2.21	1.66		

调渣剂与废钢的热当量置换比 I 为：

$$I = \frac{\Delta H_i}{w(\mathrm{MgO})_i \cdot \Delta H_s}$$

式中　ΔH_i——i 种调渣剂的焓，MJ/kg；

　　　ΔH_s——废钢的焓，MJ/kg；

　　　$w(\mathrm{MgO})_i$——i 种调渣剂中 MgO 的含量，%。

各钢厂可根据自己的情况选择一种调渣剂，也可以配合使用多种调渣剂。

B　合适的留渣量

合适的留渣量就是指在确保炉衬内表面形成足够厚度溅渣层的前提下，还能在溅渣后对装料侧和出钢侧进行摇炉挂渣。形成溅渣层的渣量可根据炉衬内表面积、溅渣层厚度和炉渣密度计算得出。溅渣护炉所需的实际渣量可按溅渣理论渣量的 1.1～1.3 倍进行估算。炉渣密度可取 3.5t/m³。公称吨位在 200t 以上的大型转炉，溅渣层厚度可取 25～30mm；公称吨位在 100t 以下的小型转炉，溅渣层厚度可取 15～20mm。留渣量的计算公式如下：

$$W = KABC$$

式中　W——留渣量，t；

　　　K——溅渣层厚度，m；

　　　A——炉衬内表面积，m²；

　　　B——炉渣密度，t/m³；

　　　C——系数，一般取 1.1～1.3。

不同公称吨位转炉的溅渣层重量如表 6 - 10 所示。

表 6 - 10　不同吨位转炉的溅渣层重量

溅渣层重量/t 　转炉吨位/t	溅渣层厚度/mm				
	10	15	20	25	30
40	1.8	2.7	3.6		
80		4.41	5.98		
140		8.08	10.78	13.48	
250		13.11	16.39	19.7	
300			17.12	21.4	25.7

C　溅渣工艺

a　直接溅渣工艺

直接溅渣工艺适用于大型转炉,要求铁水等原材料条件比较稳定,吹炼平稳,终点控制准确,出钢温度较低。其操作程序是:

(1) 吹炼开始时,在加入第一批造渣材料的同时加入大部分所需的调渣剂,控制初期渣 $w(MgO) \approx 8\%$,可以降低炉渣熔点并促进初期渣早化。

(2) 在炉渣返干期之后,根据化渣情况再分批加入剩余的调渣剂,以确保终点渣 MgO 含量达到目标值。

(3) 出钢时,通过炉口观察炉内熔渣情况,确定是否需要补加少量的调渣剂。在终点碳含量、温度控制准确的情况下,一般不需再补加调渣剂。

(4) 根据炉衬实际蚀损情况进行溅渣操作。

如美国 LTV 钢公司和内陆钢公司主要生产低碳钢,渣中 $w(TFe)$ 在 18% ~30% 范围内波动,终点渣中 $w(MgO) = 12\%$ ~15%,出钢温度较低,为 1620 ~1640℃,出钢后熔渣较黏,可以直接吹氮溅渣。

我国宝钢公司的生产条件和冶炼钢种与 LTV 钢公司相近,由于采用了复合吹炼工艺和大流量供氧技术,熔池搅拌强烈,终点渣 $w(TFe) \approx 18\%$,为适应溅渣需要,$w(MgO)$ 由 6.8% 提高到 10.3%,出钢温度为 1640 ~1650℃,终点一般不需调渣,可直接溅渣。

太钢二炼钢厂生产中、低碳钢,采用模铸或连铸工艺,出钢温度较低,模铸钢终点温度控制在 1640 ~1680℃,连铸钢为 1660 ~1700℃;采用高拉碳法操作,所以终点渣 $w(TFe)$ 在 10% ~20% 范围内波动,$w(MgO)$ 控制在 8% 左右,出钢后也是直接溅渣。

b　出钢后调渣工艺

出钢后调渣工艺适用于中小型转炉。由于中小型转炉的出钢温度偏高,熔渣的过热度也高;再加上原材料条件不够稳定,往往终点后吹、多次倒炉,致使终点渣 TFe 含量较高,熔渣较稀,MgO 含量也达不到溅渣的要求,因此其不适于直接溅渣。中小型转炉只得在出钢后加入调渣剂,改善熔渣的性质和状态,以达到溅渣的要求。用于出钢后的调渣剂,应具有良好的熔化性和高温反应活性、较高的 MgO 含量以及较大的焓,熔化后能明显、迅速地提高渣中 MgO 含量和降低熔渣温度,其吹炼过程与直接溅渣操作工艺相同。出钢后的调渣操作程序如下:

(1) 终点渣 $w(MgO)$ 控制在 8% ~10% 之间。

(2) 出钢时,根据出钢温度和观察到的炉渣状况决定调渣剂的加入数量,并进行出钢后的调渣操作。

(3) 调渣后进行溅渣操作。

出钢后调渣的目的是使熔渣 MgO 含量达到饱和值,提高其熔化温度;同时由于加入的调渣冷料吸热,从而降低了熔渣的过热度,提高了熔渣的黏度,以达到溅渣的要求。

若单纯调整终点渣 MgO 含量,只需加调渣剂调整 MgO 含量达到过饱和值,同时吸热降温稠化熔渣,以达到溅渣要求。如果同时调整终点渣 MgO 和 TFe 的含量,除需加入适量的含氧化镁调渣剂外,还要加入一定数量的含碳材料,以降低渣中 TFe 含量,也利于 MgO 含量达到饱和。例如,首钢三炼钢厂就曾进行加煤粉降低渣中 TFe 含量的试验。

D　溅渣工艺参数

溅渣工艺要求在较短的时间内将熔渣均匀地溅射涂敷在整个炉衬表面,并在易于蚀损而又不易修补的耳轴、渣线等部位形成厚而致密的溅渣层,使其得以修补,因此,必须确定合理的溅渣工艺参数。确定溅渣工艺参数的内容主要包括合理地确定喷吹氮气的工作压力与流量、确定最佳喷吹枪位以及设计溅渣喷枪的结构与尺寸参数。

炉内溅渣效果的好坏，可通过溅黏在炉衬表面的总渣量和在炉内不同高度上的溅渣量是否均匀来衡量。水力学模型试验与生产实践都表明，溅渣喷吹的枪位对溅渣总量有明显的影响，在同一氮压条件下有一个最佳喷吹枪位，当实际喷吹枪位高于或低于最佳枪位时，溅渣总量都会降低；熔渣黏度对溅渣总量也有影响，随熔渣黏度的增加，溅渣量明显减少。研究与实践还表明，在炉内不同高度上溅渣量的分布是很不均匀的，转炉耳轴以下部位的溅渣量较多，而耳轴以上部位随高度的增加溅渣量明显减少。

溅渣的时间要求在3min左右，应在炉衬的各部位形成一定厚度的溅渣层，最好采用溅渣专用喷枪。溅渣用喷枪的出口马赫数应稍高一些，这样可以提高氮气射流的出口速度，使其具有更高的能量，在氮气低消耗的情况下达到溅渣要求。不同马赫数时氮气出口速度与动量列于表6-11。我国多数炼钢厂溅渣与吹炼使用同一支喷枪操作。

表6-11 不同马赫数时氮气出口速度与动量

马赫数 Ma	滞止压力 /MPa	氮气出口速度 /m·s^{-1}	氮气出口动量 /kg·m·s^{-1}
1.8	0.583	485.6	606.4
2.0	0.793	515.7	644.7
2.2	1.084	542.5	678.1
2.4	1.488	564.3	705.4

通常，在确定溅渣工艺参数时，往往先根据实际转炉炉型参数及其水力学模型试验的结果，初步确定溅渣工艺参数；然后通过溅渣过程中炉内的实际情况不断地总结、比较、修正后，确定溅渣的最佳枪位、氮压与氮气流量；再针对溅渣中出现的问题修改溅渣的参数，逐步达到溅渣的最佳结果。

6.2.4 开新炉操作

开新炉操作的好坏对转炉炉衬寿命有很大影响。生产实践表明，新炉炉衬的侵蚀速度一般比炉子中、后期要快得多。开新炉操作不当会发生炉衬塌落现象，严重影响炉衬寿命及各项技术经济指标。因此，对开新炉的要求是：在保证烘烤、烧结好炉衬的基础上，要同时炼出合格的钢水。

6.2.4.1 开炉前的准备工作

为了顺利地炼好每一炉钢，在开炉前就要做好一切准备工作。开炉前应有专人负责对转炉工段设备做全面检查，内容包括：

(1) 认真检查炉衬的修砌质量，当采用下修法时，要特别注意检查炉底与炉身接缝处是否严密，否则开炉后容易发生漏钢事故。

(2) 检查转炉倾动机构是否能正常倾动、喷枪升降机构是否能正常升降、喷枪提升事故手柄是否处于备用状态、散状材料的各料仓及上料皮带机是否正常、开炉用料是否备好、电子秤及活动溜槽是否收放灵活。

（3）检查炉下车供电导轨是否正常、开动灵活，炉前、炉后挡火板及吹氩装置等设备的运转是否正常。

（4）检查烟气净化回收系统的风机、可调文氏管、汽化冷却设备等是否能够正常运行。

（5）检查并保证供水系统、喷枪、水冷炉口、烟罩、炉前和炉后挡火板、烟气净化系统等所用冷却水的压力和流量符合要求，所有管路应畅通无阻塞。

（6）检查并保证炉前所用测试仪表的读数显示正确可靠。

（7）检查喷枪与炉子、喷枪与供水和氧压等各项联锁装置（若喷枪下到炉内时炉子转不动，炉子不正（±30°），喷枪下不来；或高压水压低于某一数值、高压水温高于某一数值、氧气压力表压力小于某一数值时，喷枪应自动提升），使之保证灵活可靠。

（8）炉前所用的各种工具及材料必须准备并全。除样勺、钎子、铁锤、样模、铁锹等常用工具，硅铁、锰铁、铝等合金料，堵出钢口所用红泥、泥盘等用具和材料外，还必须把烧出钢口用的氧气胶皮管及氧管准备好，以便在打不开出钢口时可以及时吹氧烧熔，保证及时出钢。

检查试车工作必须做到认真细致，任何粗心大意都会给开炉操作带来困难，甚至发生意外事故。

在试车运转确认正常后，准备工作一切就绪，使设备处于运转或备用状态。

6.2.4.2　炉衬的烧结

开新炉的主要目的是迅速烧结炉衬，并使之加热到炼钢的温度，以利于吹炼的顺利进行。为了保证获得良好的烧结炉衬，开新炉操作必须符合炉衬砖升温过程中的强度变化规律。研究资料表明，焦油结合砖加热到 300℃ 左右时，大量挥发物开始逸出，砖体软化；在 400~500℃ 时，炉衬砖强度迅速下降；当温度上升到 500℃ 左右时，挥发物逸尽，砖体内石墨碳素骨架初步形成，砖体强度又迅速上升；而后当温度达到 1200℃ 时，由于砖体内低熔点物质的存在，衬砖强度又逐渐下降，降低的程度取决于砖内低熔点杂质含量的多少。石墨碳素骨架对炉衬的性能有很大影响，温度越高，石墨化越多，炉衬砖越牢固。焦油分解所形成的碳化物有很好的黏结力，特别是在高温下形成的石墨有更高的黏结力，把砖中的白云石颗粒黏结成一个整体，达到烧结的目的。保持炉衬的强度及其在烧结过程中的变化，主要的方法是在高温下使焦油转化为石墨。形成的石墨对炉衬的性能有很大影响，在提高炉龄方面起着重要作用。从这一情况出发，开新炉操作必须保证均匀升温，使炉衬砖的结合剂快速形成石墨碳素骨架，并使之形成一个具有一定强度的整体。

6.2.4.3　炉衬的烘烤

炉衬的烘烤就是将处于常温的转炉内衬砖加热烘烤至炼钢要求的高温。目前转炉的内衬全部采用镁炭砖砌筑，使用焦炭烘炉法。

焦炭烘炉的步骤如下：

（1）根据转炉吨位的不同，首先装入适量的焦炭、木柴，用油棉丝引火，立即吹氧使其燃烧，避免断氧。

（2）炉衬烘烤过程中，定时分批补充焦炭，适时调整氧枪位置和氧气流量，使其与焦炭燃烧所需的氧气量相适应，以使焦炭完全燃烧。

（3）烘炉过程要符合炉衬的升温速度，保证足够的炉衬烘烤时间，使炉衬具有一定厚度的高温层，以达到炼钢要求的高温。

（4）烘炉结束后，倒炉观察炉衬烘烤情况，并进行测温。

（5）烘炉前，可解除氧枪提升 - 氧气工作压力联锁报警，烘炉结束应及时恢复。

（6）复吹转炉在烘炉过程中，炉底应一直供气，只是比正常吹炼的供气量要少一些。

首钢 210t 转炉的烘炉实例如下：

（1）首先加入焦炭 3000kg，再加入木柴 800kg。

（2）用油棉丝火把点火，一经引火立即吹氧，不能断氧。开氧 5min 后，将罩裙降至距炉口 400mm 处。

（3）在 2h30min 内，氧气流量（标态）控制在 $10000m^3/h$，氧枪高度为 10 ~ 11m（距地面）。

（4）吹氧 40min 后，开始分批补充加入焦炭，每隔 15min 加入焦炭 500kg。

（5）2h30min 以后，氧气流量（标态）调整到 $12000m^3/h$，氧枪高度为 10m，每隔 15min 补加焦炭 600kg。焦炭加入后，氧枪控制在 9.5 ~ 11m 范围内，调节枪位 2 或 3 次。

（6）炉衬烘烤总时间不得少于 5h30min。

（7）烘炉结束后停氧，关上炉前挡火板，倒炉观察炉衬及出钢口等部位的烘烤质量及残焦情况，并进行测温，若符合技术要求即可装入铁水炼钢。

（8）因故停炉超过 2 天或炉龄小于 10 炉并停炉 1 天，均需按开新炉方式用焦炭烘炉，烘炉时间为 3h。不准用冷炉炼钢。

烘炉曲线如图 6 - 14 所示。

6.2.4.4 开新炉第 1 炉钢的吹炼操作

第 1 炉钢的吹炼操作也称开新炉操作。虽然炉衬经过了几个小时的烘烤，但只是内衬表面具有一些热量，而炉衬的内部温度仍然较低。第 1 炉钢的吹炼操作如下：

（1）第 1 炉钢不需加废钢，全部装入铁水。

（2）根据铁水成分配加造渣材料。由于炉衬温度较低，可以配加适量的 Fe - Si 或焦炭，以补充热源。

（3）根据铁水温度、所配加材料的数量及热平衡计算，确定出钢温度。

（4）出钢前检查出钢口。由于是新炉衬，再加上出钢口小，到吹炼终点拉碳后要快速组织出钢，否则钢水温降太大。

（5）开新炉的前 5 炉应连续炼钢，没有精炼设备不要冶炼优质钢种。

例如，首钢 210t 转炉规定如下：

（1）开新炉的第 1 炉只装 210t 铁水，当铁水中 $w[Si] < 0.40\%$ 时，可配加 Fe - Si 调整至 $w[Si] = 0.50\%$。

（2）氧气流量（标态）控制在 $37000m^3/h$，开始吹炼氧枪高度为 2.3 ~ 2.5m，吹炼过程枪位为 1.9 ~ 2.3m，终点降枪至 1.7m。

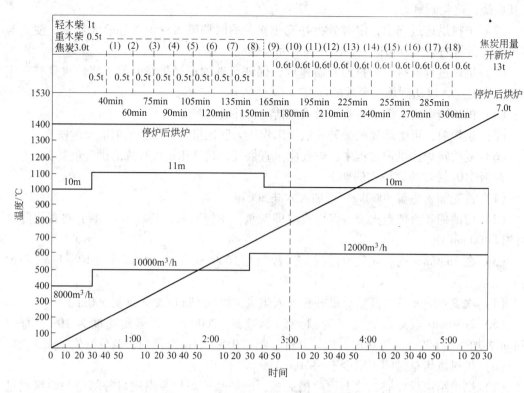

图 6 - 14　烘炉曲线

（3）开新炉的前 3 炉只能冶炼 20MnSi，出钢温度应控制在 1740 ~ 1750℃，钢水吹氩处理后浇注成小方坯。

（4）开新炉第 1 炉不回收煤气，但按正常吹炼进行降罩操作。

（5）此外还规定，开新炉后 100 炉以内不得计划封炉。

6.3　任务实施

6.3.1　转炉常用耐火材料的识别和选用

A　目的与目标

根据外形、尺寸、颜色、用途、成分等识别不同类型的耐火材料，并根据转炉不同部位正确选用耐火材料及补炉材料，以提高转炉使用寿命。

B　操作步骤或技能实施

a　转炉常用耐火材料的识别

（1）按外形尺寸识别。

1）标准砖。国家标准规定尺寸的典型标准砖如图 6 - 15 所示，常用尺寸为 230mm × 115mm × 100mm，其他尺寸还有 230mm × 115mm × 80（60）mm 等。

2）非标准砖。国家标准规定尺寸以外的耐火砖统称为非标准砖，如图 6 - 16 所示。

① 转炉用条形砖。其尺寸为 300mm × 100mm × 100(80, 60)mm。

② 转炉用楔形砖。楔形砖一般是指厚薄相同，但两头尺寸各异的耐火砖。其尺寸为

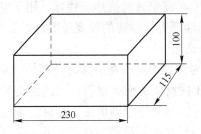

图 6-15 标准砖示意图

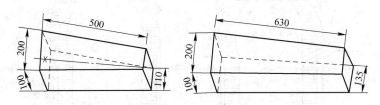

图 6-16 非标准砖示意图

$200(110)mm \times 500mm \times 100mm$、$200(135)mm \times 630mm \times 100mm$。

③ 异形砖。异形砖是指棱长、形状不规则的耐火砖。

3) 常用散状耐火材料。

① 镁砂。镁砂为黄色细粒（细粉），主要成分为 MgO（其含量不小于 85%），还含有少量杂质 SiO_2 和 CaO。它是砌筑碱性炉衬的重要材料之一，也可用作补炉料或用于制镁砂砖。镁砂的耐火度在 2000℃ 以上，有较好的抵抗炉渣侵蚀的能力；但其热稳定性差，导热量最大。

② 白云石。白云石为灰白色颗粒，主要成分为：$w(CaO)=52\% \sim 58\%$，$w(MgO) \geqslant 35\%$，杂质 $w(FeO)+w(Al_2O_3)=2\% \sim 3\%$，$w(SiO_2) \leqslant 1.5\%$。它也是砌筑碱性炉衬的重要材料之一，也可作为制砖材料（如焦油白云石砖）和补炉料。白云石的耐火度高于 2000℃，有较好的抗渣性，其热稳定性比镁砂好；但易潮解粉化。

③ 耐火泥。耐火泥的作用是在砌筑炉衬时填充砖缝，使砖体具有良好的紧密性，防止渗漏。它可分为黏土质、高铝质、硅质、镁质等。耐火泥在使用时应与耐火砖相匹配，两者应具有相同的化学成分和物理性质，以保证砌体的强度及两者不互相侵蚀。

（2）从外观识别。

1）硅质砖。硅质砖为酸性砖，其外表呈淡橘黄色，耐火度较低（1710℃），抗热震性很差，抵抗碱性渣侵蚀的能力很差，所以碱性转炉不使用此砖。

2）镁炭砖。镁炭砖中 $w(MgO)=70\% \sim 75\%$、$w(C)=10\% \sim 18\%$，为第二代炉衬砖。其外观呈黑色，表面比较光滑，质地较硬，不易受潮风化，耐火度较高，广泛用于转炉，蚀损速度为 $0.15 \sim 0.36mm/$炉。

3）焦油白云石砖。焦油白云石砖的外观呈黑色（比镁炭砖淡），表面隐约有雪花白点（其剖面则有清晰白点）且较毛糙，适用于小型转炉。

4）高铝砖。高铝砖的外观呈淡黄色，表面光洁。$w(Al_2O_3) \geqslant 46\%$ 的硅酸铝质耐火砖，其耐火度为 1750～1790℃。高铝砖的抗热震性好，用于电炉炉顶。

　　5）焦油沥青镁砂砖。焦油沥青镁砂砖的外观呈黑色、发亮，用于电炉。

　　b　转炉常用耐火材料的选用

　　（1）转炉综合砌炉。因为转炉炉衬砖在冶炼时各部位蚀损的原因和程度是不相同的，所以在炉体的不同部位砌筑不同材质的耐火材料，以达到均匀侵蚀炉衬、延长炉衬使用寿命的目的。这种炉衬砌筑的方法称为综合砌炉法，是目前普遍采用的砌炉方法。

　　（2）转炉炉衬砌筑方法。转炉炉衬砌筑方法如图 6-17 所示。

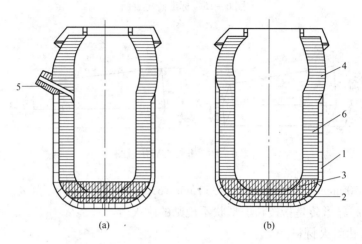

图 6-17　转炉砌筑示意图

1—炉身永久层；2—炉底永久层；3—炉底工作层；

4—炉帽；5—出钢口；6—炉身工作层

　　1）永久层一般采用烧结镁砖砌筑（见图 6-17 部位 1）。

　　2）底部为填充料（见图 6-17 部位 2）。

　　3）炉底、炉帽、出钢口均采用焦油结合镁炭砖（见图 6-17 部位 3～5）。

　　4）炉身部位基本砌筑高强度酚醛树脂结合镁炭砖，为降低成本，炉身接近炉帽的几层可以采用焦油结合镁炭砖。

　　C　注意事项

　　（1）所选用的砖要新鲜，严禁使用风化的衬砖。

　　（2）目前转炉基本都采用综合砌炉法，因此，在选炉衬砖时一定要分清所用耐火砖的品种和尺寸，保证冶炼的需要和正确的炉型。

6.3.2　补炉操作

　　A　目的与目标

　　能正确地使用补炉材料和工具，熟练地进行补炉操作，保证转炉有正确的炉型。

　　B　操作步骤或技能实施

　　开始补炉的炉龄一般规定为 200～400 炉，这段时间也称为一次性炉龄。根据炉衬损坏情况，补炉可以做相应的变动。补炉前的准备工作有：根据炉衬损坏情况拟订补炉方案，准备好补炉工具、材料，并组织好参加补炉操作的人员。

a 补大面

一般对前后大面（前后大面也称为前墙和后墙）交叉补。

（1）补大面的前一炉，终渣黏度应适当偏大些，不能太稀。如果炉渣中（FeO）含量偏高，炉壁太光滑，补炉砂不易黏在炉壁上。

（2）补大面的前一炉出钢后，由摇炉工摇炉，使转炉大炉口向下，倒净炉内的残钢、残渣。

（3）摇炉至补炉所需的工作位置。

（4）倒砂。根据炉衬损坏情况向炉内倒入 1~3t 补炉砂（具体数量要根据转炉吨位大小、炉衬损坏的面积和程度而定，另外，前期炉子的补炉砂量可以适当少些），然后摇动转炉，使补炉砂均匀地铺展到需要填补的大面上。

（5）贴砖。选用补炉瓢（长瓢补炉身，短瓢补炉帽），由一人或数人握瓢，最后一人握瓢把掌握方向，决定贴砖安放的位置。补炉瓢置于炉口挡火水箱口的滚筒上，由其他操作人员在瓢板上放好贴补砖，然后送补炉瓢进炉口，到位后转动补炉瓢，使瓢板上的贴补砖贴到需要修补的部位。贴补操作要求贴补砖排列整齐、砖缝交叉，避免漏砖、隔砖，做到两侧区和接缝贴满。

（6）喷补。在确认喷补机完好正常后，将喷补料装入喷补机容器内，接上喷枪待用。贴补好贴补砖后，将喷补枪从炉口伸入炉内，开机试喷。正常后将喷补枪口对准需要修补的部位，均匀地喷射喷补砂。

（7）烘烤。喷好喷补砂后使转炉保持静止不动，依靠炉内熔池温度对补炉料进行自然烘烤，要求烘烤 40~100min。烘烤前期最好在炉口插入两支吹氧管进行吹氧助燃，有利于补炉料的烘烤烧结。

b 补炉底

（1）用焦油白云石料。补炉料入炉后，将转炉摇至大面 +95°，然后向小面摇至 -60°，再摇至大面 +95°。待补炉料无大块后，将转炉摇至小面 -30°，然后摇至大面 +20°，再摇直。将氧气改为氮气，流量设定为 $1.6 \times 10^4 m^3/h$，降枪，枪位控制在 1.7m，吹 30s 提枪。将氮气改为氧气，流量设定为 $(0.5 \sim 0.8) \times 10^3 m^3/h$，降枪，枪位控制在 1.3~1.5m，每次吹 1min，间歇停 5min，共降枪 3~5 次，保证纯烧结时间不小于 30min。在正式兑铁水前应向炉内先兑 3~5t 铁水，将转炉摇直进行烧结，待炉口无黑烟冒出后再进行兑铁水。

（2）用自流式补炉料。将补炉料兑进转炉后，将转炉摇至小面 -30°，然后摇至大面 +20°，再摇直，保证纯烧结时间不小于 30min。待补炉料已在炉底处黏结后，缓慢将转炉摇到大面位，继续用煤 - 氧枪烧结 10min。在兑铁水前，先向炉内兑 3~5t 铁水，将转炉摇直进行烧结，待炉口无黑烟冒出后再进行兑铁水。

（3）摇动转炉至加废钢位置。

（4）用废钢斗装补炉砂加入炉内，补炉砂量一般为 1~2t。

（5）往复摇动转炉，一般不少于 3 次，转动角度在 5°~60°之间或为炉口摇出烟罩的角度。

（6）降枪。开氧吹开补炉砂，一般枪位在 0.5~0.7m，氧压为 0.6MPa 左右，开氧时间为 10s 左右。

（7）烘烤。要求烘烤 40 ~ 60min。

若炉衬蚀损不严重，可以只进行倒砂或喷补的操作；若炉衬蚀损严重，则必须进行倒砂、贴补砖和喷补操作，且顺序不能颠倒。

c　补炉记录

每次补炉后要做补炉记录，记录补炉部位、补炉料用量、烘烤时间、补炉效果及补炉日期、时间、班次等。

d　某厂 120t 转炉补炉操作

该厂严格贯彻高温快补的制度，确保补炉质量，补炉料量不大于 3.5t。

（1）补炉底。

1）同 b 中（1）的操作。

2）同 b 中（2）的操作。

（2）补大面。

1）用焦油白云石垫补料。将补炉料加入转炉后，先将转炉摇至大面 + 95°，然后向小面摇至 - 60°，再摇向大面 + 95°。待补炉料无大块后，将转炉摇至小面 - 60°，再将转炉摇至大面 + 90°。用煤 - 氧枪进行烧结，保证纯烧结时间不小于 30min。在兑铁水前，先将转炉摇至大面 + 100°进行控油，待无油流出后再进行兑铁水操作。

2）用自流式补炉料。向炉内加入补炉料后，先将转炉摇至大面 + 100°，然后摇至小面 - 60°，再将转炉摇至大面 + 90°。用煤 - 氧枪进行烧结，保证纯烧结时间不小于 30min。在兑铁水前，先将转炉摇至大面 + 100°进行控油，待无油后再进行兑铁水操作。

（3）补小面。

1）用焦油白云石料。待补炉料装入转炉后，将转炉摇至小面 - 60°，下进出钢口管，然后将转炉摇至小面 - 90°，再将转炉摇至大面 + 90°。待补炉料无大块时，将转炉摇向小面 - 90°。用煤 - 氧枪进行烧结，保证纯烧结时间不小于 30min。在兑铁水前，先将转炉摇至小面 - 100°进行控油，待无油后再进行兑铁水操作。

2）用外进补炉料。先下进出钢口管，然后加入补炉料，将转炉摇至小面 - 100°，再摇至小面 - 60°，最后摇至小面 - 90°。用煤 - 氧枪进行烧结，保证纯烧时间不小于 30min。在兑铁水前，先将转炉摇至小面 - 100°进行控油，待无油后再进行兑铁水操作。

（4）喷补。将喷补枪置于炉口附近，调节水料配比，以喷到炉口不流水为宜。在调料时，避免水喷入炉内。调节好料流后，立即将喷补枪置于喷补位。喷补时上下摆动喷头，使喷补部位平滑、无明显台阶。喷补完后，经过 5 ~ 10min 烧结。

C　注意事项

（1）检查补炉料的质量，确保符合要求。

（2）炉役前期的补炉砂用量可以少一些，而炉役中、后期的补炉砂用量应该多一些。

（3）补炉结束后必须烘烤一定时间，以保证烧结质量。

（4）补炉后的前几炉（特别是第 1 炉）由于烧结还不够充分，所以炉前摇炉要特别小心，尽量减少倒炉次数。当需进行前倒炉或后倒炉时，操作工要注意安全，必须站在炉口两侧，以防突然塌炉而造成人身伤害。

（5）补炉操作必须全面组织好，抓紧时间有条不紊地进行；否则历时太长，炉内温度降低太多而不利于补炉材料的烧结。

（6）补炉后吹炼的第1、2炉必须在炉前操作平台的醒目处放置补炉警告牌，警告操作人员尽量避免与炉子距离太近（特别是炉口正向）。

（7）应避免误操作。若补炉不认真，在严重损坏处仅是喷补补炉砂而不进行贴补砖处理，则会因补炉料疏松、耐蚀性差而降低补炉效果。在补炉时，若将倒砂、贴砖、喷补的正常操作顺序颠倒或者贴砖后不喷砂，就会在冶炼过程中使钢水钻入砖缝，致使贴砖容易浮起并增加侵蚀面，影响补炉质量。

6.3.3 转炉溅渣护炉操作

A 目的与目标

掌握转炉溅渣护炉工艺，了解转炉溅渣护炉的影响因素以提高炉龄。

B 操作步骤或技能实施

a 合理的留渣量

在溅渣护炉中，合理的转炉留渣量是溅渣护炉中的重要工艺参数。合理的留渣量应满足两方面要求：一方面要保证有足够的渣量，在溅渣过程中使炉渣均匀地喷溅、涂敷在整个炉衬表面，形成 $10 \sim 20mm$ 厚的溅渣层；另一方面，随炉内留渣量的增加，熔渣可溅性增强，有利于快速溅渣。

为了保证快速溅渣的效果，适当提高转炉留渣量是有利的。但是留渣量过大往往造成炉口粘渣、炉膛变形，并使溅渣成本提高。

b 合理的溅渣参数

确定合理的溅渣参数主要应该考虑以下两方面：

（1）炉型尺寸，主要是转炉的 H、D（即高和直径）参数；

（2）喷吹参数，包括气体流量、工作压力、喷枪高度、溅渣时间。

国内转炉溅渣工作压力通常为 $0.6 \sim 1.5MPa$，溅渣时间通常为 $2 \sim 3min$，氮气流量和枪位高度主要取决于转炉容量、炉型尺寸及喷枪结构和尺寸参数。溅渣时给予足够的气量，可在较短时间内将渣迅速溅起，获得较好的溅渣高度和厚度。提高枪位可以增加氮气射流对熔池的冲击面积，对射流与渣层的能量交换有利；但若枪位过高，射流速度衰减大，对熔池的有效冲击能量下降。

c 合理的终渣控制

在一定的条件下提高终渣 MgO 含量，可进一步提高炉渣的熔化温度，有利于溅渣护炉。在渣中 MgO 含量超过 8% 以后，随炉渣碱度和 MgO 含量的增加，炉渣的熔化温度升高。

对于溅渣护炉，终渣 FeO 有双重作用：一方面，渣中 FeO 和 CaF_2 在溅渣过程中沿衬砖表面显微气孔和裂纹向 MgO 机体内扩散，形成以（$MgO \cdot CaO$）Fe_2O_3 为主的烧结层，有利于溅渣层与炉衬砖的结合；另一方面，随渣中 FeO 含量的升高，炉渣的熔化温度明显降低，不利于提高溅渣层抗高温炉渣侵蚀的能力。

国内多数采用溅渣工艺的转炉厂，将转炉终渣 $w(FeO)$ 控制在 $10\% \sim 15\%$ 范围内。

在溅渣过程中，还应根据经验调整好炉渣黏度和过热度。

d 合理的出钢温度控制

溅渣层的熔损侵蚀主要发生在转炉吹炼后期，熔池温度超过了溅渣层的熔化温度，使溅渣层迅速熔化。若能适当降低出钢温度，则有利于大幅度提高转炉炉龄。转炉出钢温度越高，其炉龄越低。

C　注意事项

（1）根据转炉的大小留有一定的渣量，保证溅渣层的厚度。

（2）溅渣过程中保证氮气压力在操作规程范围内，以获得足够的氮气射流能量。

（3）调整好溅渣炉渣成分，争取达到 $w(FeO) = 10\% \sim 15\%$，$w(MgO) \geqslant 8\%$。

（4）根据不同钢种控制好正确的出钢温度，以提高炉龄。

复习思考题

6-1　耐火材料根据材质如何分类？

6-2　什么是综合砌炉？

6-3　什么是经济炉龄？

6-4　炉衬损坏的机理是什么？

6-5　提高炉衬寿命的措施有哪些？

6-6　什么是溅渣护炉？

6-7　溅渣层的形成和炉衬的保护机理是什么？

6-8　保护底部供气元件的工艺技术是怎样的？

6-9　底部供气元件的防堵和复通措施有哪些？

6-10　简述复吹转炉溅渣护炉操作工艺及规程。

6-11　溅渣复吹转炉底部供气元件的蘑菇头技术是怎样的？

6-12　转炉大面修补技术是怎样的？

6-13　开新炉前的准备工作有哪些？

参 考 文 献

[1] 李善觉. 转炉炼钢中级工教程 [M]. 上海市职业技术教育课程改革与教材建设委员会, 1998.
[2] 李善觉. 炼钢专业初级工教程 [M]. 上海市职业技术教育课程改革与教材建设委员会, 1998.
[3] 叶枫. 炼钢生产常见事故及处理 [M]. 上海市职业技术教育课程改革与教材建设委员会, 1998.
[4] 王雅贞, 等. 氧气顶吹转炉炼钢工艺与设备 [M]. 北京: 冶金工业出版社, 2001.
[5] 武钢第二炼钢厂. 顶底复吹转炉溅渣护炉技术 [M]. 北京: 冶金工业出版社, 2004.
[6] 陈家祥. 钢铁冶金学 (炼钢部分) [M]. 北京: 冶金工业出版社, 1990.
[7] 曲英. 炼钢学原理 [M]. 北京: 冶金工业出版社, 1980.
[8] 冯聚和. 氧气顶吹转炉炼钢 [M]. 北京: 冶金工业出版社, 1995.
[9] 刘兴中. 氧气转炉炼钢工艺与设备 [M]. 北京: 冶金工业部工人视听教材编辑部, 1995.
[10] 张承武. 炼钢学 [M]. 北京: 冶金工业出版社, 1996.
[11] 郑沛然. 炼钢学 [M]. 北京: 冶金工业出版社, 1996.
[12] 苏天森. 转炉溅渣护炉技术 [M]. 北京: 冶金工业出版社, 1999.
[13] 殷瑞钰, 等. 钢的质量现代进展 [M]. 北京: 冶金工业出版社, 1995.
[14] 冶金部复吹专家组, 宝钢研究设计院. 氧气顶底复吹转炉设计参考 [M]. 北京: 冶金工业出版社, 1994.
[15] 李传薪. 炼钢厂设计原理 (下册) [M]. 北京: 冶金工业出版社, 1995.
[16] 郑沛然. 炼钢设备与车间设计 [M]. 北京: 冶金工业出版社, 1996.
[17] 谭牧田. 氧气顶吹转炉炼钢设备 [M]. 北京: 机械工业出版社, 1983.
[18] 马竹梧. 钢铁工业自动化 (炼钢卷) [M]. 北京: 冶金工业出版社, 2003.
[19] 王雅贞, 等. 转炉炼钢问答 [M]. 北京: 冶金工业出版社, 2003.

冶金工业出版社部分图书推荐

书　　名	作　者	定价(元)
物理化学（第3版）（国规教材）	王淑兰　主编	35.00
传输原理（本科教材）	朱光俊　主编	42.00
冶金工程概论（本科教材）	杜长坤　主编	35.00
钢铁冶金原燃料及辅助材料（本科教材）	储满生　主编	59.00
现代冶金工艺学——钢铁冶金卷（国规教材）	朱苗勇　主编	49.00
炼铁学（本科教材）	梁中渝　主编	45.00
炼钢学（本科教材）	雷　亚　等编	42.00
炼铁厂设计原理（本科教材）	万　新　主编	38.00
炼钢厂设计原理（本科教材）	王令福　主编	29.00
轧钢厂设计原理（本科教材）	阳　辉　主编	46.00
炉外精炼教程（本科教材）	高泽平　主编	40.00
连续铸钢（本科教材）	贺道中　主编	30.00
冶金工程实验教程（本科教材）	张明远　主编	28.00
冶金设备（本科教材）	朱　云　主编	49.80
冶金设备课程设计（本科教材）	朱　云　主编	19.00
冶金设备及自动化（本科教材）	王立萍　等编	29.00
冶金企业环境保护（本科教材）	马红周　主编	23.00
冶金专业英语（高职高专教材）	侯向东　主编	28.00
金属材料及热处理（高职高专教材）	王悦祥　等编	35.00
冶金原理（高职高专教材）	卢宇飞　主编	36.00
冶金生产概论（高职高专教材）	王明海　主编	45.00
炼铁工艺及设备（高职高专教材）	郑金星　等编	49.00
炼钢工艺及设备（高职高专教材）	郑金星　等编	49.00
炼铁设备及车间设计（第2版）（高职高专教材）	万　新　主编	29.00
炼钢设备及车间设计（第2版）（高职高专教材）	王令福　主编	25.00
高炉冶炼操作与控制（高职高专教材）	侯向东　主编	49.00
转炉炼钢操作与控制（高职高专教材）	李　荣　等编	39.00
连续铸钢操作与控制（高职高专教材）	冯　捷　等编	39.00
铁合金生产工艺与设备（高职高专教材）	刘　卫　主编	39.00
矿热炉控制与操作（高职高专教材）	石　富　主编	37.00
稀土冶金技术（高职高专教材）	石　富　主编	36.00
炼钢基础知识（职业技能培训教材）	冯　捷　主编	39.00
转炉炼钢生产（职业技能培训教材）	冯　捷　主编	58.00
连续铸钢生产（职业技术学院教材）	冯　捷　主编	45.00
炼钢厂生产安全知识（职业技能培训教材）	邵明天　等编著	29.00
钢铁生产过程的脱磷	董元篪　等编著	28.00